Mit digitalen Extras: Exklusiv für Buchkäufer!

Ihre digitalen Extras zum Download:

- Start-up Pricing Canvas® zum Download
- Vorlagen
- Checklisten

▶ **http://mybook.haufe.de/**

▶ **Buchcode:** SWW-5046

Das Start-up Pricing Canvas®

Klaus Wächter

Das Start-up Pricing Canvas®

Bausteine, Modelle und Strategien für die richtige Preisgestaltung

1. Auflage

Haufe Group
Freiburg · München · Stuttgart

Aus Gründen der besseren Lesbarkeit wird bei Personenbezeichnungen und personenbezogenen Hauptwörtern in diesem Buch das generische Maskulinum verwendet. Entsprechende Begriffe gelten im Sinne der Gleichbehandlung grundsätzlich für alle Geschlechter. Die verkürzte Sprachform hat nur redaktionelle Gründe und beinhaltet keine Wert.

Bibliografische Information der Deutschen Nationalbibliothek

Die Deutsche Nationalbibliothek verzeichnet diese Publikation in der Deutschen Nationalbibliografie; detaillierte bibliografische Daten sind im Internet über http://dnb.dnb.de/ abrufbar.

Print: ISBN 978-3-648-16485-3 Bestell-Nr. 10849-0001
ePub: ISBN 978-3-648-16486-0 Bestell-Nr. 10849-0100
ePDF: ISBN 978-3-648-16487-7 Bestell-Nr. 10849-0150

Klaus Wächter
Das Start-up Pricing Canvas®
1. Auflage, Juli 2022

www.haufe.de
info@haufe.de

Bildnachweis (Cover): © Skellen, Adobe Stock

Produktmanagement: Kerstin Erlich
Lektorat: Juliane Sowah

Inhaltsverzeichnis

Vorwort von Matthias Helfrich

Vor wenigen Tagen hat das Statistische Bundesamt die Inflationsrate für März 2022 mit 7,3 Prozent angegeben – dem höchsten Stand seit 1982. Damit kommt auch eine Anforderung auf Start-ups zu, mit denen die heutigen Gründerinnen und Gründer in der Form noch gar nicht konfrontiert waren. Der »richtige« Preis für die einzelnen Produkte und Dienstleistungen rückt immer mehr in den Mittelpunkt.

Ich bin Klaus Wächter, 1. Vorsitzender der Business Angels Rheinland-Pfalz, sehr dankbar, dass er sich des Themas »Preisstrategien für Start-ups« angenommen hat – nach seinem ersten Buch »Sales Canvas für Start-ups®« eine durchaus logische Weiterentwicklung.

Man muss kein Prophet sein, um zu erkennen, dass uns Fragestellungen rund um den Preis – im Übrigen nicht nur für Gründerinnen und Gründer – in der nächsten Zeit verstärkt beschäftigen werden. Für Start-ups ein Buch geschrieben zu haben, in dem diesbezügliche Aspekte, zum Beispiel Preismodelle, Preisstrategien und Preiskommunikation, erläutert werden, ist eine wichtige Unterstützung zum Aufbau und der Adjustierung von Geschäftsmodellen.

Aus diesem Grund gehe ich davon aus, dass sich Investorinnen und Investoren Aspekte rund um den Preis zukünftig genauer erläutern lassen. Der Investorenfokus auf Herstellungskosten, insbesondere bei Produktunternehmen im B2C-Bereich wie Start-ups aus der Food-Industrie, wird sich weiter verstärken. Viele Gründerunternehmen haben in den letzten Jahren wertige und nachhaltige Produkte auf den Markt gebracht und dadurch mehr auf Qualitäts- und weniger auf Preisführerschaft gesetzt. Wahrscheinlich wird auch dadurch die richtige Preiskommunikation in Zukunft wichtiger denn je.

Aber auch im B2B-Bereich kommt dem Thema höhere Aufmerksamkeit zu. In wirtschaftlich schwierigeren Zeiten, die mutmaßlich vor uns stehen, wird die Macht der Controller oder der Einkaufsabteilungen in Unternehmen steigen. Hierauf müssen sich Start-ups einstellen und entsprechend vorbereiten. Von daher dürfte zukünftig in Strategiemeetings von Gründerinnen und Gründern mit ihren Investorinnen und Investoren häufiger über das Thema »Preis« gesprochen werden.

In meinem Literaturschrank befindet sich noch kein vergleichbares Buch. Ich werde als Investor gerade bei Start-ups in den frühen Phasen diesem Thema zukünftig mehr Aufmerksamkeit schenken.

Matthias Helfrich
Business Angel 2021

Vorwort von Stephanie Renda

Auch ich bin Klaus Wächter sehr dankbar, dass er dieses meiner Meinung nach zu wenig beachtete Thema der Preisgestaltung bei Start-ups aufgreift. Aus Perspektive der Gründer:innen stimme ich Matthias Helfrich zu und würde noch einen ganz grundlegenden Ansatz ergänzen.

In ihrer Formulierung zur Strategie sollten sich Start-ups regelmäßig mit ihrer Positionierung auseinandersetzen, auch wenn sie schon am Markt agieren. Die grundlegenden Fragestellungen, so banal sie auch klingen mögen, heißen: Wer kauft was bei mir und warum?

Die detaillierte Beantwortung führt zu den jeweiligen Treibern der einzeln Ws und kumuliert sich in einer Umsatzformel, die wiederum messbar die Strategie ausdrückt. Dadurch wird die Strategie transparent und greifbar für Mitarbeitende und andere Stakeholder wie zum Beispiel Investoren. Ziele können so leichter formuliert und verfolgt werden. Dabei kann die Preisgestaltung ein wichtiger Treiber sein, der entsprechenden Einfluss auf die Umsatzformel hat. Gerade überwiegend technologiegetriebene Start-ups und Ausgründungen aus der Wissenschaft tun sich oft schwer damit, ihre Lösung eines Problems richtig zu positionieren. Es macht aber einen gewaltigen Unterschied für mein Geschäftsmodell und dessen operative Umsetzung und die Preisgestaltung, ob ich beispielsweise mit meiner KI- gestützten HR-Lösung den Bewerber mit einem Freemium-Modell adressiere oder die HR-Abteilung beim Enterprise-Kunden mit einer Lizenzgebühr.

Für die CEOs, mit denen wir zusammenarbeiten, gehört diese Übung zur Positionierung zur Basis der gemeinsamen Reise. Stimmt die Positionierung, kann ich im Folgenden jederzeit die Preisgestaltung in meiner Zielgruppe verproben und gegebenenfalls anpassen. Und welcher Start-up-CEO freut sich nicht über nachvollziehbare, vorhersehbare Umsätze?

Stephanie Renda
Co-Founder Moinland | Landessprecherin Hessen im Startup Verband
(www.startupverband.de)

Einleitung

Es ist nicht entscheidend, das beste Produkt zu haben.
Entscheidend ist es, den besten Vertrieb zu haben.
Klaus Wächter

In meinen Workshops muss ich immer wieder feststellen, dass viele Gründer sich mit dem Thema Pricing nicht beschäftigen. Und immer noch wundere ich mich sehr, denn im Rahmen der Vertriebsstrategie ist das der zentrale Aspekt. Die Märkte haben sich grundlegend geändert. Inzwischen ist in vielen Branchen der Teufel los: hoher Wettbewerbsdruck, aggressive Preiskämpfe, Kunden auf Schnäppchenjagd, völlige Preistransparenz durch das Internet und eine Vielzahl von Preismodellen. Dazu kommt, dass im Preis der größte Hebel für den Gewinn liegt. Wenn wir über Pricing sprechen, dann sind viele Gründer der Meinung, dass es nur um den richtigen Preis geht. Aber es geht um viel mehr. Pricing ist kontinuierliche Preisgestaltung.

In meinen beruflichen Anfangsjahren fragte ich einen älteren Unternehmer, wie er auf den richtigen Preis kommt. Seine Antwort war kurz, prägnant und blieb mir immer im Kopf: »Du weißt, dass du den richtigen Preis hast, wenn der Kunde sich beschwert und trotzdem kauft!«

Für viele Unternehmer ist die Preisgestaltung so kompliziert wie höhere Mathematik. Aber anders als in der Mathematik gibt es nicht nur eine richtige Antwort auf eine Frage. Vielmehr handelt es sich um eine Ermessensentscheidung, die jeder Unternehmer immer wieder treffen und bewerten muss, basierend auf Kundenverhalten, Marktverständnis und wirtschaftlichen Fakten und Annahmen.

Was Unternehmen also brauchen, ist eine durchdachte Strategie. Denn die Preisgestaltung ist eine der wichtigsten Säulen eines jeden Start-ups. Eine zu niedrige, zu hohe oder gar keine Preisgestaltung, selbst wenn die Kunden bereit sind zu zahlen, kann zu geringeren Einnahmen, verlorenen Kunden oder sogar zum Scheitern des Start-ups führen. Eine effektive Preisstrategie wird nicht nur die Gewinne eures Start-ups steigern, sondern auch eine höhere Kundenzufriedenheit und Kundenbindung erzeugen.

Dies ist kein Fachbuch für Studenten der Betriebswirtschaftslehre. Wer es trotzdem liest – es wird auf keinen Fall schaden. Dies Buch ist gedacht und geschrieben für Gründer, Entscheider in jungen Unternehmen und Menschen, die gründen wollen. Wenig Theorie, viel Erfahrung und zahlreiche Beispiele aus der Praxis: vom Leasing von Kontaktlinsen bis zur Nutzungsgebühr von Matratzen. Bevor wir zur Preisgestaltung, den Preismodellen und ihren Bausteinen kommen, liegt noch etwas (Lese-)Arbeit vor euch. Ich verspreche aber auch, dass in diesem Buch für jeden Gründer etwas dabei sein wird.

Aus Gründen der besseren Lesbarkeit wird bei Personenbezeichnungen und personenbezogenen Hauptwörtern in diesem Buch das generische Maskulinum verwendet. Entsprechende Begriffe gelten im Sinne der Gleichbehandlung grundsätzlich für alle Geschlechter. Die verkürzte Sprachform hat rein redaktionelle Gründe und beinhaltet keinerlei Wertung.

Vallendar, Juni 2022
Klaus Wächter

1 Die Relevanz der Preisstrategie

Pricing ist ein Spiel, bei dem es auf Information und Intelligenz ankommt!
Prof. Dr. Hermann Simon

Dieses Zitat von Professor Dr. Hermann Simon hat es in sich. Aber es fasst alles zusammen, worum es beim Pricing geht – dem vielleicht schwierigsten, aber auch wichtigsten Thema in der Gründungsphase. Leider kenne ich weiterhin nur wenige Start-ups, die sich in einer frühen Phase damit beschäftigen, geschweige denn eine Preisstrategie haben.

Vor einiger Zeit habe ich das *Start-up Sales Canvas®* entwickelt – ein Tool, das es Gründern ermöglicht, eine Vertriebsstrategie zu entwickeln. Das Sales Canvas besteht aus elf Bausteinen und endet mit einem zwölften: der fertigen Strategie. Dieses Werkzeug nutze ich in all meinen Vorträgen und Workshops. Viele Gründer konnten damit schon erfolgreich ihre PS auf die Straße bringen. Doch bei zwei Bausteinen gibt es immer wieder lange Diskussionen und viele Fragen. Bei dem einen handelt es sich um die Zielgruppe. Hier muss ich meine Teilnehmer immer wieder auf Fehler hinweisen. Oft wird zu schnell eine vermeintliche Lösung gefunden – denn nicht selten ist die erstbeste eben nicht die richtige.

Bei dem anderen hingegen, dem Preis, haben Gründer viele Fragen und keine Antworten. Was ist der richtige Preis? Gibt es den einen oder gibt es mehrere richtige? Welches Preismodell soll ich nutzen, welches passt zu mir und meinen Kunden? Wenn es keinen Wettbewerber gibt: Wie soll ich den Preis zu meinem Produkt oder meiner Dienstleistung festlegen?

All diese Fragen mit ihren interessanten Aspekten und vielfältigen Antworten motivierten mich, dieses Buch zu schreiben. Eines ist dieses Buch allerdings auf keinem Fall: ein BWL-Werk mit Formeln und theoretischem Wissen. Das hier werdet ihr also nicht finden:

$$\eta_{x,p} = \frac{\frac{\Delta x}{x}}{\frac{\Delta p}{p}} = \frac{\Delta xp}{\Delta yx}$$

Ebenso werdet ihr nichts lesen über Preisoptimierung bei multiplikativer oder linearer Preisabsatzfunktion, nichts zu Preiselastizität im Monopol und auch nichts über das Gutenberg-Modell in doppelt geknickter und kontinuierlicher Form. Wer also dieses Buch für sein Studium nutzen will, wird wahrscheinlich nicht viel mit dem Stoff anfangen können. Dafür gibt es ausreichend Fachliteratur, die ihr im Anhang findet.

Wer aber ein Unternehmen gründen will oder bereits gegründet hat und ein Handbuch für die (Preis-)Praxis mit vielen Beispielen sucht, liegt mit dieser Lektüre richtig: Es ist ein Arbeitsbuch, das konkrete Anleitung und Hilfe bietet, die richtige Preisstrategie zu erarbeiten.

Wieso ist dieses Buch gerade jetzt so wichtig? Weil sich die Situation bezüglich der Preise, ihrer Gestaltung und Transparenz in den letzten Jahren geändert hat. Früher, vor allem in den Zeiten vor dem Internet, war der Markt intransparent. Es wurden Kataloge gedruckt, der Quelle-Katalog beispielsweise hatte in den besten Zeiten eine Auflage von 7,6 Millionen Exemplaren und umfasste 1977 nicht weniger als 980 (!) Seiten (https://www.retropie.de/quelle-von-konsumgeschichte-versandkatalogen-und-techniklaeden/). Die Preise im Katalog waren festgeschrieben, bis der nächste erschien. Das gleiche galt für Preislisten.

Die Kunden hatten weniger Möglichkeiten, sich zu informieren. Preise hatten länger Bestand, Erhöhungen gab es seltener. Inzwischen sind alle Wettbewerber online. Der Kunde kann sich sehr schnell informieren – oder besser gesagt: Der Mitbewerber ist nur einen Klick entfernt.

Es kommen aber noch weitere Probleme auf den Vertrieb zu. Wir sprechen von Marktplätzen und Preisvergleichsplattformen. Es gibt um die 180 Marktplätze (Stand Mitte 2021), auf denen Unternehmen sich mit ihren Mitbewerbern vergleichen lassen müssen. Hinzu kommen Preisvergleichsplattformen wie Google Shopping, Check24, Idealo und billiger.de. Nur einmal die Zahlen von Idealo: Mit mehr als 350 Millionen Angeboten von rund 50.000 Händlern, darunter auch MediaMarkt oder Marktplätze wie Amazon und eBay, ist die deutsche Plattform ein absolutes Muss für jeden Onlinehändler (https://www.shopify.de/blog/preisvergleichsportale).

Weiter geht es mit den Onlineservices Preisalarm und Preiswecker – der Kunde vermerkt einen (Wunsch-)Preis, bei dessen Erreichen oder Überschreitung er alarmiert werden möchte und wird per E-Mail oder Handy benachrichtigt – sowie Merkzettel, bei denen die Mitbewerber kontinuierlich aufrüsten. Und wie? Oft wird sogenannte Preismonitoring-Software eingesetzt. Gerade Start-ups und junge Unternehmen mussen daher sehr schnell die richtigen Weichen stellen.

Dass ihr also auf informierte Kunden trefft, ist sehr wahrscheinlich. Und wenn die Kunden ihre Informationsquellen ebenfalls anreichern, dann müsst ihr reagieren. Dieses Buch ist speziell für Start-ups geschrieben, denn die Preisstrategie für Neugründer unterscheidet sich deutlich von etablierten Unternehmen in einigen Punkten. Warum?

Bestehende Unternehmen

- sind bereits länger oder lange mit Produkten und Dienstleistungen auf dem Markt,
- sind im Markt positioniert,
- haben ein bestehendes Preismodell,

- haben Preise und Zahlungsbedingungen, die die Kunden akzeptieren und
- haben vor allem bereits (zahlreiche) Kunden.

Dagegen, und das sehe ich als großen Vorteil an, agieren Start-ups auf der grünen Wiese. Sie können alles neu machen. Als junges Unternehmen ist es deutlich einfacher, ein neues Preismodell zu etablieren, das gleichzeitig ein Alleinstellungsmerkmal sein kann. In diesem Buch stelle ich eine Vielzahl von Modellen vor.

Aber Start-ups haben auch ein Problem. Oft werden ein oder mehrere Investoren gesucht. Und die Geldgeber schauen sich alles sehr genau an – besonders die Vertriebs- und Preisstrategie. Das kann ich aus eigener Erfahrung bestätigen. Ich bin selbst an mehreren Start-ups beteiligt und als 1. Vorsitzender der Business Angels Rheinland-Pfalz ständig mit Neugründern und Investoren in intensivem Austausch.

Für den vielleicht bekanntesten Investor Waren Buffet ist die Preismacht die wichtigste Grundlage für eine Unternehmensbewertung.

The single most important business decision in evaluating a business is pricing power.
Waren Buffett, US-amerikanische Investorenlegende

In diesem Buch werden wir nicht nur über den Preis oder Preismodelle sprechen. Es geht um das gesamte Thema *Pricing*, eine umfängliche Preisgestaltung und eine ganzheitliche Strategie.

Pricing !

»Pricing-Strategien sind ganzheitliche, allgemeine und langfristige Ziel- und Handlungskonzepte der Preispolitik, welche unter Nutzung preisstrategischer Effekte auf die Erschließung und Sicherung preispolitischer Erfolgspotenziale für das Unternehmen abzielen.« (Diller/Köhler, 2021, S. 213)

Wir werden betrachten, wie ihr vorgeht, um eine, um eure richtige Preisstrategie zu entwickeln. Vielen Gründern schwirren die Begriffe bzw. Themen Kunden und Wettbewerber, Fixkosten und variable Kosten, Positionierung und Preismodelle, Marktanteile, Zahlungsbereitschaft und Verkaufspreis im Kopf herum. Zugegeben: Das sind sehr viele Aspekte, zumal die meisten Gründer kein BWL-Studium hinter sich haben.

Gehen wir kurz einen Gedankenschritt zurück: Was ist der Grund, dass sich Gründer nicht oder wenig mit dem Preis, dem Pricing, beschäftigen? Häufig liegt es daran, dass ihnen die Relevanz nicht bewusst ist. Das Ziel von Start-ups ist es, erst einmal in den Markt zu kommen, Fuß zu fassen und nach und nach Marktanteile zu gewinnen. Das ist auch verständlich und ökonomisch richtig. Entscheidend für einen erfolgreichen Eintritt in den Markt kann aber auch das richtige Preismodell sein, zu dem unter anderem der Preis gehört. Um es vorwegzunehmen: Den richtigen Preis gibt es nicht. Wieso erfahrt ihr in Kapitel 10. Lasst euch überraschen, das Thema ist überaus spannend und es steckt viel Power darin.

In großen Unternehmen sind Pricing Manager mit diesen Aufgaben betraut, in kleineren und mittleren ist dies meist im Marketing oder Vertrieb verankert. Bei Start-ups gehört das Pricing aber fast immer erst einmal zum Job der Gründer. Wir werden in diesem Buch über nutzungsorientierte, individualisierte und leistungsgerechte Pricing-Modelle sprechen. Das wird euch zeigen, dass es um mehr geht als nur um einen Eurobetrag.

Bevor wir in die konkreten Themen einsteigen, möchte ich in Kapitel 2 mit einigen Preismythen aufräumen. In Kapitel 3 folgen die neuen Gebote zum Pricing. Anschließend geht es ab Kapitel 4 praktisch weiter mit dem *Start-up Pricing Canvas®* und seinen zwölf Bausteinen. Den einen oder anderen habt ihr voraussichtlich bereits bei der Erstellung eures Businessplans verwendet. In jedem Fall werden euch alle Elemente zum (erneuten) Nachdenken anregen und hilfreiche Impulse setzen. Sinnvoll ist es in jeder Phase, sich auch andere Branchen anzusehen und Ideen aufzunehmen – dazu findet in allen Kapiteln Beispiele aus unterschiedlichen Geschäftszweigen.

Eines möchte ich jedem von euch, liebe Leserinnen und Leser, versprechen: Wenn du dieses Buch gelesen und die Themen für deine individuelle Situation sorgfältig betrachtet, abgewogen und bearbeitet hast, liegt eine, liegt deine Preisstrategie vor dir!

2 Zwölf Irrtümer bei der Preisgestaltung

Über den Wert eines Angebotes entscheidet der Kunde, nicht der Verkäufer.
unbekannt

Im letzten Kapitel haben wir besprochen, weshalb das Pricing so wichtig ist. Leider treffe ich immer wieder junge Unternehmer mit vorgefertigten Meinungen – die aber häufig falsch sind. Ich werde in diesem Buch erläutern, warum. Es ist also wichtig, dass ihr falsche Thesen aus euren Köpfen streicht.

Irrtum #1: Eine Preisstrategie ist nur etwas für Großkonzerne
Die Grundlage für die Wettbewerbsfähigkeit und den Unternehmenserfolg ist eine fundierte, ganzheitliche Strategie und Planung. Das gilt für Großkonzerne, für den Mittelständler und es gilt für jedes Start-up. Auf unseren Kontext heruntergebrochen benötigt ihr im Rahmen eurer Vertriebsstrategie selbstverständlich auch eine solide Preisstrategie. Denn sie bildet die Grundlage für eure Umsatzplanung, die wiederum ein wichtiger Teil eueres Finanzplans ist. Nur so könnt ihr seriös Umsätze für die nächsten Jahre planen. Gerade wenn ihr Investoren ansprechen wollt, ist die richtige Vertriebs- und Preisstrategie ein Muss.

Irrtum #2: Die Preisstrategie ist Aufgabe des Vertriebs
Nein, die Preisstrategie gehört in die Chefetage. Der Preis hat eine wichtige Bedeutung für das gesamte Betriebsergebnis und ist Teil der gesamtunternehmerischen Vertriebsstrategie. Egal wie groß oder wie alt das Unternehmen ist, diese Aufgabe ist immer ganz oben in der Geschäftsführung bzw. bei den Gründern angesiedelt.

Irrtum #3: Die Kosten sind die Basis für die Preise
Auch das ist nicht richtig. Die Kosten haben mit den Preisen nichts zu tun. Richtig ist, dass die Preise die Kosten decken sollen. Aber die alte Regel, eigene Kosten plus Gewinnaufschlag ergeben den Preis, gilt schon lange nicht mehr. Heute gibt es eine Vielzahl von Möglichkeiten, den (oder die) optimalen Preis zu ermitteln. Dazu mehr in Kapitel 9 (Preismodelle) und 10 (Preis).

Irrtum #4: Der Markt bestimmt unsere Preise
Das ist wahrscheinlich der am meisten verbreitete Irrtum. Der Markt, also Angebot und Nachfrage, bestimmt nicht die Preise. Ein Beispiel: Mineralwasser kommt aus der Erde und wird dann, vereinfacht gesagt, schlicht abgefüllt. Wenn ihr aber in den Getränkemarkt geht, werdet ihr gewaltige Unterschiede feststellen, die schon mal bei einigen hundert Prozent liegen – geschweige denn, was das gleiche Wasser in einem Restaurant oder in der Nobelgastronomie kostet. Der Preis wird vielmehr über die Positionierung, das Alleinstellungsmerkmal oder das Preismodell bestimmt.

Irrtum #5: Der Preis ist der kaufentscheidende Faktor
Das stimmt schon lange nicht mehr. Inzwischen beeinflussen viele Faktoren den Kauf. Das können das Produkt (Image), der Kundennutzen, die Beratung, der Service, die Lieferfähigkeit, die Reaktionszeit und, immer wichtiger, eine vertrauensvolle Kundenbeziehung sein.

Irrtum #6: Unser Vertrieb kennt die Kunden und weiß, welche Preise am Markt möglich sind
Richtig, der Vertrieb kennt die Kunden. Ich habe lange im Vertrieb bei Start-ups gearbeitet und eines möchtest du auch als Vertriebler nicht haben: unnötigen Stress. Nehmen wir das Beispiel Preiserhöhung, das einen in jedem Fall beansprucht. Mit welcher Motivation soll ein Vertriebsmitarbeiter also eine Preiserhöhung wollen? Indem ihr gemeinsam überlegt und du als Verantwortlicher aufklärst, worin die konkreten Vorteile liegen, damit ihr an einem Strang zieht. Wichtig: Die Entscheidung über die Höhe, den Zeitpunkt und die Vorgehensweise der Preiserhöhung muss bei dir bleiben.

Irrtum #7: Preiserhöhungen lassen sich nur mit neuen Produkten oder Produktverbesserungen erzielen
Auch Kunden wissen, dass Kosten steigen. Preiserhöhungen müssen aber dennoch transparent und zielgruppenorientiert kommuniziert werden. Oder das Unternehmen verändert die Regeln, indem es zum Beispiel ein neues Preismodell einführt. Wichtig gerade für junge Unternehmen: der Preis, mit dem ihr startet. Mit diesem Eurobetrag wird euer Unternehmen wahrgenommen und auch positioniert.

Irrtum #8: Durch Preiserhöhungen gefährden wir unseren Umsatz und verlieren Kunden
Der Preis wird als Entscheidungskriterium häufig überschätzt. In der Realität bestimmen immer mehr andere Kriterien wie Produktgestaltung, vorangegangene Erfahrungen, Nachhaltigkeit, Image oder Servicequalität den Kauf. Selbst leichte Umsatzeinbußen können und sollten von euch jedoch akzeptiert werden, wenn die Profitabilität des Unternehmens dadurch gesteigert werden kann. Wichtig sind bei Preiserhöhungen Regeln wie Transparenz, Vorlaufzeiten und stichhaltige Argumente. Es sind keine Preiserhöhungen geplant oder erwünscht? Dann dürfen sich die Verantwortlichen im Unternehmen nicht wundern, dass der Gewinn Jahr für Jahr sinkt. Steigende Kosten und gleichbleibende Preise, das kann nicht gut gehen. Preise unter gewissen Umständen nicht zu erhöhen ist Unwissenheit gepaart mit meines Erachtens unberechtigter Angst vor dem Kunden bzw. seiner fehlenden Loyalität.

Irrtum #9: Menschen entscheiden rational
Der Kunde kauft im Discounter Sonderangebote (rational wäre: kein Kauf, da nicht nachhaltig), fährt an die Tankstelle und beim Bezahlen greift er noch zu einem Schokoriegel (rational: kein Kauf, da gerade erst gefrühstückt). Doch kein Kunde entschei-

det rein rational, sonst dürften viele Produkte niemals verkauft und schon gar nicht gekauft werden. Dabei helfen die Neurowissenschaften und Experten wie Hans-Georg Häusel (»Das Gehirn ist eine faule Sau«, https://www.ruv-maklerblog.de/2021/04/26/trendthema-neuromarketing-kaufentscheidungen/) mit Erkenntnissen der Hirnforschung zu verstehen, welche Prozesse im Gehirn des Konsumenten Kaufentscheidungen beeinflussen. Und die sind eben zum großen Teil emotional. Das gilt für den Privatkunden ebenso wie für den Einkäufer in einem Großkonzern.

Irrtum #10: Die Kunden kennen unsere Preise und die der Konkurrenz

Ja, das widerspricht meiner Aussage bezüglich Preistransparenz am Anfang, allerdings nur in Teilen. In einigen Bereichen informieren sich Kunden gründlich, zum Beispiel beim Kauf von Elektronikartikeln. Die Möglichkeiten sind durch das Internet einfach gegeben. In anderen Bereichen, gerade im B2B-Umfeld, ist eine Übersicht über die Preise wiederum viel schwerer. Denkt dabei nur an Branchensoftware oder spezielle Maschinen. Aber auch im Privatkundenbereich gibt es den Nachweis, dass Kunden nicht unbedingt die Preise kennen. Eine Studie der PFH Private Hochschule Göttingen von 2015 hat eine interessante Erkenntnis zutage gebracht (Reckendorf, 2015). In einem Supermarkt hat das Team der PFH die Kunden nach dem Bezahlen abgefangen. Auf einem Tisch sollten sie ihre Waren ausbreiten und dazu die entsprechenden Preise nennen. Als Belohnung für ihre Mühen erhielten die Kunden einen Warengutschein. Die Überraschung war, dass die Kunden die Preise im Schnitt um sieben Prozent niedriger einschätzten – und zwar über alle Warengruppen von Obst und Gemüse (-7,4 %) über Non-Food-Artikel (-6,8 %) bis zu Drogerieprodukten (-7,4 %). Noch bemerkenswerter empfand ich folgende Statistik aus der gleichen Studie:

Bedingung	Abweichung
Männer / unter der Woche	- 3,7 %
Männer / am Wochenende	**- 11,7 %**
Frauen / unter der Woche	**- 9, 8 %**
Frauen / am Wochenende	- 7,1 %
Stammkunden	**- 9,1 %**
Nicht-Stammkunden	- 2,9 %
Schnelldreher	- 6,1 %
Langsamdreher	**- 9,3 %**

Abb. 1: Studienergebnis – Abfrage der Preiskenntnis von Kunden nach einem Kauf (PFH Göttingen, 2015)

Aus dieser Studie können Unternehmen einige Erkenntnisse ziehen. So zum Beispiel, dass gerade Stammkunden anscheinend die Preise nicht genau kennen. Nicht-Stammkunden schauen sich die Preise hingegen genauer an. Auch gibt es einen Unterschied zwischen Schnelldrehern – Produkte eher des täglichen Bedarfs werden um 6,1 Prozent günstiger eingeschätzt – und Langsamdrehern – Produkte, die seltener im Warenkorb landen, werden um 9,3 Prozent günstiger geschätzt. Die Schnelldreher haben die Kunden also eher im Auge und sind für das Preisimage des Unternehmens relevant. Seitdem ich meiner Frau die Statistik gezeigt habe, darf ich am Wochenende übrigens nicht mehr allein einkaufen.

Irrtum #11: Je mehr mein Produkt bei gleichem Preis bietet, desto besser

Auch dieser Punkt ist einfach falsch. Entscheidend ist der Nutzen! Es gibt viele Beispiele, wo Entwickler und Ingenieure sich ausgetobt und dem Produkt weitere Features hinzugefügt haben. Nur: Die Kunden haben es nicht gebraucht und somit auch nicht genutzt. Und wenn sie es nicht für nötig halten, hat es für sie auch keinen Wert.

Irrtum #12: Den Preis kann ich kurz vor Markteintritt festlegen

Ein fataler Fehler von Gründern: Zunächst wird das Produkt entwickelt und produziert und erst dann, kurz bevor es am Markt erscheint oder an die Kunden geht, machen sie sich Gedanken um das Pricing. Doch das richtige Preismodell und der Preis müssen frühestmöglich festgelegt werden! Idealerweise entwickelt ihr die Preisstrategie parallel zu eurem Produkt oder eurer Dienstleistung, zumal für manche Preismodelle die technischen Voraussetzungen geschaffen sein müssen. In Kapitel 9 (Preismodelle) werdet ihr dies an vielen Beispielen sehen.

3 Die zwölf Gebote des Pricing

Es stimmt nicht, dass alles teurer wird; man muss nur einmal versuchen, etwas zu verkaufen.
Robert Lembke (†1989), deutscher Moderator und Showmaster

Obwohl ich gerade die zwölf Irrtümer vorgestellt habe, müssen sie alle direkt wieder aus euren Köpfen verschwinden. Stattdessen gebe ich euch die zwölf Gebote des Pricing an die Hand – nur sie müsst ihr verinnerlichen.

Gebot #1: Der Preis ist der größte Ertragshebel im Unternehmen
Die Nummer 1 der zwölf Gebote und gleichzeitig das wichtigste: Der Preis ist für das Unternehmen der größte Hebel, nicht die variablen oder fixen Kosten und auch nicht die Absatzmenge. Der Preis hat entscheidende Bedeutung für den Unternehmensgewinn – ein Aspekt, den kaum ein Unternehmer und erst recht kein Gründer im Auge hat. Wir kennen es alle aus der Presse: Ein Unternehmen gerät in die Krise. Was ist sein automatischer Reflex? Wir müssen Kosten einsparen! Ich habe noch nie gelesen oder von einem Geschäftsführer gehört, dass man sich mit dem Pricing beschäftigt.

Gehen wir die Bedeutung des Preises durch. Welche Bestandteile wollen wir in unserer künftigen Betrachtung bzw. Strategie verändern?

- *Variable Kosten*, also die Kosten, die in Bezug auf das Produkt anfallen wie Material, Waren, Fremdleistungen und Provisionen,
- *Fixkosten*, die nicht oder nur schwer veränderbar sind wie Mieten, Gehälter und so weiter,
- *Absatzmenge*, also die verkaufte Menge eures Produkts und natürlich der
- *Preis* an sich.

Stellen wir uns ein Start-up vor und nennen es High5 GmbH. Das Unternehmen stellt Fahrradhelme aus Meeresplastik her. High5 hat, damit für uns die Betrachtung einfacher ist, nur ein Produkt. Der Verkaufspreis beträgt 80 Euro. Alle folgenden Preise verstehen sich netto, also ohne Umsatzsteuer.

Folgende Werte nehmen wir als Berechnungsgrundlage:

Verkaufspreis	80 EUR		
Variable Kosten	25 EUR		
Fixe Kosten	300.000 EUR		
Absatzmenge (pro Jahr)	10.000 Stück		

Nun verbessern wir jeweils einen einzelnen Wert um fünf Prozent. Wir nehmen weiter an, dass alle anderen Werte gleich bleiben. Beispiel: Wir senken die fixen Kosten um fünf Prozent (von 300.000 EUR auf 285.000 EUR), alle anderen Zahlen bleiben unverändert und sehen, welche Auswirkungen das auf den Preis hat.

Verkaufspreis/€	80,00	84,00	80,00	80,00	80,00
Variable Kosten/€	25,00	25,00	25,00	23,75	25,00
Fixkosten/€	300.000	300.000	285.000	300.000	300.000
Verkaufszahl	10.000	10.000	10.000	10.000	10.500
	Normal	Verkaufspreis	Fixkosten	Variable	Absatzmenge
Umsatz/€	800.000	840.000	800.000	800.000	840.000
Variable Kosten/€	250.000	250.000	250.000	237.500	262.500
Fixkosten/€	300.000	300.000	285.000	300.000	300.000
Gewinn/€	250.000	290.000	265.000	262.500	277.500
Gewinnveränderung/€		40.000	15.000	12.500	27.500
Gewinn in %		16 %	6 %	5 %	11 %

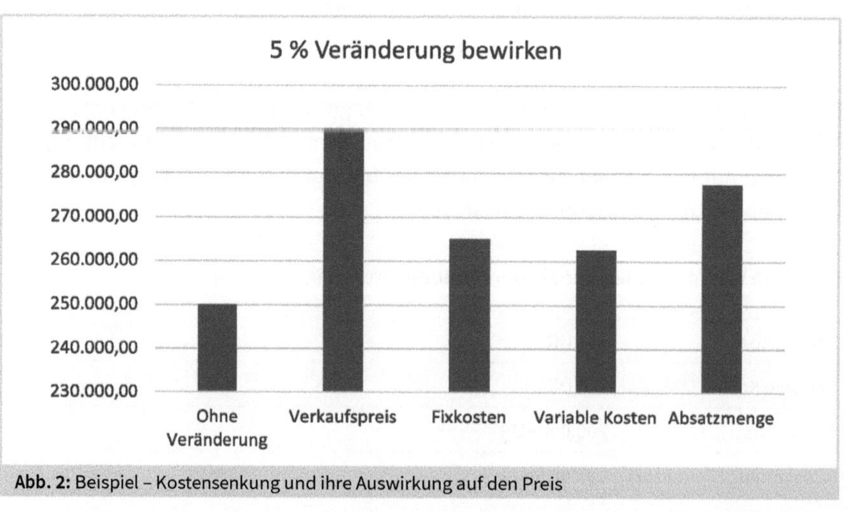

Abb. 2: Beispiel – Kostensenkung und ihre Auswirkung auf den Preis

Bei diesem Beispiel sehen wir deutlich, dass eine fünfprozentige Veränderung des Verkaufspreises die größte Auswirkung auf den Unternehmensgewinn hat.

Natürlich war diese Berechnung sehr vereinfacht. Sie zeigt aber eindrücklich, welchen Hebel der Preis hat. Dazu kommt, dass es sehr großer Anstrengungen bedarf, Werte wie Fixkosten um ein paar Prozent zu reduzieren oder die Absatzmenge um fünf Prozent zu erhöhen. Beim Preis sind Anpassungen deutlich schneller möglich.

Gebot #2: Jedes Unternehmen benötigt eine Preisstrategie
»Wer seinen Hafen nicht kennt, dem ist kein Wind günstig.« Diese Weisheit Senecas ist schon über 2.000 Jahre alt – und sie stimmt noch immer. Jedes Unternehmen benötigt eine übergreifende Strategie: Wofür stehen wir? Was bieten wir? Wo wollen wir hin? Ein wichtiger Teil des großen Ganzen ist eure Preisstrategie, für die euch das *Start-up Pricing Canvas®* (Kapitel 4 ff.) als starker Begleiter zur Seite steht.

Gebot #3: Das Preismodell kann ein Alleinstellungsmerkmal sein
Der große Vorteil eines jungen Unternehmens ist, dass es in der Wahl des Preismodells noch frei ist. Für Unternehmen, die bereits länger auf dem Markt sind, ist es schon schwerer, ein etabliertes Preismodell umzustellen: Kommen die Kunden damit zurecht oder verursacht eine Veränderung deutliche Umsatzeinbußen? Hier können sich Start-ups kreativ und in Form eines Preis-USPs von Mitbewerbern unterscheiden (Kapitel 10). Dazu ein Beispiel: Stellt euch vor, ihr produziert und verkauft Matratzen. Da es eine große Anzahl von Mitbewerbern gibt, entscheidet ihr, dass der B2B-Markt viel spannender ist, weil ihr verstanden habt: Gewinne ich einen Kunden, beispielsweise ein Hotel oder gar eine Hotelkette, kann ich auf einen Streich eine große Anzahl an Matratzen verkaufen. Selbstverständlich werdet ihr auch hier Mitbewerber haben, aber eure Chance bzw. euer Alleinstellungsmerkmal liegt darin, euch mit einem innovativen Preismodell von den Konkurrenten abzuheben. Denn ihr baut einen Sensor in die Matratze ein und der Hotelbesitzer zahlt nur, wenn ein Gast übernachtet hat (Pay-per-Use).

Gebot #4: Die Kosten haben mit dem Preis nichts zu tun
Wie bitte, Kosten haben keinen Einfluss auf den Preis? Es ist tatsächlich so! Viele Unternehmen haben häufig noch eine Art Cost-plus-Rechnung im Kopf. Bei dieser Methode, auch Zuschlagskalkulation genannt, wird der Preis auf Basis aller anfallenden variablen Stückkosten sowie eines festgelegten Gewinnaufschlags kalkuliert. Oder anders gesagt: 400 Prozent und mehr Aufschlag? Das ist doch unanständig. Das ist aber schlicht Blödsinn. Es gibt viele Preise, die einen deutlich höheren Aufschlag haben. Schauen wir uns das am Beispiel Autokauf und BMW einmal an. Angenommen, eure Geschäfte laufen gut und ihr wollt euch einen Firmenwagen zulegen. Ihr entschei-

det euch für einen 3er BMW. Ihr habt das Auto online konfiguriert, Motor, Navigationsgerät, Innenausstattung, nur die Farbe fehlt noch. Ihr schaut euch die entsprechende Preisliste an – und staunt nicht schlecht: Es gibt 14 Farben zur Auswahl. Und nur eine, Schwarz uni, ist ohne Aufpreis erhältlich. Alpinweiß uni kostet bereits 300 Euro mehr. Dann kommen die Metallic-Farben zur Auswahl: acht Farben (Metallic) gibt es zu je 920 Euro mehr, die Farbe BMW Individual Dravitgrau metallic für stolze 1.450 Euro und drei Farben (Transanitblau II metallic, Oxidgrau II metallic und Aventurinrot metallic) für sage und schreibe 1.950 Euro. Und wem das noch nicht reicht und wer etwas mehr ausgeben möchte, der kann seinen 3er auch in BMW Individual Brilliantweiß metallic oder BMW Individual Frozen Dark Grey metallic für schlappe 3.300 Euro lackieren lassen (Stand Juli 2021). Nun wird mir hoffentlich keiner erklären wollen, dass die Farben so unterschiedlich teuer sind und das Auftragen so aufwendig ist, dass es eine Preisdifferenz bis weit über 3.300 Euro rechtfertigt – konkret bis sage und schreibe 7.798 Euro für die teuerste Farbe (Pure Metal Silber metallic) für einen 7er BMW. Ganz einfach: Weil die Zahlungsbereitschaft der Kunden da ist. Es hat also nichts mit Kalkulation zu tun, sondern mit der emotionalen Aufladung, dem Wert für den Käufer und mit der Dicke des Geldbeutels.

In der Modebranche zeigt es sich ebenfalls sehr deutlich. Wer eine Brand, eine Marke aufgebaut hat, kann höhere Preise erzielen als No-Name-Produkte. Es ist auch für die Käufer immer noch entscheidend, welches Logo auf dem Kleidungsstück angebracht ist. Also geht es bei der Preisgestaltung nicht ausschließlich oder primär um die Kosten der Herstellung. Die meisten Textilien werden weiterhin in Billiglohnländern wie China, Kambodscha und Bangladesch produziert.

Gebot #5: Preise unterliegen der Gravitation

Ich zitiere Wikipedia: »Auf der Erde bewirkt die Gravitation, dass alle Körper nach ›unten‹, d. h. in Richtung Erdmittelpunkt fallen, sofern sie nicht durch andere Kräfte daran gehindert werden.« (https://de.wikipedia.org/wiki/Gravitation) Wir sprechen also von der Schwerkraft. Bei den Preisen ist es ähnlich, sie unterliegen ihr ebenfalls. Was meine ich damit? Wenn der Preis unten ist, ist es sehr schwer, ihn wieder nach oben zu bringen. Den Markt aber mit einem niedrigen Preis zu betreten und zu testen, ist nicht empfehlenswert, denn dann haben die Kunden immer den niedrigen Preis im Kopf.

Gebot #6: Angst darf nicht den Preis bestimmen

Häufig bestimmt auch die Befürchtung, dass das Produkt von potenziellen Käufern als zu teuer wahrgenommen wird, den Preis. So hat ein Gründer, der hochwertige Kleidung mit einem besonderen Merkmal auf den Markt bringen möchte, mir seinen geplanten Verkaufspreis genannt, der mich überraschte. Ich empfand ihn als sehr niedrig. Als ich nach dem Grund fragte, verwies er mich auf die große Anzahl an Mitbewerbern. Nun wollte ich natürlich seine Kosten wissen. Ja, ich scheine mir zu widersprechen, denn die Kosten haben grundsätzlich nichts mit dem Preis zu tun – aber nach einem kurzen Blick auf die Kalkulation war schnell klar: Mit jedem Kleidungsstück, das verkauft wird, würde das Unternehmen draufzahlen. Der Preis war schlicht zu gering kalkuliert (wenn man in diesem Fall überhaupt von Kalkulation sprechen sollte)! Diesen Fehler, dass ihr bei jedem Verkauf Verlust macht, müsst ihr vermeiden! Lasst euch also nicht von euren Ängsten verleiten, zu teuer zu sein.

Gebot #7: Der Vertrieb muss mit den richtigen Kennzahlen versorgt sein

In den meisten Unternehmen ist der Vertrieb nur auf Umsatzzahlen getrimmt, es geht um Stückzahlen oder Umsätze in Euro. Mit Zielzahlen, die jedes Jahr erhöht werden, wird Druck auf den Vertrieb ausgeübt. Und was macht dieser? Er versucht, die Zielzahlen zu erreichen, allerdings ohne Rücksicht auf die Marge des Unternehmens. Dann werden zwar Umsätze erzielt, aber oftmals unter schlechten Bedingungen. Es werden Rabatte ohne Not vergeben oder Zusatzleistungen, die sogenannten versteckten Rabatte, nicht berechnet. Wichtig ist also, dem Vertrieb die richtigen Ziele zu geben. Da gehören selbstverständlich Umsatzzahlen dazu, aber auch andere Faktoren wie Deckungsbeiträge, durchschnittlicher Warenkorb, Bestellhäufigkeit und Abweichung von der Preisliste. Kleine Start-ups, die aus personellen Gründen noch keinen Vertrieb aufgebaut haben, sollten die Kennzahlen ebenso kennen und verfolgen.

Gebot #8: Ein Preis kommt selten allein

In der BWL wird immer noch die Theorie der Preis-Absatz-Funktion gelehrt. Sie drückt aus, wie sich der Absatz bzw. die nachgefragte Menge in Abhängigkeit vom Preis verhält bzw. entwickelt. Oder vereinfacht gesagt: Steigt der Preis, sinkt der Absatz, also der Verkauf. Sinkt der Preis, wird mehr verkauft. Dies ist allerdings ein theoretisches Modell und passt nicht mehr in die heutige, dynamische Welt des Pricing. Es gibt Unternehmen, die die Preise erhöhen und der Umsatz steigt. Das hat etwas mit der Positionierung (Kapitel 4) zu tun. Auch berücksichtigt die Preis-Absatz-Funktion nicht die neuen Preismodelle (Kapitel 10). Lange Rede kurz zusammengefasst: Es gibt nicht mehr *den einen* Preis. Er kann variieren je nach Kundengruppen, Tages- oder Uhrzeiten, Regionen, Branchen, Nutzung, Zahlungsbereitschaft und so weiter. Ziel des Pricing ist es also nicht, den einen richtigen Preis zu finden, sondern die optimalen Preise.

Gebot #9: Preise müssen verständlich kommuniziert werden

Für jedes Unternehmen sind Marketingunterlagen eine Selbstverständlichkeit. Damit werden dem Kunden die Vorteile und der Nutzen des Produktes oder der Dienstleistung vermittelt. Aber auch der Preis und das Preismodell müssen verständlich und eindeutig kommuniziert werden. Das beginnt beim Wording, geht über Preislisten und Angebote und endet bei der Auftragsbestätigung. Hier zählt tatsächlich auch der letzte Eindruck. Der Interessent oder Kunde soll am Ende das Geschäft oder den Kauf mit einem guten Gefühl abschließen.

Gebot #10: Der Preis wird transparent

Das Internet ist sicherlich Fluch und Segen zugleich. Für Unternehmen erschließt es neue, zusätzliche, manchmal ausschließliche Märkte. Allerdings ergeben sich auch neue Herausforderungen. Gerade durch Preisvergleichsportale, Marktplätze oder Angebote wie Preiswecker (Produkt eingeben, Preisverlauf prüfen, Wunschpreis eingeben und Wecker aktivieren) wird es für Unternehmen, gerade im Vertrieb mit Privatkunden, nicht einfacher. Durch geschicktes Pricing, und in diesem Buch werdet ihr viele Anregungen und Beispiele finden, können Unternehmen darauf allerdings adäquate Antworten finden. Gerade Start-ups profitieren von einem weiteren Vorteil, weil sie starten und noch keine Preismodelle beim Kunden etabliert sind. Aber Achtung: Regelmäßig werden Branchen mit neuen Preismodellen aufgemischt. Oft sind diese aus anderen Bereichen übernommen, werden entsprechend angepasst oder auch kombiniert. So bietet das US-amerikanische Unternehmen Peloton ein High-Tech-Indoor-Bike ab 1.745 Euro an. Zusätzlich fällt für Kurse eine monatliche Gebühr von 39 Euro an. Neben einem Einmalerlös hat Peloton durch die Mitgliedschaft somit laufende Einnahmen – ein cleveres System, zumal der Kunde das Bike ohne Mitgliedschaft nicht nutzen kann.

Gebot #11: Unterschätzt die Gefahren von Preissenkungen nicht

Ihr müsst davon ausgehen, dass ihr beobachtet werdet. Nicht nur von bestehenden oder potenziellen Kunden, auch eure Mitbewerber haben ein Auge auf euch. Jede Aktion, besonders im Pricing, wird aufmerksam verfolgt. Für die meisten Branchen gilt eine Regel: Sobald ein Anbieter die Preise senkt, werden alle anderen hektisch. Häufig folgen dann sehr schnell eigene Preissenkungen, da man Angst hat, Marktanteile zu verlieren. Das kann zu richtigen Preiskriegen führen. Meist gibt es aber nur einen Gewinner: den Kunden. Ein bekanntes Beispiel kommt aus der Bierbranche (im Einzelhandel) aus dem Jahr 2012. Damals entfielen 70 Prozent des Bierumsatzes auf Sonderangebote mit Rabatten von bis zu 50 Prozent, was natürlich für die Brauereien eine Katastrophe war (Quelle: »Brauereien beklagen Rabattschlachten im Handel«, Frankfurter Allgemeine Zeitung, 20. April 2013, S. 12). Das Beispiel aus der Getränkebranche zeigt die Gefahr von Rabattschlachten. Das bedeutet für euch, dass ihr Preissenkungen nicht unterschätzen dürft. Wenn ihr darüber nachdenkt, dann nehmt diese nur moderat in kleinen Schritten vor. Besser ist es aber noch, die Leistung des Produktes oder der Dienstleistung zu verbessern und die Preise gleich zu halten. Das fühlt sich für den Kunden faktisch wie eine Reduzierung an.

Gebot #12: Erkennt die Chancen von Preiserhöhungen

Das letzte Gebot möchte ich mit einem Zitat des Preispapstes Professor Dr. Hermann Simon formulieren: »Früher dachte man, höhere Preise führen notwendigerweise zu einem niedrigeren Absatz. Inzwischen wissen wir, dass sich manche Produkte sogar besser verkaufen, wenn man ihren Preis erhöht – weil sie dann als hochwertig empfunden werden.« Des Weiteren berichtet er, dass der belgische Hersteller von Luxustaschen, die Firma Delvaux, nach einer Repositionierung die Preise deutlich erhöht hat. Und die Umsätze stiegen stark an, da die Produkte nun in der Kategorie des Mitbewerbers Louis Vuitton positioniert waren. Heißt: Mit einer durchdachten Strategie und einer kundenorientierten Kommunikation funktioniert in vielen Bereichen auch eine Preiserhöhung. Hier spielt der Kundentyp (Kapitel 7.3) eine große Rolle. So können Unternehmen im Premium- und Luxussegment grundsätzlich mutiger eine Erhöhung der Preise angehen, da die Kunden meist nicht preissensibel sind. Aber selbstverständlich haben auch Unternehmen im Niedrig- und Mittelpreissegment die Chance, ihre Preise zu erhöhen. Benötigt wird dafür die richtige Strategie, auf die ich in Kapitel 10.2 eingehe.

4 Das Start-up Pricing Canvas®

Vertrieb ist Chefsache. Der Preis aber auch!
Klaus Wächter

Vor einigen Jahren habe ich das *Start-up Sales Canvas®* entwickelt. Es ermöglicht, die Vertriebsstrategie eines Start-ups auf den Punkt beziehungsweise auf Papier zu bringen. Es ist ein Tool aus der Praxis für die Praxis, in vielen Workshops und Beratungen erprobt. Geeignet als ideales Brainstorming-Tool hat es eine klare, strukturierte Form, ist transparent, zeigt von Anfang an Abhängigkeiten auf und ermöglicht es Gründern, eine erfolgversprechende Vertriebsstrategie aufzubauen.

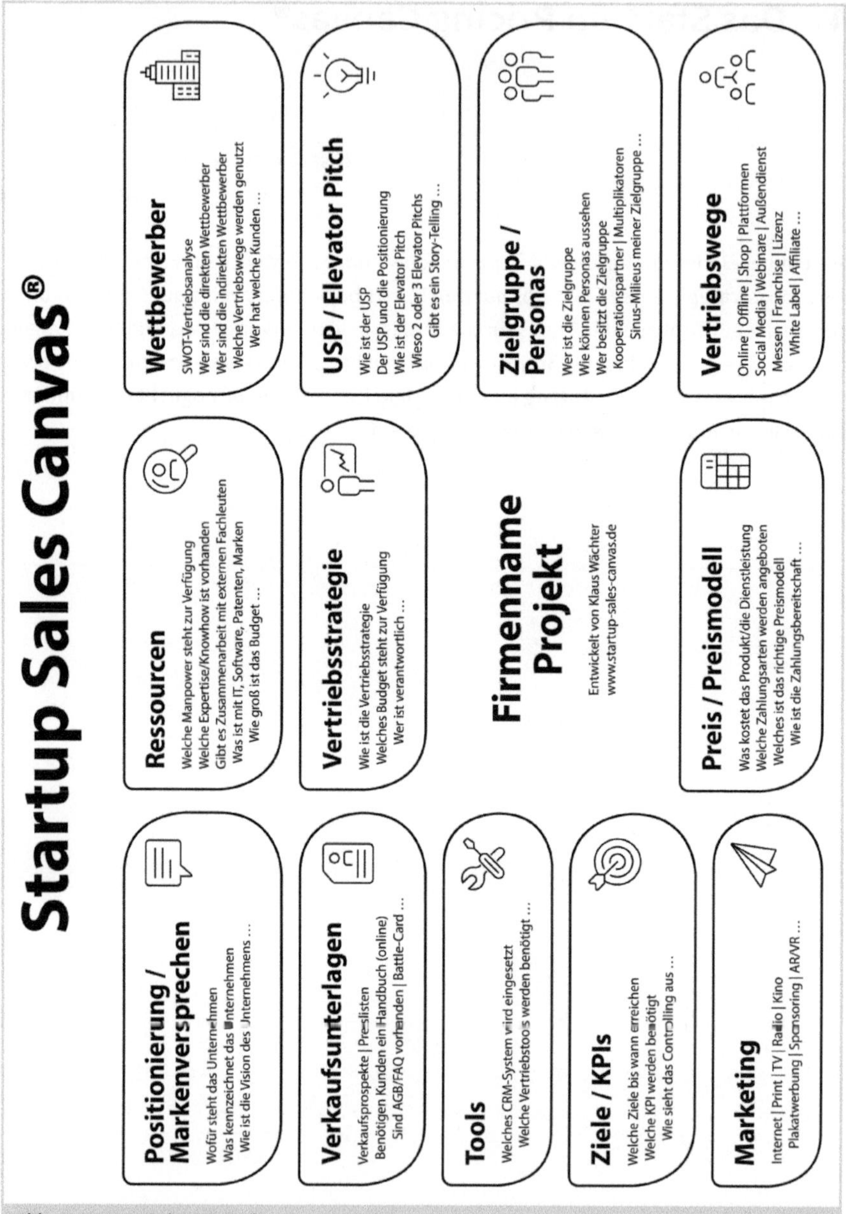

Startup Sales Canvas®

Positionierung / Markenversprechen
Wofür steht das Unternehmen
Was kennzeichnet das Unternehmen
Wie ist die Vision des Unternehmens …

Ressourcen
Welche Manpower steht zur Verfügung
Welche Expertise/Knowhow ist vorhanden
Gibt es Zusammenarbeit mit externen Fachleuten
Was ist mit IT, Software, Patenten, Marken
Wie groß ist das Budget …

Wettbewerber
SWOT-Vertriebsanalyse
Wer sind die direkten Wettbewerber
Wer sind die indirekten Wettbewerber
Welche Vertriebswege werden genutzt
Wer hat welche Kunden …

Verkaufsunterlagen
Verkaufsprospekte | Preislisten
Benötigen Kunden ein Handbuch (online)
Sind AGB/FAQ vorhanden | Battle-Card …

Vertriebsstrategie
Wie ist die Vertriebsstrategie
Welches Budget steht zur Verfügung
Wer ist verantwortlich …

USP / Elevator Pitch
Wie ist der USP
Der USP und die Positionierung
Wie ist der Elevator Pitch
Wieso 2 oder 3 Elevator Pitchs
Gibt es ein Story-Telling …

Tools
Welches CRM-System wird eingesetzt
Welche Vertriebstools werden benötigt …

Firmenname Projekt
Entwickelt von Klaus Wächter
www.startup-sales-canvas.de

Zielgruppe / Personas
Wer ist die Zielgruppe
Wie können Personas aussehen
Wer besitzt die Zielgruppe
Kooperationspartner | Multiplikatoren
Sinus-Milieus meiner Zielgruppe …

Ziele / KPIs
Welche Ziele bis wann erreichen
Welche KPI werden benötigt
Wie sieht das Controlling aus …

Marketing
Internet | Print | TV | Radio | Kino
Plakatwerbung | Sponsoring | AR/VR …

Preis / Preismodell
Was kostet das Produkt/die Dienstleistung
Welche Zahlungsarten werden angeboten
Welches ist das richtige Preismodell
Wie ist die Zahlungsbereitschaft …

Vertriebswege
Online | Offline | Shop | Plattformen
Social Media | Webinare | Außendienst
Messen | Franchise | Lizenz
White Label | Affiliate …

Abb. 3: *Start-up Sales Canvas®*

In den vielen Workshops und Vorträgen gab es kontinuierlich einen Baustein, der auf das größte Interesse gestoßen ist. Ihr ahnt es: der Preis/das Preismodell. Und da es ohne Preisstrategie nun einmal nicht funktioniert, habe ich das *Start-up Pricing Canvas®* entwickelt.

Abb. 4: *Start-up Pricing Canvas®*

Wie das *Sales Canvas®* beruht auch das *Pricing Canvas®* auf zwölf Bausteinen. Es beginnt in Abbildung 4 links oben mit dem ersten Baustein (Positionierung), danach geht es im Uhrzeigersinn weiter bis zum zwölften Baustein, der Preisstrategie.

Ab Kapitel 4 betrachten wir die Bausteine im Detail, die ihr für euer konkretes Vorhaben am besten nach dieser Reihenfolge durcharbeitet. Ihr könnt selbstverständlich, wenn ihr an einem Punkt hängenbleibt, auch zum nächsten springen und nach einer Pause wieder zurückkehren. Ich möchte euch kein starres Modell präsentieren, sondern euch anregen, strukturiert an den wichtigen Pfeilern eurer Preisstrategie zu arbeiten. Dabei solltet ihr letztlich aber alle zwölf Bausteine berücksichtigen, um zu einer umfassenden, runden Strategie zu kommen.

Die Anwendung

Auf gehts zur praktischen Umsetzung des *Start-up Pricing Canvas®*: Für den Einstieg braucht ihr das (gerne groß) ausgedruckte Canvas, viele Post-its, Zeit und vor allem keine Ablenkung.

1. Ladet euch zunächst das *Pricing Canvas®* auf www.startup-pricing-canvas.de herunter und druckt es aus, am besten im Format A0 oder A1.
2. Nutzt die Post-its, um eure ersten Gedanken zu formulieren, zu visualisieren und Anmerkungen für jeden Bereich auf das Plakat zu kleben.
   Bedenkt bitte: Ein Canvas könnt ihr nicht mal so nebenbei erstellen. Es braucht Zeit, Geduld und den Mut zu korrigieren.
3. Wie geht ihr am besten vor? Mit der Schnecke. Ihr seht es in Abbildung 5. Geht die Bausteine nacheinander ab, beginnend bei der Positionierung. Das ist nach meiner Erfahrung der einfachste Weg.

Baustein 1: Positionierung

Jedes Unternehmen benötigt eine Positionierung. Unternehmen, die schon länger auf dem Markt sind, haben diese meist bereits gefunden. Für Gründer ist es die erste Aufgabe, die eigenen Stärken und Qualitäten in strukturierter, gezielter Form herauszuarbeiten. Das ist Inhalt von Kapitel 4.

Baustein 2: Recherche

In Kapitel 5 betrachten wir das Thema (Markt-)Recherche und was ihr über den Wettbewerber wissen müsst. Dabei geht es nicht um eure Produkte oder Dienstleistung. Das habt ihr im Businessplan behandelt. In diesem Baustein geht es darum, mit welcher Preisstrategie der Wettbewerb auf den Markt geht. Welche Zielgruppen spricht er an? Mit welchem Preismodell, welchen Preisen und Konditionen ist er unterwegs?

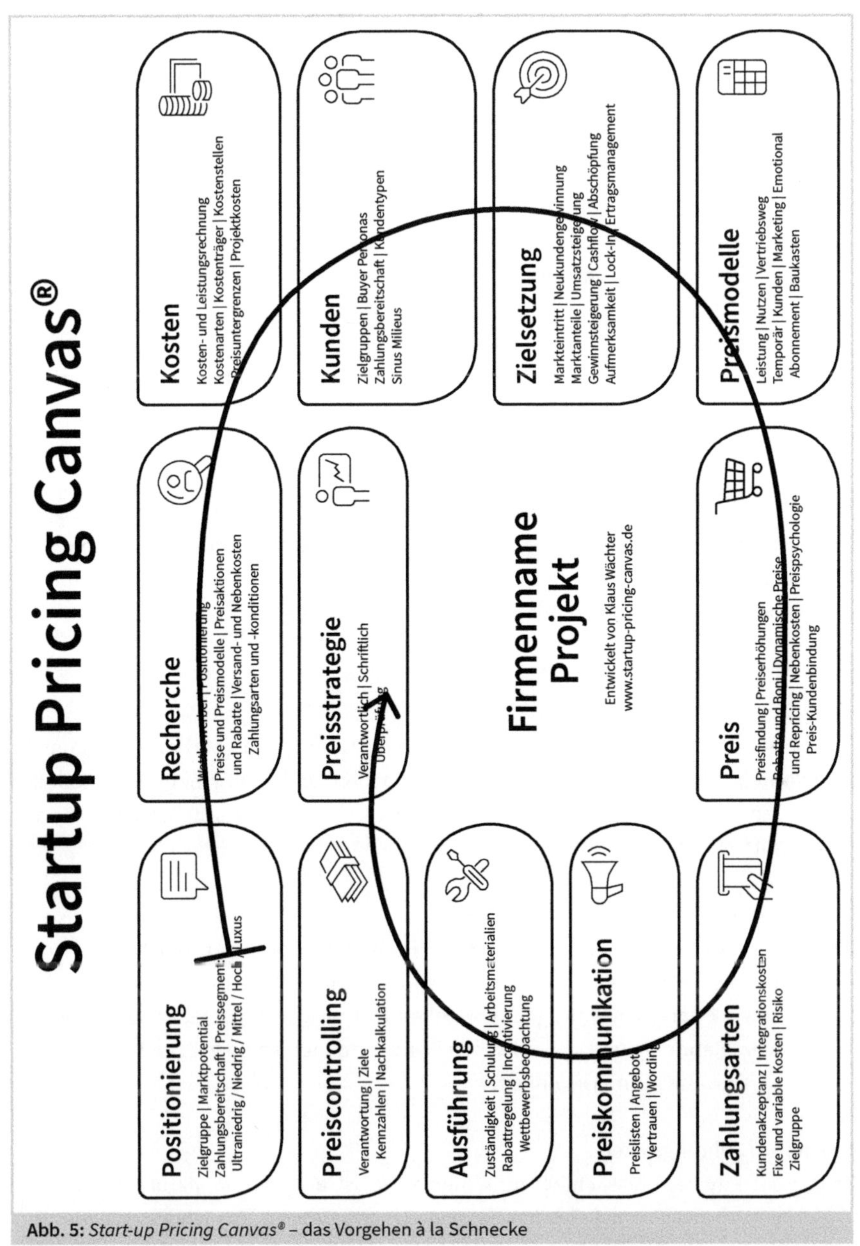

Abb. 5: *Start-up Pricing Canvas®* – das Vorgehen à la Schnecke

Baustein 3: Kosten

Fixe und variable Kosten sowie Grenzkosten: Wir müssen und werden in Kapitel 6 darüber reden, um euch für die Thematik zu sensibilisieren. Allerdings vermittle ich nur

Einblicke. Wer sein Wissen vertiefen möchte, den verweise ich freundlich auf entsprechende Fachliteratur.

Baustein 4: Kunden

Das wichtigste Gut eines Unternehmens sind die Kunden. Um den optimalen Preis oder das beste Preismodell zu finden, müsst ihr also eure Zielgruppe, spezifischer noch den Kunden kennen – und zwar tief und breit. In Kapitel 7 reden wir daher auch über Buyer Personas und verschiedene Kundentypen.

Baustein 5: Zielsetzung

Die Positionierung des Unternehmens haben wir in Baustein 1 besprochen. Aber mit welcher Zielsetzung wollt ihr auf den Markt gehen? Ihr werdet euch vielleicht wundern, wie viele mögliche Strategien ihr zur Auswahl habt: die Gewinnung von Neukunden, den Markteintritt oder die Abschöpfungsstrategie, um nur drei zu nennen. Und das ist ein großer Unterschied zu Unternehmen, die lange auf dem Markt sind. Diese Unternehmen sind bereits positioniert und können auf feste Kundenbindungen, Umsätze und (meist) ausreichende Liquidität zurückgreifen. Start-ups hingegen müssen von geplanten Umsatzzahlen mit vielen Annahmen ausgehen – und die gilt es zu beweisen. Wie ihr sie mit einer Zielsetzung verbindet, zeigt Kapitel 8.

Baustein 6: Preismodell

Gerade mit dem Preismodell können ihr euch als Gründer von Mitbewerbern unterscheiden, ein Alleinstellungsmerkmal daraus machen. Und es gibt mehr Preismodelle, als ihr euch vielleicht vorstellen könnt. Eine Auswahl mit mehr als 50 Beispielen findet ihr in Kapitel 9.

Baustein 7: Preis

Die Frage aller Fragen: Was ist der optimale Preis? Aber vor allem: Welche Methoden gibt es, um den optimalen Preis festzulegen. In Kapitel 10 werde ich euch zehn Methoden sowie interessante Insights vorstellen zu Preispsychologie, Rabatten, Preiserhöhungen, Repricing und dynamischen Preisen. In meinen Vorträgen habe ich hier übrigens die größte Aufmerksamkeit.

Baustein 8: Zahlungsarten

Gehört das Payment tatsächlich zum Thema Preisstrategien? Ja, natürlich. Der Auftrag oder die Bestellung ist eine Sache. Aber Unternehmen oder vielmehr die Kunden benötigen die richtigen Zahlungsarten, die in Kapitel 11 zu finden sind.

Baustein 9: Preiskommunikation

Ja, auch den Preis muss man klar, transparent und attraktiv kommunizieren. Das fängt mit dem Wording an und geht über Preislisten bis zum Angebot. Kapitel 12 beleuchtet diesen Aspekt.

Baustein 10: Ausführung

Was nützt die beste Strategie, wenn es an der Ausführung scheitert? Kapitel 13 hilft euch bei der praktischen Umsetzung.

Baustein 11: Preiscontrolling

Nach der Einführung des Produkts, der Ausführung eurer Strategie, wollt ihr selbstverständlich wissen, wie gut oder schlecht die Umsetzung gelaufen ist. Das ist die Aufgabe des Controllings und Inhalt von Kapitel 14.

Baustein 12: Preisstrategie

Wenn ihr alle vorherigen Bausteine intensiv und mit Leidenschaft durchgearbeitet habt, liegt sie vor euch: die Preisstrategie für euer Unternehmen. Damit habt ihr eine sehr gute Grundlage, um euer Start-up erfolgreich auf dem Markt zu etablieren. Dem Finale widmet sich damit Kapitel 15.

5 Baustein 1: Die Preispositionierung

Profit is a condition of survival. It is the cost of the future, the cost of staying in business.
Peter Drucker, US-amerikanischer Ökonom

In meinen Beratungen zum Thema Preis starte ich immer mit der Positionierung. Dabei sehe ich meist in fragende Gesichter: »Was hat der Preis mit der Positionierung zu tun?«

Der Preis ist ein sehr wichtiges Mittel, um euer Unternehmen, die Marke oder die Produkte strategisch am Markt zu positionieren. Preis und Leistung müssen so gestaltet und gewählt werden, dass beim Kunden ein bestimmtes Bild erzeugt wird. »Unter Preispositionierung versteht man die Platzierung eines Preises für ein Produkt oder eine Dienstleistung, die innerhalb einer bestimmten Preisspanne liegt. Die Preispositionierung gibt an, wo ein Produkt im Verhältnis zu seinen Konkurrenten in einem bestimmten Markt sowie in den Köpfen der verschiedenen Kunden steht. Die Preispositionierung hat auch einen Einfluss darauf, ob ein Produkt als billig (niedriger Preis) oder nicht (hoher Preis) angesehen wird.« (https://blog.pricebeam.com/de/was-sagt-ihre-preispositionierung-uber-ihre-marke-aus, Abruf 09.05.2022) Die Wunschvorstellung beziehungsweise das Ziel: Euer Start-up soll eine Position besetzen, die von Wettbewerbern nicht belegt ist oder in der euer Unternehmen im Wettbewerb erfolgreich bestehen kann. In diesem Kontext erzähle ich immer gerne ein Beispiel aus dem Food-Bereich.

Positionierung im Premiumbereich: Tiefkühlpizza von Gustavo Gusto

Abb. 6: Die Erfolgspizza von Gustavo Gusto (Quelle: https://gustavo-gusto.de/)

Der Markt der Tiefkühlpizzen war gut verteilt an Wagner, Dr. Oetker und die Handelsmarken der Discounter. Eine Premiumpizza mit einem Preis über drei Euro auf den Markt zu bringen, war kaum denkbar. Zudem hatte das Fertigprodukt lange Zeit ein schlechtes Image: Fett, Kalorien, viel Salz (oft die empfohlene Tageshöchstmenge) und zu viele Zusatzstoffe.

Das hat sich geändert. Ein Start-up aus Passau, die Franco Fresco GmbH & Co. KG, trat 2014 mit der Marke »Gustavo Gusto« in den Markt und gilt als der Pionier unter den Anbietern von Premium-Tiefkühlpizzen. Und die Großen der Branche müssen nachziehen.

Eine Pizza von Gustavo Gusto kostet zwischen 3,49 und 3,99 Euro (Durchschnitt 30 Zentimeter), eine Pizza der Wettbewerber mit 24 Zentimeter Durchmesser durchschnittlich zwei Euro. Doch was hat das junge Unternehmen gemacht? Es hat sich als Erstes im Premiumbereich positioniert. Zum einen ist die Pizza größer – was den Handel im Übrigen nicht erfreut hat, den er musste sich entsprechend umstellen und seine Logistik und Lagerhaltung anpassen. Zum anderen hat es die Vermarktung und das Design neu aufgerollt. Zuvor waren Pizzaverpackungen irgendwie alle gleich: ein Bild mit dem Hefeteiggericht, mehr nicht. Dagegen fällt Gustavo Gusto mit dem weißen Karton und lustigen Sprüchen auf. Die Verpackung wird als Werbemedium genutzt. Was auch der Jury des Red Dot Design Awards aufgefallen ist. 2016 erhielten die Pizzakartons und damit das Unternehmen den wohl renommiertesten Designpreis, den es gibt. Das muss man sich wahrlich auf der Zunge zergehen lassen: ein Designpreis für einen Pizzakarton. Inzwischen sind die alteingesessenen Unternehmen aus der Branche ebenfalls in den Premiumbereich nachgerückt. Doch weiterhin wächst Gustavo Gusto laut Aussage des Geschäftsführers Christoph Schramm sehr schnell. So belaufe sich der Umsatz für 2021 auf 73 Millionen Euro, was rund 50 Prozent plus im Vergleich zum Jahr 2020 bedeutet.

> Das Produktionsverfahren wurde geändert (der Teig von Hand ausgebreitet und nicht maschinell, auf Schamottstein vorgebacken) und die Qualität der Zutaten (keine künstlichen Backtreibmittel oder Aromen, keine Geschmackverstärker) steht im Vordergrund (https://gustavo-gusto.de/). Eine Positionierung im Discountersegment sieht das Unternehmen nicht vor. Aus diesem Grund findet man die Pizza auch nicht bei ALDI, Lidl und Co.

Aufgrund seiner Positionierung spricht das Unternehmen eine definierte Zielgruppe an. »Die Kundschaft ist breit gefächert, aber die Zielgruppe sind vorwiegend ältere Menschen mit einem höheren Bildungsniveau, da diese mehr auf ihre Ernährung achten und unsere Pizzen so besser zu ihnen passen«, sagt Gründer und Geschäftsführer Christoph Schramm. Gut ein Drittel der Kunden habe zuvor mehr als zehn Jahre keine Tiefkühlpizza mehr gegessen.

Der Erfolg ließ nicht lange auf sich warten: 2020 lag der Marktanteil von Gustavo Gusto für Tiefkühlpizzen, die in Deutschland verkauft werden, bei sechs Prozent.

Zwei Beispiele für eine Positionierung in einem anderen Preissegment kommen aus dem Bereich der Telekommunikation. Im Gegensatz zum Premium-Pizzalieferanten haben sich die Mobilfunkanbieter klarmobil.de und congstar im Niedrigpreissegment angesiedelt. Mit dieser Preispositionierung und dem Design (laut, bunt) sprechen die Unternehmen vor allem junge Menschen mit schmalem Geldbeutel an.

Bei der Preispositionierung geht es um die Wahrnehmung im Markt. Und eure Entscheidung wird euch dauerhaft begleiten. Ein Wechsel von einer Niedrigpreis- in eine Hochpreisstrategie ist nicht ohne weiteres möglich.

Folgende Fragen müsst ihr euch stellen:

- Wer ist eure Zielgruppe und welches Kundensegment wollt ihr mit eurem Produkt, eurer Dienstleistung primär ansprechen?
- Wie hoch ist das Marktpotenzial in dieser Zielgruppe? Das Marktpotenzial wird wie folgt berechnet: die maximal mögliche Käuferanzahl multipliziert mit der Kauffrequenz und dem Preis. Das Marktpotenzial wird typischerweise in Euro pro Jahr angegeben.
- Wie viel Absatz und wie viel Umsatz kann in dieser Zielgruppe erreicht werden?
- Ist dieses Kundensegment besonders preisempfindlich? Kunden mit einem niedrigen Budget (Jugendliche, Studenten, Geringverdiener) werden bei höheren Preisen Alternativen suchen (müssen).
- Sind andere Leistungsmerkmale für die Kunden genauso wichtig bzw. wichtiger als der Preis? Ein technischer Vorsprung, zum Beispiel durch ein Patent, bringen dem Unternehmen einen Wettbewerbsvorteil. Denkt nur an den Pharma-Markt. Dann tritt der Preis in den Hintergrund. Das ist ein Glücksfall für das Unternehmen, allerdings selten anzutreffen.

Ihr müsst euch, sobald ihr auf den Markt geht, für eine der folgenden fünf Preispositionierungen entscheiden: Ultraniedrig-, Niedrig-, Mittel-, Premium- oder Luxuspositionierung.

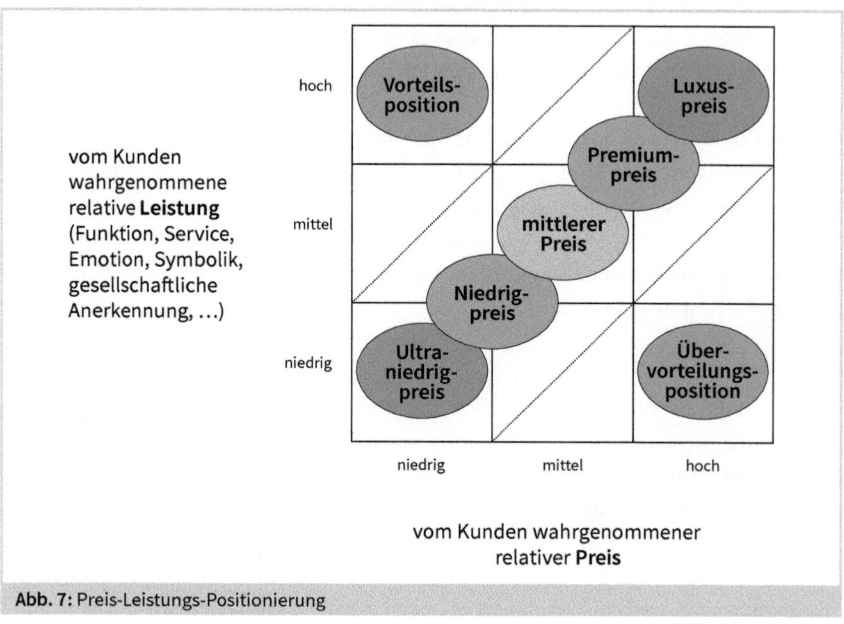

Abb. 7: Preis-Leistungs-Positionierung

5.1 Ultraniedrigpreis

Diese Positionierung ist im deutschsprachigen Raum bei Produkten kaum zu finden. Die Preise, so schon die Bezeichnung, sind niedriger als niedrig. Es geht um einen Markt, der eher in Entwicklungs- oder Schwellenländern zu finden ist. Laut Statista (Reichtumspyramide: Verteilung des Reichtums auf der Welt im Jahr 2020) haben 55 Prozent der Weltbevölkerung weniger als 10.000 US-Dollar privates Vermögen – damit gibt es also rein rechnerisch für diese Preisstrategie einen großen Markt. Es gilt die Faustformel, dass Ultraniedrigpreise noch einmal bis zu 50 Prozent unter den Niedrigpreisen liegen. Das bedeutet eine enorme Herausforderung an die Produktion, die auf Kosteneffizienz getrimmt sein muss. An dieser Aufgabe ist das indische Unternehmen Tata Motors gescheitert.

(Erfolglose) Positionierung über Ultraniedrigpreis: Tata Motors

2008 wurde der viersitzige Kleinwagen »Tata Nano« des indischen Herstellers Tata Motors vorgestellt. Eingeführt wurde der Nano in Indien, war allerdings für den Weltmarkt gedacht. Das Fahrzeug startete mit einem Kaufpreis von umgerechnet etwa 1.440 Euro zuzüglich Steuern und stieg später auf ungefähr 2.160 Euro. Beide Preise waren nur möglich, weil viele Funktionen wie Servolenkung, Automatikschaltung, Klimaanlage, Autoradio, elektrische Fensterheber, Heckklappe, zweiter Außenspiegel, Airbags, Antiblockiersystem weggelassen oder extra bepreist wurden. Hinzu kam ein größtmöglicher Anteil an Kunststoff statt Metallblechverarbeitung sowie geklebte statt geschweißte Chassis- und Karosserieverbindungen. Ein Test des ADAC auf Basis des NCAP (New Car Assessment Programme, Neuwagen-Bewertungs-Programm) Anfang 2014 ergab für den Nano ein desaströses Ergebnis von null Punkten. Anscheinend wurde zu viel gespart, denn die Verkaufszahlen waren nie zufriedenstellend und so wurde die Produktion im Sommer 2018 nach zehn Jahren eingestellt.

Erfolgreich mit dieser Strategie sind dagegen andere Konzerne wie Nestlé oder Procter & Gamble aus dem Bereich Lebensmittel und Hygiene. Zu Centbeträgen bieten die Unternehmen Lebensmittel in Kleinstpackungen oder Hygieneartikel in den Schwellenländern an.

Aber auch in der Start-up-Branche zeigen Trading-Plattformen beispielhaft, dass Erfolg möglich ist. Onlinetrading oder Trading steht für den Internethandel mit verschiedenen Finanzprodukten wie Aktien, Devisen, Anleihen, Termingeschäften, ETFs oder Derivaten. Normalerweise fallen beim Handel mit Finanzprodukten Gebühren an. Plattformen wie Robinhood (USA), Smartbroker oder Trade Republic verzichten hingegen in den meisten Fällen darauf. Somit sind diese Plattformen gerade bei Kleinanlegern sehr beliebt. Auch Lieferdienste wie Gorillas, Bring und Flink, die Lebensmittel in Großstädten innerhalb kürzester Zeit kostenlos liefern, gehören zu den erfolgreichen Beispielen.

<table>
<tr><th colspan="2">Positionierung über Ultraniedrigpreis</th></tr>
<tr><td>Vorteile:
• sehr großer, wachsender Markt (weltweit)
• durch Massenproduktion selbst bei niedrigen Preisen gute Gewinnchancen
• Kundenbindung mit der Möglichkeit des Upselling auf teurere Produkte</td><td>Nachteile:
• Produktion aus Kostengründen in den Niedriglohnländern
• dauerhafter Kampf gegen Kostensteigerung</td></tr>
<tr><td colspan="2">Wichtige Faktoren für eine erfolgreiche Ultraniedrigpreisstrategie:
• Das Produkt darf nur das Notwendigste enthalten.
• Produktionskosten müssen dauerhaft so niedrig wie möglich sein.
• Die einfache und leichte Bedienung und Wartung der Produkte ist wichtig.
• Neue Vertriebs- bzw. Marketingstrategien sind nötig.
• Neue Märkte können in Osteuropa entstehen.
• Für digitale Produkte kann diese Positionierung sehr interessant sein.</td></tr>
</table>

5.2 Niedrigpreis

Bei dieser Strategie wird der Preis auf einem niedrigen Niveau festgesetzt. Der Grund liegt oft in einer angestrebten Kostenführerschaft. Alternative Ziele können sein: die Konkurrenz zu verdrängen, den Kaufwiderstand der Kunden zu brechen und den Preis als Werbeargument zu verwenden sowie neuer Konkurrenz den Markteintritt zu erschweren. Die erfolgreichen Unternehmen im Lebensmitteleinzelhandel – ALDI und Lidl inklusive großem Angebot an Eigenmarken – kennt jeder. Aber auch in vielen andere Branchen und Bereichen gibt es große Erfolge: Fluggesellschaften (Ryanair, Eurowings, EasyJet), Verkehr (FlixBus), Automobil (Kia, Dacia), Hotellerie (Motel One, Etap, IBIS), Mode (H&M, Zara), Banken (DKB). Nicht erfolgreich war dagegen der Versuch der Baumarktkette Praktiker (Insolvenz Juli 2013), sich im Niedrigpreissegment zu positionieren.

Als Beispiele für sichtbar erfolgreiche Start-ups sind bett1 (www.bett1.de) und Emma (www.emma-matratze.de) zu nennen.

<table>
<tr><th colspan="2">Positionierung über Niedrigpreis</th></tr>
<tr><td>Vorteile:
• schnelle Marktdurchdringung
• Senkung der Stückkosten über die Menge
• hohe Kapazitätsauslastung
• positives Image durch hohe Marktpräsenz</td><td>Nachteile:
• dauerhafter Preiskampf und Druck, da Mitbewerber versuchen, den Preis zu unterbieten
• keine Kundenbindung (»Wer wegen dem Preis kauft, geht auch wegen dem Preis«)
• Preiserhöhungen sehr schwer durchsetzbar
• Negativimage durch niedrigen Preis</td></tr>
<tr><td colspan="2">Wichtige Faktoren für eine erfolgreiche Niedrigpreisstrategie:
• Priorität auf die Kosten- und Prozesseffizienz
• No-Frills-System (keine Rüschen), Konzentration auf das Kernprodukt (»keine Kinkerlitzchen«)
• Werbung sehr stark auf den Preis fokussiert
• dauerhaft niedrige Preise
• Produkte mit akzeptabler Qualität
• häufig Eigenmarken
• harter Einkauf (»Im Einkauf liegt der Gewinn.«)</td></tr>
</table>

5.3 Mittelpreis

Wie der Name bereits sagt, liegt diese Positionierung mit mittleren Preissegment. Hier sind auch die meisten Unternehmen in Deutschland angesiedelt. »Stückzahl- und wertmäßig stand und steht die mittlere Preislage in vielen Branchen ohnehin an der Spitze«, so Hermann Simon (Preismanagement, 2016, S. 68). Eine Mittellage wird zwar strategisch häufig als *Stuck-in-the Middle* bezeichnet, stellt jedoch in vielen segmentierten und unübersichtlichen Märkten eine gute Option dar, um eine ordentliche Rendite zu erwirtschaften. Die Strategie ist eine klassische mittelständische Option, wenn die Produktionsgegebenheiten eine aggressive Niedrigpreisstrategie nicht zulassen, der eigene Markt keine Globalisierungsvorteile und damit Preissenkungspotenziale hergibt und keine echten Differenzierungsmöglichkeiten zulässt. Das wird auch der Grund sein, weshalb sich in dieser Mitte die meisten Start-ups positionieren.

Ein schönes Beispiel aus der Start-up-Szene ist das Mainzer Unternehmen GOT BAG (www.got-bag.com), das Taschen und Rucksäcke aus Meeresplastik herstellt.

<table>
<tr><th colspan="2">Positionierung über Mittelpreis</th></tr>
<tr><td>Vorteile:
• größter Markt im Vergleich zu den anderen vier Varianten
• Balance zwischen Preis und Qualität</td><td>Nachteile:
• Gefahr, von Niedrig- und Premiumpreis-Anbietern erdrückt zu werden
• sehr viele Mitbewerber, schneller Einstieg von Mitbewerbern möglich
• Preiserhöhungen sehr schwierig
• Produkteinführung in andere Preissegmente unter gleichem Namen kaum möglich</td></tr>
<tr><td colspan="2">Wichtige Faktoren für eine erfolgreiche Mittelpreisstrategie:
• Anbieter müssen sich von den Mitbewerbern abheben (Produkt, Beratung, Bequemlichkeit, Verfügbarkeit, Liefer- und Zahlungsbedingungen).
• Leistungsmerkmale müssen zu den Anforderungen der Zielgruppe passen.
• Differenzierung zum Niedrigpreissegment muss dem Kunden deutlich gemacht werden.</td></tr>
</table>

5.4 Premiumpreis

Die zentrale Frage: Ab wann hat man sich als Unternehmen im Premiumpreissegment angesiedelt beziehungsweise wann ist die Chance da, es zu tun? Eine eindeutige Antwort habe ich nicht. Aber wir sprechen nicht von kleinen Preisunterschieden, von wenigen Prozenten oder Euros. In der Liga der Premiumpreisanbieter spielen Marken wie Porsche (Automobil), Apple (Technologie), Starbucks (Gastronomie), Miele (Haushaltsgeräte) oder Stihl (Arbeitsgeräte). Entscheidend für den Kunden ist der höhere wahrgenommene Nutzen im Vergleich zu deutlich günstigeren Angeboten aus dem Mittel- oder Niedrigpreissegment. Unternehmen bieten den Käufern also einen spürbaren Mehrwert und verlangen dafür Premiumpreise.

Aus der Gründerszene möchte ich beispielhaft nennen: das US-amerikanische Unternehmen Peloton mit dem High-Tech-Indoor-Bike (www.onepeloton.de), mymuesli (www.mymuesli.com) und Every (www.every-foods.com).

<table>
<tr><th colspan="2">Positionierung über Premiumpreis</th></tr>
<tr><td>Vorteile:
• Hochpreisimage
• sehr enge Kundenbindung
• Mitbewerber haben es schwer, in diesen Bereich einzusteigen
• hohe Margen</td><td>Nachteile:
• Hochpreisimage kann auch negativ wirken
• hoher Aufwand für Imageaufbau
• Gefahr geringer Marktdurchdringung
• hohe Kosten für Entwicklung und Produktion</td></tr>
<tr><td colspan="2">Wichtige Faktoren für eine erfolgreiche Premiumpreisstrategie:
• Der Preis spielt für die Kunden keine oder eine untergeordnete Rolle.
• Der hohe Preis kann ein gewünschtes Leistungsmerkmal sein, weil sich die Kunden abheben können (Snob-Effekt).</td></tr>
</table>

5.5 Luxuspreis

Abschließend betreten wir den Luxusbereich (siehe Abb. 7 oben rechts), der sich durch einen hohen Preis und eine vom Kunden wahrgenommene hohe Leistung auszeichnet. Jetzt sprechen wir zum einen von exklusiven Sportwagen von Bugatti oder Lamborghini, von Uhren von Patek Philippe, Jacob & Co., Richard Mille oder von Taschen der Hersteller Dior, Gucci und Valentino. Zum anderen können das aber auch das SUPER ANTI-AGING SERUM (www.drsturm.com) zu einem Preis von 110 Euro für 10 ml oder die Tafel Schokolade für 470 Euro (www.schokoladentafel.com/marken-und-markte/die-teuersten-schokoladen-der-welt) sein. Dies ist ein Preissegment, dass für Start-ups zunächst wohl nicht realistisch ist. Wie sagte der Geschäftsführer eines Herstellers für Luxusjachten? »Wenn der Kunde nach dem Preis fragt, ist das jemand, der sich unser Produkt nicht leisten kann!«

Eines der wenigen Beispiele aus der Start-up-Branche: CHRONEXT (www.chronext.de), im Jahr 2013 gegründet, ist die erste digitale Plattform für den Kauf und Verkauf von neuen und Vintage- sowie Luxusuhren aus zweiter Hand. Auch Uhren für einen sechsstelligen Eurobetrag können Interessierte hier finden.

<table>
<tr><th colspan="2">Positionierung über Luxuspreis</th></tr>
<tr><td>Vorteile:
• extrem hohe Margen (der Preis spielt keine Rolle)
• sehr enge, persönliche Kundenbindung
• wachsender Markt (Asien)
• Preiskontinuität</td><td>Nachteile:
• sehr kleiner Markt
• hohe Kosten für Entwicklung und Produktion
• höchster Anspruch an Qualität
• hohe Kosten für den Imageaufbau
• hohe Werbekosten (PR, Sponsoring, Inszenierungen)</td></tr>
<tr><td colspan="2">Wichtige Faktoren für eine erfolgreiche Luxuspreisstrategie:
• Handarbeit und hohe Fertigungstiefe
• limitierte Ausgaben
• kombinierte Festlegung von Preis und Menge
• Eigenvertrieb oder ausgewählte Vertriebspartner</td></tr>
</table>

Folgende Checkliste hilft, euch konzentriert mit eurer Positionierung zu beschäftigen. Geht die Liste Punkt für Punkt durch und bewertet jedes Statement auf einer Skala von 1 (trifft nicht zu) bis 5 (trifft zu). Die Spalte mit den meisten Kreuzen zeigt euch eure Positionierung an. Daher arbeitet ehrlich und sorgfältig. Wenn ihr euch bei den Angaben etwas vormacht, in welche Richtung auch immer, werdet ihr einen falschen Weg einschlagen.

Checkliste Positionierung

	Trifft nicht zu	**Trifft eher nicht zu**	**Patt**	**Trifft eher zu**	**Trifft zu**
	1	**2**	**3**	**4**	**5**
Produkt					
herausragende Leistung/Qualität					
hohes Image des Produkts					
führende Lösung im Markt					
hohe Kosten für Entwicklung /Produktion					

	Trifft nicht zu	Trifft eher nicht zu	Patt	Trifft eher zu	Trifft zu
	1	2	3	4	5
umfassender Service					
hochpreisige Extras					
Preis					
dauerhaft hoher Preis					
keine Rabattaktionen					
hohe Preisdisziplin					
Preiserhöhungen leicht durchsetzbar					
Vertrieb					
hohe Anforderung an Vertrieb/Händler					
hohe Exklusivität					
qualifizierter Support					
hochwertige Werbung/Werbemittel					
Kommunikation					
hoher Aufwand für Imageaufbau					
Preis steht nicht im Vordergrund					
Kunden					
exklusiver Kundenkreis					
hohe Kundenbindung					
persönlicher Support					
Positionierung	**Ultra-niedrig**	**Niedrig**	**Mittel**	**Premium**	**Luxus**

6 Baustein 2: Der Markt

Die besten Ideen kommen mir, wenn ich mir vorstelle, ich bin mein eigener Kunde.
Charles Lazarus

Ein wichtiger Bestandteil der Preisstrategie ist die Wettbewerbsbeobachtung. Und diese Recherche müssen wir in zwei Phasen aufteilen:

1. **Unternehmensstart.** In dieser Phase müsst ihr alle Mitbewerber aufführen. Diese Übersicht solltet ihr vorliegen haben, sobald ihr einen Businessplan erstellt habt. Vor allem aber geht es um die Preismodelle, die Preise sowie die Konditionen- und Rabattpolitik anderer Unternehmen.
2. In der zweiten Phase, dem **laufenden Betrieb**, müsst ihr im Unternehmen ein System zur kontinuierlichen Wettbewerbsbeobachtung mit dem Fokus auf den Preis installieren.

Phase 1: Unternehmensstart

Entscheidend ist, in welcher Branche und mit welchen Produkten ihr unterwegs seid. Der einfachste bzw. überschaubarste Fall ist, wenn es nur wenige Mitbewerber gibt und die Preise transparent beispielsweise auf einer Webseite einzusehen sind. Das macht die Beobachtung und Dokumentation für euch einfach – aber eben auch für alle anderen Interessenten und Kunden. Schwieriger wird es, wenn ihr eine Vielzahl von Produkten habt und es üblich ist, dass die Preise sich regelmäßig ändern. Dies ist zum Beispiel bei IT-Hardware (Arbeitsspeicher, Grafikkarten, Netzteile und Prozessoren) der Fall. Das ist manuell kaum zu machen. Hier empfehle ich, eine spezielle Software zur Preisbeobachtung einzusetzen. Und dann haben wir noch den Fall, dass es im Markt keinerlei Transparenz gibt. Einer meiner Kunden hat eine spezielle Software in einer Nische entwickelt. Hier gibt es im deutschsprachigen Raum gerade einmal 25 potenzielle Kunden. Dazu gibt es drei weitere Marktbegleiter. Von Transparenz ist keine Rede. Mein Kunde kann froh sein, dass wir das Preismodell der anderen Unternehmen in Erfahrung bringen konnten. Über die Preise am Markt herrscht Stillschweigen. Auch die Anwender verhalten sich taktisch clever und verraten ihre Einkaufskonditionen nicht.

Damit ihr die richtigen und wichtigen Informationen für die Recherche eurer Mitbewerber zusammentragen könnt, findet Folgendes heraus:

- Wer sind die bestehenden Anbieter?
- Sind die Anbieter in der gleichen Region wie euer Unternehmen tätig?
- Wer ist die Zielgruppe und welches Kundensegment sprechen die Mitbewerber an?
- Wie ist deren Positionierung?
- Mit welcher Strategie sind die anderen Unternehmen auf dem Markt?

- Welches Preismodell setzen die Mitbewerber ein?
- Wie sind die Zahlungsbedingungen?
- Welche Produkte sollen verglichen werden?
- Wie sehen die Listenpreise der Konkurrenten aus?
- Gibt es Preisnachlässe, Rabatte oder Sonderaktionen bei euren Wettbewerbern?
- Welches sind die Ober- und Untergrenzen, die ihr bei euren Produktpreisen beachten müsst? Die Obergrenze ist die Schmerzgrenze der Kunden. Ab dieser Grenze sind sie nicht mehr bereit, euer Produkt oder die Dienstleistung zu erwerben. Dieses Limit erfahrt ihr aus der Marktbeobachtung, aus der Befragung von Kunden und Experten. Die Untergrenze ist dagegen eure betriebswirtschaftliche Schmerzgrenze, die ihr unter anderem an den Produktions- oder Einkaufskosten bemessen müsst. Darunter wollt oder könnt ihr aus kaufmännischer Sicht nicht gehen.
- Gibt es andere wichtige Aspekte, die ihr bei der Preisgestaltung für eure Produkte beachten müsst, wie zum Beispiel Berechnung der Versandkosten?
- Wie sehen die Preise von Wettbewerbern im Ausland aus? Gibt es regionale Unterschiede?

Bei einem großen Sortiment ist es eher nicht zu empfehlen, alle Produkte, die auf dem Markt sind, zu vergleichen. Hier halte ich es für weit sinnvoller, nur die Schnelldreher zu überwachen, also die Produkte, die häufig verkauft werden. Grundsätzlich aber sollte die Entscheidung, welche Produkte verglichen werden, auf keinen Fall nur anhand der Verkaufszahlen gemacht werden. Umsatzgröße oder Jahreszeit (beispielsweise für Skier oder Sonnenschirme), Häufigkeit der Preisänderung (mehrfach täglich, wöchentlich, quartalsweise), Produktverfügbarkeit und Versandkosten: All diese Faktoren sollten einbezogen werden, um im Preismonitoring optimal, effizient und kostengünstig zu agieren.

Methoden zur Preisrecherche

1. **Schreibtischrecherche**: Schaut euch alles an, was ihr über den Mitbewerber in Erfahrung bringen könnt. Besorgt euch Preislisten, Muster, Angebote und so weiter.
2. **Mystery-Shopping**: Lasst eure Freunde und Bekannte eure Mitwerber bewerten. Sie sollen sich beraten lassen und eventuell auch Produkte bestellen – denn ihr habt voraussichtlich eure Firmenbrille auf. Freunde und Bekannte sehen Mitbewerber aus Kundensicht. Alternativ könnt ihr dafür professionelle Agenturen beauftragen.
3. **Verlorene Angebote**: Ihr habt schon Angebote im Markt und wart dem Mitbewerber unterlegen? Dann analysiert die Angebote und überlegt, woran es gelegen hat, dass ihr nicht zum Zug gekommen seid.
4. **Umfragen**: Befragt potenzielle Kunden. Wie nehmen sie die Mitbewerber wahr? Kennen sie deren Preise und das Preismodell? Hier stehen kostengünstige Onlinetools zur Verfügung. Teilweise haben die Anbieter auch eine Gratisversion mit einer begrenzten Teilnehmerzahl. So könnt ihr das Tool erst einmal testen. Anbie-

ter sind Crowdsignal, Doodle, Google Forms, LimeSurvey, Poll For All, Involve.me, Typeform, Alchemer, Pinpoll, easyfeedback, Opinary und SoGoSurvey.

5. **Umfragen**: Ihr arbeitet mit dem Handel zusammen? Dann fragt nach, wie die Händler das Produkt, die Positionierung, das Preismodell und schließlich den Preis im Vergleich zu den bestehenden Wettbewerbern sehen.
6. **Preis-Crawling**: Spezielle Software, sogenannte Webcrawler, durchsuchen automatisch das Internet nach den Preisen der Konkurrenz. Es gibt eine Vielzahl von Anbietern mit den unterschiedlichsten Preismodellen. Hier eine Auswahl: aimondo.com, beny-repricing.de, webdata-solutions.com, cludes.de/repricing, dealavo.com, minderest.com, priceintelligence.net.
7. **Messen**: Besucht Fachmessen, auch digitale, und schaut euch die Stände der Mitbewerber an.
8. **Fachzeitschriften:** Auch in Magazinen und Fachzeitschriften findet ihr Informationen zu Preisen, Vermarktung und Kommunikationsformen.

Wenn ihr diese Aspekte sorgfältig und mit ausreichend Zeit (ja, nehmt sie euch unbedingt!) analysiert, liegt eine schriftliche Recherche zu euren Mitbewerbern vor euch, die eine solide und erkenntnisreiche Basis für euer weiteres Tun bietet. Auch ich stelle bei vielen meiner Beratungen fest, dass Gründer zu diesem Zeitpunkt bereits überraschende und vor allem lohnenswerte Details über ihre Konkurrenten erfahren haben. Also empfehle ich euch: Legt ausreichend Energie und Freude in die Marktrecherche. Ihr werdet Spannendes entdecken, mögliche Risiken und Herausforderungen rechtzeitig erkennen und habt zudem die Gewissheit, euer Umfeld auch wirklich zu kennen.

7 Baustein 3: Die Kosten

Es gibt kaum etwas auf dieser Welt, das nicht irgendjemand ein wenig schlechter machen und etwas billiger verkaufen könnte.
John Ruskin (†1900), britischer Schriftsteller, Maler, Kunsthistoriker und Sozialphilosoph

»Die Kosten haben nichts mit dem Preis zu tun«, so meine Aussage bei den zwölf Geboten des Pricing in Kapitel 3. Wieso dann aber der Baustein Kosten im *Pricing Canvas®*? Die Kostenrechnung ist eine wichtige Grundlage für die Entscheidungsfindung im Unternehmen.

In jedem Unternehmen, in dem Produkte hergestellt oder Dienstleistungen erbracht werden, entstehen Kosten. Um erfolgreich zu sein, eure Ziele zu erreichen und gleichzeitig wirtschaftlich zu arbeiten, ist es dringend notwendig, diese auch zu kennen. Zudem ist es wichtig, die Kostenarten zu unterscheiden, die Verursacher (Forschung & Entwicklung, Produktion, Lager, Logistik, Vertrieb und so weiter) zu analysieren und die Kosten richtig zu verteilen. Habt ihr nur ein Produkt, beispielsweise eine Software, dann habt ihr es leicht. Alle Kosten könnt ihr diesem einen Produkt zurechnen. Produziert ihr aber mehrere, vielleicht sogar hunderte Produkte, dann ist die Kostenrechnung wichtig für effektives Wirtschaften.

In unserem Zusammenhang, der Festlegung der richtigen Preise, sind das zum Beispiel:

- Preisuntergrenzen festlegen,
- Produktvarianten und ihre Preise kalkulieren,
- Geschäftsideen in Bezug auf Wirtschaftlichkeit und Rentabilität bewerten,
- Projekte kalkulieren und Budgets einplanen,
- Preisobergrenzen für Zukaufteile festlegen,
- Kalkulation von Sonderaufträgen,
- Überprüfung der Wirtschaftlichkeit (Projekte, Produkte).

Ihr seht also, die Kostenrechnung hat nichts mit der Festlegung des Preises zu tun. Aber sie ist wichtig, damit ihr eure Unternehmenszahlen immer im Blick habt. Sie schafft euch die Voraussetzung für unternehmerische Entscheidungen und für die erfolgreiche Planung und Steuerung des Unternehmens. Ich gehe bei diesem Thema nicht in die Tiefe, aber ein paar Grundkenntnisse müssen sein.

Kosten- und Leistungsrechnung

Die Kosten- und Leistungsrechnung (KLR) beschäftigt sich mit den Kosten und Leistungen, die in direktem Zusammenhang mit der innerbetrieblichen Leistungserstellung stehen. Sie bildet das Gegenstück zur Finanzbuchhaltung im betrieblichen (internen) Rechnungswesen.

Nicht nur externe Leistungen oder Einkäufe stellen einen Kostenaufwand für das Unternehmen dar. Auch die interne Leistungserbringung (Produktion) verursacht durch den Ressourceneinsatz (Maschinenstunden, Personal etc.) Kosten. Die KLR dient dazu, die im Wertschöpfungsprozess entstandenen Kosten dem entsprechenden Verursacher zuzuordnen.

In einem Unternehmen werden Kosten nach drei Kriterien unterschieden:

1. **Kostenträger:** die hergestellten Produkte oder Dienstleistungen,
2. **Kostenstellen:** Ort der Kostenentstehung und Leistungserbringung, also Bereiche oder Abteilungen,
3. **Kostenarten:** In einem Kostenartenplan werden Kosten in Kategorien gegliedert.

Die Kosten- und Leistungsrechnung gibt Aufschluss über die Wirtschaftlichkeit innerbetrieblicher Prozesse. Sie liefert Antworten unter anderem auf diese Fragen:

- Welches Produkt verursacht zu hohe Kosten?
- Welches Produkt ist besonders ertragreich?
- In welchem Produktionsabschnitt gibt es die größten Kostensenkungspotenziale?

Ziel der Kosten- und Leistungsrechnung

Das übergeordnete Ziel der KLR ist es, die Kostenverursacher, die beim innerbetrieblichen Wertschöpfungsprozess beteiligt sind, aufzudecken. Dazu gehören Produkte und Dienstleistungen (Kostenträger) sowie Abteilungen und Unternehmensbereiche (Kostenstellen). Damit hat die Kosten- und Leistungsrechnung vor allem eine Kontrollfunktion. Durch kontinuierliche Soll-Ist-Vergleiche und Überprüfung der Wirtschaftlichkeit soll der langfristige Erfolg des Unternehmens sichergestellt werden.

Die drei Bereiche der Kosten- und Leistungsrechnung

Die Kosten- und Leistungsrechnung beschreibt einen Prozess der Kostenkalkulation, um zu ermitteln, wodurch Kosten verursacht wurden. Die drei Teilbereiche bilden die verschiedenen Stufen der Kalkulation:

- Kostenartenrechnung: Welche Kosten sind entstanden?
- Kostenstellenrechnung: Wo sind die Kosten entstanden?
- Kostenträgerrechnung: Wofür sind die Kosten angefallen?

Fakt ist erst einmal: Die KLR ist eine schnelle und grobe Übersicht über die finanzielle Situation eures Unternehmens. Gehen wir auf den näheren Zusammenhang zwischen Kostenartenrechnung, Kostenstellenrechnung und Kostenträgerrechnung ein.

Stufe 1: Die Kostenartenrechnung. Die Kostenartenrechnung ist die erste Stufe der KLR. Hier werden die Kosten erfasst und nach Kostenarten gegliedert, um herauszufinden, welche Kosten entstanden sind. Damit kann man genauere Aussagen über die Ursachen erhalten. Folgende Kostenarten werden wie folgt eingeteilt:

- Produktionsfaktoren: Materialkosten, Personalkosten, Kapitalkosten, Raumkosten etc.,
- betriebliche Funktionen: Beschaffungskosten, Fertigungs- bzw. Herstellungskosten, Vertriebskosten, Verwaltungskosten,
- Herkunft der Kostengüter: Primärkosten für Fremdleistungen, Sekundärkosten für Eigenleistungen,
- Zurechenbarkeit: Gemeinkosten, Einzelkosten,
- Abhängigkeit von Bezugsgröße: Fixkosten, variable Kosten.

Stufe 2: Die Kostenstellenrechnung. Die Kostenstellenrechnung ist die zweite Stufe der Kosten- und Leistungsrechnung. Hier wird untersucht, wo die Kosten angefallen sind – also in welchen Bereichen oder Abteilungen des Unternehmens. Sie bildet das Bindeglied zwischen Kostenartenrechnung und Kostenträgerrechnung. Sie befasst sich mit den Gemeinkosten, die den Kostenträgern nicht direkt zugerechnet werden können. Einzelkosten fließen dagegen ohne Umweg in die Kostenträgerrechnung ein.

Aufgabe der Kostenstellenrechnung ist die Verteilung der Gemeinkosten auf die Kostenstellen zur internen Leistungsverrechnung. Damit kann die Wirtschaftlichkeit der einzelnen Abteilungen kontrolliert werden. Kostenstellen werden wie folgt unterschieden:

- Hauptkostenstellen: Hier werden die Kostenträger (Produkte) gefertigt. Hauptkostenstellen sind also unmittelbar an der Leistungserstellung beteiligt.
- Hilfskostenstellen: Diese Kostenstellen sind nicht direkt an der Herstellung der Produkte beteiligt. Sie erbringen hingegen Vorleistungen für andere Kostenstellen.

Stufe 3: Die Kostenträgerrechnung. Die Kostenträgerrechnung ist die letzte Stufe der KLR und schließt direkt an die Kostenstellenrechnung an. Ziel ist es herauszufinden, wofür die Kosten angefallen sind, also für welche Produkte oder Dienstleistungen (Kostenträger). Es gibt zwei Methoden. Ich stelle euch nur die einfachere der beiden vor.

Die Kostenträgerrechnung dient dazu, die Stückkosten eines Produktes (Kosten pro Mengeneinheit) zu berechnen. Zur Ermittlung der Selbstkosten wird ein Kalkulationsschema angewendet. Die Kalkulation kann zu unterschiedlichen Zeitpunkten im Produktionsprozess stattfinden.

- Bei der Vorkalkulation werden die Selbstkosten vor der Produktion oder der Auftragsannahme durchgeführt. Dabei werden die vermeintlich anfallenden Plankosten ermittelt, um den Angebotspreis bestimmen zu können.

- Bei der Nachkalkulation werden die Selbstkosten nach Fertigstellung des Auftrags berechnet, also die tatsächlich angefallenen (Ist-)Kosten. Diese können dann mit den angestrebten Plankosten verglichen werden.

Das Thema Kosten und Kostenrechnung kann und soll hier nur angeschnitten werden, das Kapitel erhebt keinerlei Anspruch auf Vollständigkeit. Zu dem Thema gibt es eine Menge Fachliteratur, auf die ich gerne verweise.

8 Baustein 4: Der Kunde

Je mehr Sie sich mit Ihren Kunden beschäftigen, desto klarer wird alles und desto besser können Sie entscheiden, was Sie tun sollten.
John Russell, ehemaliger Vize-Präsident von Harley-Davidson

Das Zitat muss man sacken lassen, man muss es einatmen. In jedem Fall ist es wert, laut vorgelesen und an die Wand geheftet zu werden. Es erinnert uns eindrücklich, dass nicht das Produkt im Vordergrund steht, sondern der Kunde. Oder wie ich immer in meinen Seminaren sage: »Löst das Problem des Kunden und er wird euch nie wieder verlassen.« Wenn ihr das beherzigt, und zwar kontinuierlich, denn der Kunde verändert sich und damit auch seine Probleme und Wünsche, macht ihr schon sehr viel richtig.

Ich möchte in diesem Kapitel also auf unser Herzstück eingehen: den Kunden. Drei Themen möchte ich euch näherbringen.

1. **Die Zielgruppe:** Sie bezeichnet die Gruppe von Personen mit vergleichbaren Merkmalen und Interessen, die ähnliche Bedürfnisse haben und die ihr ansprechen möchtet. Für wen konkret bringt ihr euer Produkt oder eure Lösung auf den Markt? Je nach Portfolio könnt ihr auch mehrere Zielgruppen definieren.
2. **Die Buyer Persona:** Während die Zielgruppe eher abstrakt umschrieben ist, gibt eine Buyer Persona der Zielgruppe ein Gesicht. Es handelt sich um eine fiktive, aber mit konkreten Eigenschaften versehene Person (auch hier sind mehrere denkbar), die euren typischen Kunden repräsentiert. Sie zu definieren ist Pflichtprogramm für Unternehmen jeder Größe und jeden Marktalters.
3. **Kundentypen:** Unternehmen müssen ihre Kunden heutzutage immer individueller abholen und begeistern. Aber welche Kundentypen gibt es, wie könnt ihr sie erkennen und vor allem: Wie sprecht ihr sie an?

8.1 Die Zielgruppe

Berater: »Wer ist denn Ihre Zielgruppe genau?« – Kunde: »Egal. Jeder, der Geld hat.«

In Businessplänen oder Pitch Decks – die komprimierte Darstellung des Businessplans für Wagniskapitalgeber, um einen schnellen Einblick in Geschäftsidee und Finanzierungsbedarf zu erhalten – von Start-ups lese ich oft folgende oder eine ähnliche Beschreibung der Zielgruppe: »Unsere Zielgruppe ist zu gleichen Teilen weiblich und männlich, ist zwischen 25 und 65 Jahre alt, verfügt über ein durchschnittliches Einkommen von 2.500 Euro und hat einen qualifizierten Hauptschulabschluss, mittlere Reife oder Abitur.«

Leider kann man damit schlicht nichts anfangen, denn diese Beschreibung passt auf geschätzte 60 Prozent der Bundesbürger. Sie passt auf den Arbeiter aus dem Ruhrgebiet kurz vor der Rente, auf den Studenten aus Berlin, der nebenbei Apps programmiert, die 35-jährige Familienmutter aus München und sie passt auf die 50-jährige, alleinstehende Hamburgerin, die durch eine Erbschaft einige Immobilien ihr Eigen nennt. Solche vermeintlichen Definitionen sind das Papier nicht wert, auf dem sie gedruckt sind. Wieso? Wie will man denn so eine riesige Zielgruppe erreichen? Den Rentner im öffentlich-rechtlichen Fernsehen, die Familienmutter auf Facebook, die Hamburgerin mit der Tageszeitung und den Studenten vielleicht auf Instagram. In dieser dann gesichtslosen, breiten Masse werden kein Produkt, keine Marketingkommunikation und voraussichtlich auch kein Preis funktionieren. Und wir haben nur vier Personen ausgewählt. Allein sie haben eine unterschiedliche Mediennutzung, mit einer hohen Wahrscheinlichkeit einen anderen Modegeschmack, fahren vielleicht alle einen (allerdings unterschiedlichen) VW Golf und trinken alle gerne mal einen Wein von der Mosel. Aber vor allem haben sie voraussichtlich ein anderes Bewusstsein für den Preis. Aber wieso werden solche schwammigen Zielgruppenbeschreibungen immer noch in Businesspläne eingebaut? Meine Erfahrung: Gründer haben Angst, dass sie die Zielgruppe zu eng, zu klein fassen. Dahinter steckt die irrige Annahme: Je größer die Zielgruppe, desto größer die Chancen auf möglichen Umsatz.

Doch es ist genau andersherum: Je größer und breiter eine Zielgruppe, desto schwerer ist es, sie gezielt anzusprechen. Aus diesem Grund empfehle ich Gründern eindringlich: Startet mit einer engen, spitzen Zielgruppe und erweitert diese erst später, wenn ihr genug Erfahrung und Insights gewonnen habt, um entsprechende Entscheidungen erfolgreich zu treffen. Denn jede weitere Zielgruppe bedeutet Marketing- und Vertriebsaufwendungen, finanzielle Mittel und Manpower.

Wieso ist es so wichtig, meine Zielgruppe *genau* zu benennen? Marketing und Vertrieb kosten jede Menge Geld, was in vielen Businessplänen meist unterschätzt und viel zu knapp kalkuliert wird. Je besser ihr die Zielgruppe kennt und eingrenzt, desto gezielter und effektiver könnt ihr sie mit euren Marketingaktivitäten erreichen. Das wollen wir in diesem Kapitel genau betrachten.

Um die Zielgruppe(n) zu definieren, gibt es eigentlich nur zwei Fragen:

- Für wen macht ihr das Produkt oder die Dienstleistung?
- Wer soll euer Produkt oder die Dienstleistung kaufen?

Jetzt werdet ihr euch vielleicht fragen, worin der Unterschied zwischen den beiden Fragen liegt.

Der feine Unterschied: Für wen gemacht? Vom wem gekauft?

Zur Verdeutlichung nehmen wir die Barbie-Puppe, seit über sechzig Jahren ein Erfolgsmodell der Firma Mattel. Für wen wird das Produkt gemacht? Für Mädchen zwischen drei und zwölf Jahren. Aber kaufen, und das beantwortet Frage zwei, sollen sie die Eltern. Ein Produkt also, aber zwei Zielgruppen, die angesprochen werden müssen. Die Definition der Zielgruppe ist ein wichtiger Teil der Marketing- und Vertriebsstrategie. Wer hier nicht ordentlich arbeitet, begeht einen gefährlichen Fehler. Wenn ihr die falsche Zielgruppe bewerbt, verbrennt ihr wertvolle Marketing- und Vertriebsgelder.

Suche nach der erfolgversprechendsten Zielgruppe
In der Regel lassen sich Interessenten eines Geschäftsfeldes in unterschiedliche Zielgruppen untergliedern, deren Ansprüche und Bedürfnisse variieren. Nun gilt es, aus den möglichen Zielgruppen die erfolgversprechendste herauszufinden, um Aufwände und Marketing gezielt einzusetzen. Umso wichtiger ist für eure gesamte Strategie: Je präziser die speziellen Stärken eures Start-ups bzw. die von euch angebotene Problemlösung mit den speziellen Bedürfnissen eurer (finalen) Zielgruppe übereinstimmt, desto sicherer sind die Akzeptanz der Kunden und der Erfolg für euch.

Schritt 1: Analysiert zielgruppenspezifische Merkmale
Bei der Zielgruppendefinition geht es darum, die Eigenschaften der Wunschkunden herauszuarbeiten. Dabei stellt sich die Frage, welche Wünsche, Probleme oder Bedürfnisse eure Kunden haben. Denkt immer daran: »Löst das Problem eurer Kunden – und sie werden euch nie wieder verlassen!« Ebenfalls dürft ihr nie vergessen, dass Probleme, Wünsche und Bedürfnisse sich ändern. Also müsst ihr auch eure Lösung anpassen. Sucht so viele spezifische Zielgruppen wie möglich! Häufig lässt sich eine als final beschriebene Zielgruppe noch weiter segmentieren, zum Beispiel nach Freizeitaktivität oder regionaler Streuung.

Schritt 2: Erfasst die erfolgversprechendste Zielgruppe
Konzentriert euch zunächst auf die erfolgversprechendste Zielgruppe. Vergesst, schwächere Kaufgruppen stärker an euch zu binden. Setzt stattdessen auf die Zielgruppe, die am stärksten vom Unternehmensangebot angesprochen und die auch in Zukunft die lohnendere sein wird. Beantwortet dazu folgende Fragen:

- Welche Eigenschaften hat diese Zielgruppe?
- Welche Bedürfnisse und Ansprüche hat sie?
- Welche Werbe- und Marketingstrategien werden von dieser Zielgruppe bevorzugt?
- Wo erreiche ich die Zielgruppe am besten?
- Wie wurde diese Zielgruppe bisher erreicht und angesprochen (von mir, dem Wettbewerb)?

Zu diesem Zeitpunkt empfehle ich bereits erste Tests oder Befragungen. Nehmt euer Produkt oder den Prototypen, geht raus zu den potenziellen Wunschkunden und stellt ihn vor. Ihr werdet erstaunt sein, wie gerne die Leute Gründern helfen wollen. In dieser Phase erhaltet ihr sehr wertvolles Feedback. Ich bin für mein erstes eigenes Start-up bereits in einer sehr frühen Phase mit einer PowerPoint-Präsentation zu Kunden gegangen und habe nur die Idee vorgestellt.

Schritt 3: Usability – Führt eure Kunden zur Lösung

Die stärkste Zielgruppe habt ihr charakterisiert. Jetzt gilt es, das zentrale Problem eurer Hauptkunden zu lösen. Ein Beispiel: Auf vielen Webseiten ist die Usability, die Bedienbarkeit, schlecht. Das macht sich in den Umsätzen sehr schnell bemerkbar. Aber wie erkennt man eine schlechte Usability? Mittels Eyetracking: Darunter versteht man Methoden, mit denen Augenbewegungen von Probanden registriert werden. Die Blickerfassung gibt Aufschluss über die Verarbeitung visueller Informationen und die Usability einer Website oder einer Anwendersoftware. Das Koblenzer Start-up Eyevido (www.eyevido.de) hat sich auf dieses Problem konzentriert. Das Versprechen des Eyevido-Teams: »Wir finden die größte Usability-Probleme auf Ihrer Webseite – mit Hilfe von 10 Testpersonen.« (Anmerkung: Der Autor ist an dem Unternehmen beteiligt)

Analysiert eure derzeitigen Kunden:

- Welche sind lukrativ, wo verdient ihr Geld?
- Mit welchen Kunden macht die Zusammenarbeit Spaß?
- Wo seht ihr noch weiteres Potenzial?
- Fragt eure (potenziellen) Kunden, wieso sie bei euch kaufen (würden) und nicht bei den Mitbewerbern.

Schritt 4: Zielgruppe kontinuierlich aktualisieren

Haltet eure aktuelle Zielgruppendefinition schriftlich fest. Wie sieht die Zielgruppe für eure Leistung, eure Lösung oder euer Produkt derzeit aus? Auch diese Information sollte für alle Mitarbeiter gut sichtbar an einer Wand oder auf einem Flipchart kommuniziert werden. Da Märkte sich allerdings schnell ändern, neue Anbieter kommen, alte Marktbegleiter verschwinden oder es auf einmal eine neue Technik gibt, müsst ihr euch immer auf die erfolgversprechendste Zielgruppe konzentrieren. Ihr müsst stets die beste Lösung für das aktuelle Problem des Kunden haben und mit geänderten Bedürfnissen proaktiv umgehen.

8.2 Buyer Persona

Vom Amazon-Gründer Jeff Bezos gibt es eine interessante Geschichte. Wenn er zu einem Meeting aufbricht, nimmt er einen Stuhl mit. Ja, ihr habt euch nicht verlesen: Er bringt einen zusätzlichen Stuhl mit in den Besprechungsraum. Nicht für sich selbst als Sitzgelegenheit, sondern symbolisch: Der Stuhl bekommt seinen eigenen Platz am Konferenztisch und ist reserviert für die wichtigste Person im Raum: den Kunden. Diese leere Sitzgelegenheit ist eine Institution geworden und übermittelt wortlos die Botschaft: Lasst uns in unserer Diskussion auf unseren Kunden fokussieren. Lasst uns seine Perspektive einnehmen. Wie müssen wir *ihn* ansprechen? Welche Argumente sind *für ihn* wichtig? Welches Preismodell kann das richtige *für ihn* sein? Welcher Preis ist *für ihn* okay? Was geht *ihm* durch den Kopf? Wie würde *er* diese Idee finden? Ist unsere Diskussion relevant *für ihn*? Hätte *er* einen wirklichen Vorteil von dem, was wir uns gerade ausgedacht haben?

Eine Weiterentwicklung des leeren Stuhls ist die Buyer Persona.

Buyer Persona

!

Der Begriff *Persona* kommt aus dem antiken Schauspiel und bedeutet (Schauspieler-)Maske. Damals waren die Charaktere der einzelnen Rollen auf der Bühne sehr eindeutig beschrieben. Zur Verdeutlichung hatten die Schauspieler Masken an. Damit waren klar erkennbare Bilder erzeugt. Vereinfacht gesagt ist eine Buyer Persona ein Musterkunde und damit ein Mittel, um den Kunden besser zu verstehen und im wahrsten Sinne zu sehen. Mit ihrer Ausgestaltung kann ein Unternehmen abstrakte Zielgruppen bildhaft und konkret abbilden. Eine Buyer Persona hat unter anderem einen Namen, ein Alter, ein Geschlecht, einen Beruf (oder auch nicht), einen Familienstand, Hobbys, Präferenzen. Ihr seht also, die Buyer Persona ist mehr als Jeff Bezos leerer Stuhl.

Brauche ich eine Persona oder mehrere?

Das ist eine Frage, die mir Unternehmen immer wieder stellen. Nicht selten benötigt ihr mehrere Personas. Nehmen wir an, ihr gründet ein FinTech-Start-up, also ein Unternehmen im Bereich der Finanzdienstleistungen. Und angenommen, ihr bietet durch eine neue Technologie Bausparverträge an: Wie könnten eure Personas nun aussehen?

- Jennifer, 25 Jahre, erst seit Kurzem im Job, möchte sich etwas ansparen. Ziel ist eine größere Anschaffung in ein paar Jahren. Aber eine genaue Planung hat sie noch nicht.
- Nico, 38 Jahre, und Jessica, 37 Jahre, sind verheiratet und haben ein Kind. Kürzlich haben sie ein Haus von Nicos Eltern geerbt. Beide wünschen sich ein zweites Kind. Solange die Kinder noch klein sind, passt das Haus. In zehn Jahren wollen die beiden aber den Dachstuhl ausbauen und die Wohnfläche vergrößern.
- Heinz und Hermine, beide 65 Jahre, sind seit 42 Jahren verheiratet und stolze Großeltern des inzwischen zweijährigen Leon. Sie wollen Geld anlegen für ihren Enkel. Damit soll eine Ausbildung oder ein Studium finanziert werden.

Es geht also um dasselbe Produkt, einen Bausparvertrag, und zugleich verschiedene Personas. So müssen Heinz und Hermine ganz anders angesprochen werden als die 25-jährige Jennifer.

Praxisbeispiel: Personas finden

Unser Beispiel-Start-up ist Anbieter für Weiterbildungssoftware in der Ultraschalldiagnostik. Das Unternehmen will die Ausbildung von Medizinstudenten und Ärzten in diesem Bereich verbessern und das weltweit. Die Technik ist immer auf dem neusten Stand, die Datenbank ist die größte auf dem Markt und ihre besondere Stärke ist das komplette Spektrum aller möglichen pathologischen Befunde. Kunden sind hauptsächlich Krankenhäuser, aber auch Universitäten. In Workshops mit den Gründern haben wir herausgearbeitet, dass Krankenhäuser die ideale Zielgruppe sind. Aber wer ist der Entscheider in einem Krankenhaus?

Nach den ersten Vertriebsaktivitäten hat sich schnell herausgestellt: Es gibt zwei Entscheider.

- Den Chefarzt: Er entscheidet, *was*, also welches Equipment, Software oder Dienstleistungen, in einem Krankenhaus angeschafft werden soll.
- Die kaufmännische Leiterin, die einen Blick auf die Kosten hat und eine Anschaffung *finanziell* bewilligt.

Während bei dem Chefarzt der Fokus fachlicher Art ist und damit darauf, was die Software spürbar mehr leistet, als bisher an Know-how vorhanden, ob sie ihm persönlich gegebenenfalls Zeit spart, da er die Weiterbildung nicht mehr selbst durchführen oder organisieren muss und so weiter liegt und die Kosten eher zweitrangig sind, ist dies bei der kaufmännischen Leiterin natürlich etwas anderes. Sie interessiert sich vor allem für den finanziellen Aspekt, Anschaffungspreis und Folgekosten und das zur Verfügung stehende Budget. Das Start-up hat es also mit zwei Zielgruppen (Personas) zu tun und muss beide Entscheider mit spezifischen Argumenten und Informationen ansprechen.

Noch einmal der Hinweis: Es handelt sich um fiktive Personen, die allerdings real ausgestaltet sind um dabei zu helfen, euch in die Zielgruppe(n) hineinzuversetzen und dadurch immer besser zu verstehen.

Den Chefarzt Heinz Schneider muss unser Start-up mit Argumenten und fachlichem Input erreichen, die ihn davon überzeugen, dass die Weiterbildungen das Know-how und die künftige Arbeit aller Kollegen im Bereich der Ultraschalldiagnostik deutlich verbessern und das Krankenhaus dadurch an Reputation gewinnt. Die kaufmännische Leiterin Jessica Weiler wird wissen wollen, warum konkret sich die Investition lohnt, wie häufig eine Nachschulung nötig wäre und was das kostet. Beide sind aber in den Entscheidungsprozess involviert, die Software im Krankenhaus anzuschaffen.

Dr. Heinz Schneider, 59
Chefarzt Innere Abteilung,
Marienhausklinik Paderborn

Beruflicher Werdegang

Studium in Tübingen
Promotion in Tübingen:
»Die sonographische Erfassung der gesunden und der degenerativ veränderten Sehne des M. tibialis posterior«

BERUFSTÄTIGKEIT

Assistenzarzt Klinikum Bremen
Funktionsoberarzt Med. Klinik Ratingen
Oberarzt Med. Klinik Hannover
Leitender Oberarzt
Med. Klinik Hannover
Chefarzt Med. Klinik HSK Göttingen

PUBLIKATIONEN

10 Originalarbeiten, 5 Buchbeiträge

VORTRÄGE

> 150 auf Kongressen, Kursen

GUTACHTER

CT in der Medizin
Beitrag CT-Kongreß (3-Ländertreffen)

Private Verhältnisse

- Arzt aus Leidenschaft
- verheiratet mit Monika, 46
- 1 Tochter, 21, studiert Medizin
- wohnhaft in einem Einfamilienhaus in einem Paderborner Vorort

Hobbies

- Reisen, Golf, Tennis
- 2. Vorsitzender im Lions-Club Paderborn

Einwände

- kommt er selbst mit der Technik zurecht oder benötigt er die Hilfe junger Kollegen?
- hält das System was es verspricht?

Preis/Zahlungsbereitschaft

- nicht preissensibel, da er das Budget nicht verantwortet
- wenn die Leistung überzeugt, „drückt" er die Lösung bei der Leitung durch

Ideale Lösung

- einfache Technik: System anmachen und loslegen
- große, wachsende Datenbank
- benötigt Sicherheit, da er das System vor der Klinikleitung verantworten muss
- guter Support, keine Bugs
- persönliches Angebot
- überzeugender USP

Wünsche, Ziele

- guter Support
- möchte die Ausbildung seiner Ärzte verbessern
- will als innovativer Chef wahrgenommen werden

Abb. 8: Beispiel-Persona – Entscheider A: Chefarzt in einem Krankenhaus

Jessica P. Weiler, 44
Kaufmännische Leiterin
Marienhausklinik Paderborn

Beruflicher Werdegang

STUDIUM
Betriebswirtschaftslehre in Mainz, Schwerpunkte:
- Wirtschaftsinformatik
- Controlling

Diplomarbeit am Wirtschaftsinformatik-Lehrstuhl über die *„Digitalisierung in Krankenhäusern, Chancen und Herausforderungen"*

BERUFSTÄTIGKEIT
Kfm. Angestellte Med. Klinik Koblenz
Stellv. Kaufm. Leiterin
Med. Klinik Bielefeld
Kaufm. Leiterin Med. Klinik Bielefeld

SCHWERPUNKT DER TÄTIGKEITEN
- Kostenstellenrechnung
- Controlling
- Kaufmännisches Berichtswesen
- Strategische Entwicklung
- Personalentwicklung
- Wirtschaftliche Führung

Private Verhältnisse
- nicht verheiratet, lebt zusammen mit Jürgen Faure, 45, Bauingenieur, keine Kinder, Umzug nach Paderborn der Liebe wegen
- wohnhaft in einem Altbau aus dem 18. Jahrhundert in der Altstadt von Paderborn

Hobbies
- Reisen, Joggen, Lesen, Kochen, Essen, Theater
- Aktiv bei der Katzenhilfe Paderborn

Ängste
- Das die Lösung nicht eingesetzt wird
- Wie kann man den Nutzen berechnen?
- Was sagt der Verwaltungsrat?

Preis/Zahlungsbereitschaft
- achtet extrem auf die Kosten, da Budget begrenzt
- Vorsicht bei Folgekosten

Ideale Lösung
- einfache Technik: System anmachen und loslegen
- platzsparend
- gutes Preis-Leistungsverhältnis

Erwartungen
- spart Kosten, da Ärzte nicht an teuren Weiterbildungsveranstaltungen teilnehmen müssen
- Klinik wird attraktiver für junge Ärzte
- möchte Wünsche des Chefarztes erfüllen, falls bezahlbar

Abb. 9. Beispiel-Persona – Entscheiderin B. Kaufmännische Leiterin in einem Krankenhaus

Wenn ihr über euer Produkt oder eure Lösung sprecht, dann stellt euch die Fragen: Auf welchem Vertriebskanal können wir Jessica Weiler erreichen? Und erreichen wir Dr. Schneider auf der Messe MEDICA oder doch besser über einen Fachartikel? Was ist Frau Weiler das Produkt (in Euro) wert? Welche Zahlen und Informationen benötigt sie noch? Welche Argumente benötigt Dr. Schneider, damit er seine kaufmännische Leiterin Frau Weiler überzeugt? Und welche Gründe benötigt sie, um wiederum den Verwaltungsrat zu einem Ja zu bringen?

Ich empfehle meinen Unternehmen, sich Schaufensterpuppen zu besorgen. Zieht diese an wie die Personas, in diesem Fall wie Frau Weiler und Herrn Schneider, und stellt sie in den Besprechungsraum. Achtet auf Details wie Perücke, Brille, Kleidung und so weiter. Alternativ könnt ihr ein Roll-up der Persona(s) prominent aufstellen oder Bilder von ihnen ausdrucken (ideal A0 oder A1) und sie für alle gut sichtbar an die Wand hängen. Idealerweise so, dass die Mitarbeiter jeden Tag mehrmals daran vorbeilaufen, denn auch die Personas gehören ab sofort zum Team.

8.3 Kundentypen

Zuerst einmal möchte ich einige oftmals geäußerte Meinungen widerlegen. Dabei spreche ich nur von dem Produkt oder der Dienstleistung des Start-ups. Viele Gründer sind der festen Überzeugung, dass die Kunden

- den Markt und die Produkte genau kennen,
- alle Anbieter mit allen Vorzügen und Nachteilen kennen,
- über alle Preise der Anbieter Bescheid wissen und vor allem
- sich aller Vorzüge und Nachteile eures Produkts oder eurer Dienstleistung bewusst sind.

Das ist falsch. Aber wieso denken Gründer, dass potenzielle Käufer umfassend informiert sind? Die Antwort ist relativ einfach. Gründer beschäftigen sich 24/7 mit ihrer Lösung bzw. ihrem Produkt. Das machen eure Kunden logischerweise nicht. Für eine komplette Marktübersicht fehlt ganz einfach die Zeit. Vielleicht ist es eine Anschaffung oder Investition, die nur einmal alle drei Jahre vorgenommen wird. Oder die Anschaffung hat im Unternehmen nicht so eine große Bedeutung. Und der Entscheider hat wahrscheinlich noch viele andere Aufgaben auf seinem Schreibtisch. Ich habe selbst festgestellt, dass Kunden mir im Verkaufsgespräch gesagt haben: »Super, Herr Wächter, endlich gibt es die Lösung. Darauf habe ich schon lange gewartet.« Schön für mich, allerdings gab es bereits fünf Mitbewerber und die waren alle bereits deutlich länger auf dem Markt als das Start-up, für das ich den Vertrieb aufgebaut habe. Oft sind die Kunden im Zeitdruck und es wird keine saubere Marktrecherche durchgeführt. Um die Stärken und Schwächen von Produkten und Dienstleistungen festzustellen, ist allerdings einige Zeit nötig.

Welchen Kunden haben wir im Kopf? Vielleicht denken wir an Mr. Spock aus der Fernsehserie »Star Trek«. Mr. Spock – Halb-Vulkanier, deren Gesellschaft rein auf Logik beruht und die ihre Gefühle unterdrücken – reagiert stets vernünftig und besonnen. Das ist aber nicht die Realität. Das genaue Gegenstück ist Homer J. Simpson. Homer ist ein fauler Couch-Potato, infantil und vergnügungssüchtig, und er besitzt nur eine geringe Aufmerksamkeitsspanne. Trotz allem ist Homer ein Sympathieträger und er kommt den Kunden in der Realität schon näher.

Abb. 10: Die fünf Entscheidertypen der GRIPS®-Typologie von Vocatus (Quelle: www.vocatus.de/powered-by-behavioral-economics/)

Aber welche Kundentypen gibt es nun? Es existieren zahlreiche Modelle, ich persönlich halte die Lösung des Marktforschungs- und Beratungsinstitut Vocatus AG für die sinnvollste Aufteilung. Dort beschäftigt man sich seit 2008 mit dem Thema. Das Unternehmen hat herausgefunden, dass man auf Kundenseite eigentlich nur auf fünf verschiedene Entscheidertypen trifft und sie in der GRIPS-Typologie® definiert. Bei dieser Definition liegt das Augenmerk vor allem auf der Art der Kaufentscheidung. Das Überraschende ist, dass dieselbe Person je nach Situation und Produkt bzw. Markt und Marke oftmals unterschiedlich entscheidet. Es kann also sein, dass eine Person mit dem Porsche zu ALDI fährt, das Billigshampoo und den Karton Wein im Angebot kauft und danach an der Tankstelle den überteuerten Schokoriegel, ohne auf den Preis zu achten.

Bei gleichen oder fast gleichen Bedingungen ist die Entscheidung der Kunden vorhersehbar. Und dies kann ein großer Vorteil für ein Unternehmen sein, denn dadurch wird es für die Abteilungen Marketing und Vertrieb leichter, zielgerichtet zu agieren.

Die fünf Entscheidertypen sind für alle Länder, alle Branchen und für die Vertriebswege on- und offline anwendbar. Bevor ihr abwinkt und argumentiert, dass das nicht interessant für euch ist, da ihr nur Unternehmen als Kunden habt: Auch in Unternehmen entscheiden Menschen – und sie alle sind einem der fünf Typen zuzuordnen:

1. der Schnäppchenjäger,
2. der Verlustaversive,
3. der Preisbereite,
4. der Gewohnheitskäufer,
5. der Gleichgültige.

8.3.1 Der Schnäppchenjäger

Alles, wo Rabatt, Sonderangebot oder Aktion draufsteht, fällt in das Beuteschema des Schnäppchenjägers. Bei jedem Kauf möchte er sparen.

Der Schnäppchenjäger

- verbringt viel Zeit mit dem Vergleichen der Preise,
- ist gut informiert und hat ein hohes Produktwissen,

- hält sich dank seiner Recherchen für schlauer als die anderen,
- gibt aufgrund seiner Recherchen anderen gerne eine Beratung,
- sieht in jedem Anbieter einen Gegner, mit dem er in den Preiskampf geht,
- kauft auch Dinge, die er nicht braucht, weil sie so günstig sind.

Wie könnt ihr den Schnäppchenjäger zu eurem Kunden machen?
- Mit jeder Art von Zusätzen, insbesondere Rabattaktionen,
- mit einer Verknappungsstrategie (»Nur noch diese Woche«),
- über Gutscheine,
- durch ein Punktekonto (für den zehnten Einkauf gibt es Produkt XY kostenlos),
- durch kontinuierliche Information über Sonderangebote,
- indem ihr den Vorteil des Angebotes in den Vordergrund stellt.

Konkret in Unternehmen: Der Schnäppchenjäger ist typischerweise im Einkauf zu finden. Am liebsten würde er für jede Bestellung eine Ausschreibung durchführen.

8.3.2 Der Preisbereite

Für den Preisbereiten sind Qualität, Marke und Image des Produktes wichtig. Er hat im Normalfall ein festgelegtes Budget. Allerdings lässt er sich mit guten Argumenten überzeugen und überschreitet sein Budget dann auch.

Der Preisbereite
- hat seine Vorstellung von einem angemessenen Preis,
- wird überzeugt durch Argumente wie Imagegewinn, Qualität und den Markenaspekt,
- ist interessiert an Innovationen,
- vergleicht Angebote, ist aber bereit, für einen Mehrwert auch mehr zu zahlen,
- legt Wert auf kompetente Beratung.

Wie könnt ihr den Preisbereiten zu euren Kunden machen?
- Durch eine gezielte Ansprache über Siegel, Zertifikate, Fakten und Qualitätsversprechen,
- durch Herausheben des USP (Alleinstellungsmerkmal),
- durch Kommunizieren des Mehrwerts,
- mit einem erstklassigen Service,
- durch klares Branding und Markenimage.

Konkret in Unternehmen hat der Preisbereite die Rolle des erfahrenen Entscheiders inne, der weiß, auf welche Qualitätsmerkmale er achten muss.

8.3.3 Der Verlustaversive

Der Begriff *Aversion* kommt aus dem Lateinischen und bedeutet Abneigung, Ablehnung. Somit handelt es sich bei dem Verlustaversiven um jemanden, der Angst hat, etwas zu verlieren.

Der Verlustaversive
- verhält sich achtsam und vorsichtig,
- hat keinen Spaß am Preisvergleich, da ihn dies bei seiner Entscheidung verunsichert,
- ist sehr misstrauisch, besonders gegenüber Lockangeboten und Schnäppchen,
- hat Angst vor Kleingedrucktem und Vertragsverlängerungen,
- hat Angst vor Fehlentscheidungen und fragt gerne andere um Rat (Schnäppchenjäger),
- liest die AGBs durch.

Wie könnt ihr den Verlustaversiven zu eurem Kunden machen?
- Durch Transparenz, Garantien und durch das Image des Anbieters,
- mit der Präsentation von Siegeln,
- über umfangreiche Bewertungen,
- durch Nennen von Referenzen anderer Unternehmen,
- mit sicheren Zahlungsmethoden,
- durch wenig Produkttexte und mit großer Schrift (Angst vor dem Kleingedruckten),
- durch Aufbauen von Vertrauen,
- über Rücksendemöglichkeiten bei Produkten,
- durch Einbeziehen bei Testphasen (z. B. bei Software).

Konkret im Unternehmen: Hier sind es eher die unerfahrenen und unsicheren Mitarbeiter. Sie entscheiden sich oft nach dem Motto: »Es ist noch keiner gefeuert worden, weil er bei IBM gekauft hat.«

Der Verlustaversive ist für Start-ups sicherlich die größte Herausforderung, denn er sieht in der Zusammenarbeit mit einem jungen Unternehmen sehr viele Risiken.

8.3.4 Der Gewohnheitskäufer

Ihn kann man auch als Stammkunden bezeichnen. Hat er sich einmal für ein Produkt oder Unternehmen entschieden, bleibt er dabei.

Der Gewohnheitskäufer
- bevorzugt den Anbieter seines Vertrauens,
- vergleicht selten Preise, Angebote und Leistungen,

- legt Wert auf Kontinuität und Zuverlässigkeit,
- hat eine sehr große Markentreue,
- folgt dem Motto »Qualität hat seinen Preis«.

Wie könnt ihr den Gewohnheitskäufer zu eurem Kunden machen?
- Indem ihr Vertrauen aufbaut,
- indem ihr euch unentbehrlich machen durch schnelles Reagieren auf seine Wünsche,
- durch erstklassigen Service,
- durch offene Kommunikation,
- als Freund und Helfer, der immer ein offenes Ohr hat,
- indem ihr keine Werbung über den Preis macht.

Konkret im Unternehmen: Der Gewohnheitskäufer kauft immer beim gleichen Lieferanten oder Dienstleister. Ihm ist die Zuverlässigkeit wichtiger als der Preis. Meist ist es allerdings so, dass ein anderer im Unternehmen für die Bezahlung zuständig ist. Der Gewohnheitskäufer benötigt also Argumente von euch, um seinen Kauf zu rechtfertigen.

8.3.5 Der Gleichgültige

Der gleichgültige Käufer ist zwar informiert, hat aber kein besonderes Interesse an dem Produkt an sich. Im Fokus für ihn steht, dass seine Erwartungen, ein bestimmter Zweck erfüllt werden.

Der Gleichgültige
- muss nicht groß überzeugt werden, er weiß, was er will,
- möchte einen schnellen und unkomplizierten Einkauf,
- benötigt keine große Auswahl,
- entscheidet sich sehr schnell.

Wie könnt ihr den Gleichgültigen zu eurem Kunden machen?
- Über eine Website, die einfach und intuitiv bedienbar ist,
- durch eine schnelle und einfache Kontaktaufnahme und/oder Bestellung,
- indem ihr Ablenkungen vermeidet,
- indem ihr nur die wichtigen und relevanten Details erklärt,
- über Handlungsaufforderungen, Call-to-Actions (»Jetzt bestellen«).

Konkret im Unternehmen: Der Gleichgültige findet sich häufig in nur wenig budgetrelevanten Bereichen, z. B. im Einkauf für Bürobedarf.

Kleines Resümee

Fassen wir zusammen: Ihr habt nun verstanden, wie wichtig die Festlegung der richtigen Zielgruppe ist. Geht den vorgeschlagenen Weg. Kontrolliert laufend, ob ihr die richtige Zielgruppe ansprecht.

Mit den Buyer Personas gebt ihr eurer Zielgruppe ein Gesicht. Denkt immer an den leeren Stuhl von Jeff Bezos, den ihr allerdings mit Leben füllt. Mit den Kundentypen könnt ihr Menschen in bestimmte Kategorien einteilen, ideal für das Pricing. Und vergesst auch nicht, dass Kunden nicht nur in eine Kategorie passen. Je nach Situation wechselt das Kaufverhalten, der Kundentyp. Haltet euch den Porschefahrer vor Augen, der im Discounter die Angebote kauft und an der Tankstelle zum teuren Schokoriegel greift.

9 Baustein 5: Zielsetzung

Der Preis ist, was wir bezahlen. Der Wert ist, was wir bekommen.
Warren Buffet, US-amerikanischer Großinvestor und Unternehmer

Junge Unternehmen müssen rechtzeitig Entscheidungen zur Preispositionierung (Kapitel 4) treffen. Ebenso wichtig ist die Frage: Mit welcher Strategie gehen wir an den Markt? Was ist unser Ziel?

Die Preisstrategie umfasst zum einen Überlegungen zur Preisbildung, die die Produktionskosten einbeziehen. Darüber hinaus muss sie den Markt, den Wettbewerb, die Zahlungsbereitschaft und Kaufkraft der Kunden, finanziellen Ressourcen des Unternehmens, der Investoren und den Entwicklungsstand des Produktes oder der Dienstleistung berücksichtigen. Für Start-ups gilt, dass die Preisstrategie eher kurzfristig geplant wird, etwa für die nächsten zwei bis drei Jahre, und sich im Laufe der Zeit sehr wahrscheinlich (mehrfach) ändert. Denn junge Unternehmen müssen erst einmal auf dem Markt ankommen, sich gegen die etablierte Konkurrenz durchsetzen und bei Kunden bekannt werden. Ihr werdet eure Entscheidungen testen, messen und anpassen müssen, um schließlich zu den optimalen Preisen zu gelangen. Schauen wir nun auf die Intention bzw. mögliche Ziele, die für euch als Start-up in Frage kommen.

9.1 Markteintritt

In der Startphase müsst ihr beweisen, dass euer Geschäftsmodell funktioniert und eure Kunden das Produkt, die Dienstleistung annehmen. Häufig wird zu diesem Zeitpunkt noch viel getestet, zum Beispiel die Vertriebswege und Preismodelle. Das kann beispielsweise mit einem Minimum Viable Product (MVP), also einer minimal funktionsfähigen Ausprägung eines Angebots, geschehen. Die Wochen und Monate nach dem Markteintritt sind eine fantastische Möglichkeit, Erkenntnisse zu gewinnen, Feedback einzuholen, Fehler nicht als Problem, sondern als Learnings zu begreifen und zur kontinuierlichen Optimierung eures Angebots inklusive der Marketingmaßnahmen zu nutzen. In dieser Phase ist der Preis für euch nicht unbedingt der entscheidende Faktor. Ziel muss es sein, die Annahmen aus eurem Businessplan zu bestätigen. Könnt ihr die geplanten Kunden gewinnen – und zwar zu dem Preis aus der Finanzplanung?

9.2 Penetration/Marktdurchdringung

Einige Geschäftsmodelle benötigen zum Überleben eine sehr schnelle Gewinnung von Neukunden. Das ist beispielsweise auf Plattformen der Fall, bei denen es um zwei grobe Zielgruppen geht: Anbieter und Suchende. Dazu folgendes Beispiel: Ein Start-up bietet einen Marktplatz für Weiterbildungen an. Nun muss es schnellstmöglich für beide »Parteien« – Anbieter und Teilnehmer der Weiterbildungsangebote – ein ausreichendes, zielgruppenorientiertes Angebot zur Verfügung stellen – sonst macht das Konzept, der Marktplatz, keinen Sinn und das Interesse beider Adressaten verfliegt schneller, als ihr schauen könnt. Dieses kurze Beispiel soll zeigen, dass das Kundenwachstum an vorderster Stelle steht. Für die Bepreisung – bei diesem Modell zahlen nur die Anbieter der Weiterbildungen an den Betreiber des Marktplatzes – empfehle ich, einen Preis festzusetzen, diesen aber zu rabattieren. Euer Kunde (Anbieter der Weiterbildungen) soll sich an den Preis gewöhnen.

Ein prominentes Beispiel ist Zalando: In seinen Anfängen wurde das Unternehmen (»Schrei vor Glück oder brings zurück«) stark belächelt. Der Umsatz stieg, die Verluste allerdings auch. Viele Einzelhändler, mit denen ich gesprochen habe, waren sich sicher, dass Zalando – im Jahr 2008 von David Schneider und Robert Gentz in Berlin mit Investorenkapital der Samwer-Brüder gegründet – scheitern wird. Aber die Gründer konnten die Investoren überzeugen, dass die Gewinnung von Marktanteilen die höchste Priorität hat – und das Kapital in das Unternehmen floss weiter. Der unglaubliche Erfolg: 2020 erzielte Zalando bei einem Umsatz von 7,98 Milliarden Euro einen Gewinn vor Steuern von 421 Millionen Euro (Quelle: Wikipedia). Über das Unternehmen mit mehr als 14.000 Mitarbeitern (2020) lacht heute kein Einzelhändler mehr. Die Gründe mögen vielschichtiger sein – der richtige Zeitpunkt für Onlinehandel, guter Service, neuartiges Modell mit besten Rücksendemöglichkeiten –, aber genau dieser aggressive Markteintritt hat dem Unternehmen seinen so unglaublich erfolgreichen Weg geebnet.

Aktuell tobt in vielen Städten der Kampf im Bereich der Lieferdienstleistungen für Gastronomie (Lieferando und Co.) beziehungsweise für Lebensmittel (Gorillas und Co.) – sicher auch eine Nebenwirkung der Coronapandemie. So schreibt das Unternehmen Delivery Hero seit seiner Gründung vor zehn Jahren jedes Jahr Verluste und auch im elften Jahr erwartet der CEO Niklas Östberg weitere Einbußen. Und das, obwohl in jedem Jahr der Umsatz um 100 Prozent gesteigert wurde. »Delivery Hero wolle seine Marktposition durch zusätzliche Ausgaben stärken, umschrieb Östberg in einem Telefon-Call die Mehrausgaben. Um Marktanteile zu gewinnen, nehme er eine höhere Verlustmarge in Kauf. Wir haben keinen Druck, in die Gewinnzone zu kommen.« (Kapalschinski, 2021)

Die Idee hinter der Marktdurchdringungsstrategie ist einfach: Der geringe Preis soll Kunden dazu verleiten, das neue Produkt zu testen. Sind sie von der Qualität und den Leistungen überzeugt, besteht eine große Chance, dass sie es künftig regelmäßig kaufen und auch Preiserhöhungen akzeptieren.

Wann ist diese Strategie für ein Start-up sinnvoll? Mit der Penetrationsstrategie fahren Unternehmen besonders gut, wenn es auf dem Markt bereits qualitativ gleichwertige Produkte zu höheren Preisen gibt. Ein typisches Beispiel ist der Mobilfunksektor mit Handy- oder Internettarifen, die im Abo angeboten werden. Hier sind die Preise für das erste Jahr häufig günstiger und werden ab dem zweiten Jahr angehoben. Sind die Kunden von dem Tarif überzeugt, nutzen sie den Dienst weiter – insbesondere dann, wenn ein Anbieterwechsel mit Kosten verbunden ist.

Vorteile	Nachteile
• Durch niedrige Preise werden große Käufergruppen schnell erreicht. Ein niedriger Preis animiert Kunden dazu, das neue Produkt auszuprobieren und sich von seiner Qualität zu überzeugen. Ist diese Hürde genommen, sind die Käufer bereits auf bestem Wege, sich in Stammkunden zu verwandeln. • Eine einfache Rechnung: Eine hohe Absatzmenge bedeutet niedrigere Stückkosten und damit Kostenvorteile gegenüber Wettbewerbern. • Ein niedriger Einstiegspreis kann auch potenzielle Konkurrenten zunächst davon abhalten, ein gleichwertiges Produkt auf den Markt zu bringen.	• Die Kalkulation ist knapp und der niedrige Preis erlaubt oft nur relativ kleine Gewinnspannen, was bedeutet, dass ausreichend liquide Mittel zur Verfügung stehen müssen. • Unerwartete Ereignisse wie ein starker Anstieg der Rohstoffpreise können aufgrund der niedrigen Gewinnspanne diese Strategie schnell aushebeln. • Der Preisspielraum nach unten ist eingeschränkt. • Preiserhöhungen können sich als schwierig erweisen, wenn die Strategie nicht aufgeht beziehungsweise die Kunden preissensibel sind. • Niedrige Preise können das Produktimage beeinträchtigen. Kunden ordnen den Artikel eventuell in die Kategorie »Billigprodukt«.

Kleines Resümee

Für diesen Ansatz wird in den meisten Fällen sehr viel Geld benötigt. Oft bringt die Penetrationsstrategie – zumindest anfänglich – auch hohe Verluste mit sich. Ist der Markt aber einmal besetzt und das Unternehmen hat eine gewisse Größe erreicht, dann ist es für neue Mitbewerber fast unmöglich, in diesen Markt einzudringen.

9.3 Umsatzsteigerung

Gerade in der frühen Phase des Unternehmens ist die Steigerung des Umsatzes sehr wichtig. Viele Start-ups planen mehrere Finanzierungsrunden. Für neues Geld von Investoren muss allerdings Umsatz nachgewiesen werden – und das mit deutlichen Steigerungen. Mit einer schnellen Umsatzsteigerung in einer frühen Phase soll der Beweis der Skalierung (lat. scalae, Treppe) erbracht werden. Im unternehmerischen Kontext ist damit die Expansionsfähigkeit eines Geschäftsmodells gemeint – durch höhere Umsätze oder neue Kunden sowie die Erweiterung der Vertriebswege oder Produkte und Dienstleistungen wird das Geschäftsmodell skalierbar. Dieses Ziel unterscheidet sich von der Penetration/Marktdurchdringung dadurch, dass hier die Steigerung des Umsatzes und nicht der Marktanteile im Vordergrund steht.

9.4 Gewinnsteigerung

Selbstverständlich kann auch die Steigerung der Gewinne ein Ziel des Unternehmens sein. Gerade wenn Investoren am Unternehmen beteiligt sind, wird dies sicherlich häufig ein Thema in Gesellschafterversammlungen sein. Es geht bei dieser Zielsetzung darum, durch ein cleveres Pricing mehr Gewinn für das Unternehmen herauszuholen. Dies unterscheidet sich von der Abschöpfungsstrategie (Kapitel 8.6). Ziel eines Unternehmens muss die Erzielung von Gewinnen sein. Eine kurzfristige Gewinnorientierung kann langfristig allerdings zu schlechten Ergebnissen führen. Kurzfristig die Gewinne zu erhöhen, bedeutet meist, dass extrem auf die Kosten geachtet beziehungsweise an der Entwicklung gespart wird. Gerade in Bezug auf das Pricing müssen Unternehmer Vorsicht walten lassen. Durch zu hohe Preise kurzfristig hohe Gewinne erzielen, weil man vielleicht einen technischen Vorsprung hat, ist strategisch nicht schlau. Sobald der Vorsprung durch Mitbewerber aufgeholt ist, steigt die Gefahr der Abwanderung von Kunden enorm.

9.5 Liquidität/Cashflow

Liquide Mittel sind bei jungen Unternehmen oft knapp. So liegt das Hauptaugenmerk der Gründer darin, möglichst Umsatz oder besser gesagt Zahlungseingänge zu generieren. Der Cashflow muss positiv sein. Unter dem Cashflow versteht man eine betriebswirtschaftliche Kennzahl, bei der Ein- und Auszahlungen innerhalb eines bestimmten Zeitraums einander gegenübergestellt werden und dadurch Aussagen zur Liquidität eines Unternehmens ermöglichen. Dies ist oft bei Unternehmen der Fall, die sich aus eigenen Mitteln finanzieren, also keinen Investor an Bord haben. Wir sprechen dann vom sogenannten Bootstrapping, einer Unternehmensgründung mit Selbstfinanzierung, bei der auf externe finanzielle Unterstützung verzichtet wird. Start-ups, die auf diese Finanzierungsarten bauen, haben selten ein finanzielles Polster. Hauptaugenmerk der Gründer liegt immer auf dem Kontostand. Das bedeutet gleichzeitig, dass der Vertrieb sehr gut funktionieren muss. Umsätze und Zahlungseingänge müssen laufend eingehen. Das macht sich dann mitunter beim Pricing bemerkbar. Die Verhandlungsposition ist schwächer, weil der Umsatz genau jetzt erzielt werden muss. Umsatzdellen bringen Unternehmen mit Selbstfinanzierung sehr schnell in Bedrängnis. Aber auch Unternehmen, die eine Finanzierung erhalten haben, müssen auf die Liquidität achten.

9.6 Abschöpfung/Skimming Pricing

Eine Skimming-Pricing-Strategie (engl. to skim, abschürfen, abscheiden oder abschöpfen), auch Abschöpfungsstrategie, liegt vor, wenn ein Produkt zur Einführung mit einem hohen Preis startet und im Laufe seines Produktlebenszyklus günstiger wird. Die Strategie der Abschöpfung ist ideal, wenn das Unternehmen ein Patent hat. Solange der Schutz besteht, kann zur Markteinführung ein hoher Preis durchgesetzt und damit ein höchstmöglicher Umsatz erzielt werden. Aber auch bei Innovationen ohne Patent können zu Beginn höhere Preise verlangt werden. Dadurch kann für jede Käufergruppe der maximale Preis abgeschöpft und die Entwicklungskosten können amortisiert werden. Wenn eigene Produkte, also Weiterentwicklungen, auf den Markt gebracht werden, werden die Preise der alten Produkte entsprechend gesenkt. Das sieht man häufig bei technischen Produkten wie Mobilfunkgeräte. Sobald eine neue Generation auf den Markt kommt, werden die Preise der Vorgängerversionen gesenkt.

Gerade Anwender der ersten Stunden, die sogenannten Early Adopter wie beispielsweise Technikenthusiasten, besitzen die Bereitschaft, bei Markteinführung eines neuen Produktes eine vergleichsweise hohe Summe zu zahlen. Wurde diese Zielgruppe abgeschöpft, kann das Unternehmen für alle weiteren Interessenten den Preis senken.

Folgende Voraussetzungen sollten für eine erfolgreiche Skimming-Strategie vorhanden sein:

- Für euer Produkt gibt es wenige gleichwertige oder ähnliche Ersatzprodukte (Substitute). Im besten Fall bringt ihr ein konkurrenzloses Produkt auf den Markt.
- Es muss genügend potenzielle Kunden geben, die bereit sind, einen hohen Einführungspreis zu bezahlen.
- Eine hohe Qualität des Produktes oder die Zugehörigkeit zu einer starken Marke erhöht die Zahlungsbereitschaft der Kunden und damit die Möglichkeit, die Skimming-Strategie erfolgreich umzusetzen.
- Unternehmen müssen im Zuge der Strategie eine deutliche Rechtfertigung für einen hohen Startpreis finden – und diese lange aufrechterhalten, damit sie den Preisverfall beziehungsweise den erzwungenen Preisnachlass möglichst lange nach hinten schieben können.
- Bewährt hat sich die Strategie bei Produkten, deren Nutzen für die Käufer mit der Zeit nachlässt. Das ist oft im Tech- und Entertainmentsegment der Fall.

Literaturtipp: An dieser Stelle möchte ich allen Gründern das Buch von W. Chan Kim und Renée Mauborgne empfehlen: »Der blaue Ozean als Strategie«, Carl Hanser Verlag, München und Wien 2005.

Vorteile	Nachteile
• Ein hoher Preis bei Einführung in den Markt unterstreicht die Wertigkeit des Produktes. • Ein hoher Preis bringt dem Unternehmen eine höhere Marge. Somit werden durch die höhere Marge die Entwicklungskosten für das Produkt schneller erwirtschaftet. • Bleibt der Preis dauerhaft oder über einen längeren Zeitraum oben, hat das logischerweise einen positiven Effekt auf den Gewinn des Unternehmens.	• Diese Strategie funktioniert nur mit einer Einzigartigkeit, also mit einem Patent oder einer besonderen Innovation bzw. einem Vorsprung vor den Wettbewerbern. Nicht jedes Produkt und jede Marktsituation eignen sich zum Abschöpfen der lukrativen Kundenschichten. Gibt es viele gleichwertige Mitbewerber, ist diese Strategie zum Scheitern verurteilt. • Hohe Preise bedeuten oft auch geringere Verkaufszahlen. Das kann die Stückkosten nach oben treiben und Auswirkungen auf die Kalkulation haben. • Hohe Preise locken Nachahmer und Mitbewerber auf den Markt. Wenn das Produkt also leicht zu kopieren oder zu imitieren ist, werden Konkurrenten mit ähnlichen Produkten, aber niedrigeren Preisen angelockt – und sie werden kommen! • Es besteht die Gefahr, dass Unternehmen die Zahlungsbereitschaft der Kunden überschätzen und den Preis zu hoch ansetzen. Muss der Preis sehr schnell nach Markteinführung gesenkt werden, kann sich das ebenso schnell auf das Image auswirken.

Abschöpfungsstrategien findet man beispielsweise auf dem Hardwaremarkt (Grafikkarten, Festplatten) oder in der Unterhaltungselektronik (Mobiltelefone, Fernseher). Hier werden neue, innovative Produkte zu relativ hohen Preisen auf den Markt gebracht, aber schon nach kurzer Zeit (von einigen Monaten bis zu einem Jahr) günstiger. Für Start-ups, die spezielle Produkte in Nischen anbieten und einen technischen Vorsprung habe, kann diese Strategie interessant sein.

9.7 Kreative Preismodelle

Diese Form der Preisgestaltung nimmt nach meiner Beobachtung immer mehr zu. Mit kreativen Modellen habt ihr die Möglichkeit, dem (direkten) Preisvergleich zu entgehen – vor allem da, wo der Kunde mit solch einem Preiskonzept nicht rechnet, weil bestimmte Preismodelle in einer Branche etabliert sind. Überzeugende, kreative Ansätze erzielen Aufmerksamkeit und bieten euch beste Chancen, neue Kunden zu gewinnen. Hinzu kommt ein weiterer Pluspunkt: Ihr könnt Kunden zu Mehrkäufen anregen.

Beispiel: Leasing beim Optiker

Optiker sind inzwischen sehr innovativ mit ihren Preismodellen, denn sie haben ihre Herausforderung erkannt: Der Kunde kommt im Schnitt alle drei Jahre in den Laden und kauft eine neue Brille. Wie kann man ihn nun dazu bewegen, seinen Kaufrhythmus zu verkürzen? Die Antwort des Fachhandels: Indem man ein Leasingangebot für 24 Monate unterbreitet. Nach zwei Jahren muss der Kunde wieder in den Laden kommen und die Sehhilfe zurückgeben oder den Restwert zahlen. Da sich bei den Kunden meist die Sehstärke geändert hat, kaufen sie eine neue Brille.

Durch das Leasingangebot sinkt der Kaufrhythmus, führt zu einer besseren Monetarisierung des Nutzens und es entsteht eine engere Kundenbindung. Dieses Vorgehen gibt es inzwischen auch für viele andere Produkte wie Reifen und Webseiten. Im Bereich der Informationsgüter setzt sich das Pay-per-Use-Modell immer mehr durch: Der Kunde zahlt für den Gebrauch, er kauft nicht mehr das Produkt an sich.

Die eigene Kreativität erhält in Zeiten zunehmend neuer Technologien wie künstlicher Intelligenz (KI) immer mehr Raum:

- Schindler: Preis pro transportiertem Gewicht (Aufzüge),
- Michelin: Preis per Kilometer (Autoreifen),
- Enercon: Preis pro Output/Kilowattstunde (Windturbinen).

Schaut euch um auf dem Markt, schaut auf eure Kunden und auch in euch selbst. Traut euch, neue Wege zu denken und zu gehen. Denn seid ihr die Ersten, die neue Pfade betreten, wird euch die Aufmerksamkeit gewiss sein. In Kapitel 9 findet ihr viele Preismodelle, die euch bei euren Überlegungen unterstützen.

9.8 Lock-in-Strategie

Eine interessante Strategie ist auch der Lock-in-Ansatz. Wenn ihr ein Produkt anbietet, das immer wieder nachgefüllt werden muss, kann dies für euch eine gute Option sein. Ihr bietet das Hauptprodukt zu einem sehr günstigen Preis an – was auch bedeuten kann, dass der Preis unter eurem Einstands- oder Produktionspreis liegt. Damit lockt ihr die Kunden. Eure Nachfüllprodukte sind dafür um einiges teurer, hier holt ihr euch die Marge. Dieses Modell wird zum Beispiel angewendet bei Druckern (Druckerpatronen), Rasierern (Klingen) oder Wasserspendern (Kartuschen). Voraussetzung dafür ist, dass nur eure Nachfüllprodukte auf das Hauptprodukt passen. Im Bereich der Drucker funktioniert das Modell nicht immer. Ihr alle kennt No-Name-Produkte oder die Möglichkeit, Patronen selbst nachzufüllen. In diesem Fall hat die Strategie also einen ordentlichen Haken. Hersteller von Druckern versuchen, dies zu lösen, indem der Drucker erkennt, ob es sich um Originalware handelt. In allen anderen Fällen erlischt die Garantie. Dieses Preismodell ist sehr interessant, zumal es die Kunden an das Unternehmen bindet.

Allerdings gibt es für junge Unternehmen auch ein gravierendes Problem: die Liquidität. Am Hauptprodukt verdient ihr kein Geld, eventuell legt ihr sogar bei jedem Kauf drauf. Erst verspätet, mit dem Kauf der Nachfüllprodukte, erwirtschaftet ihr Gewinn. Es handelt sich also um ein sehr interessantes, aber kapitalintensives Preismodell. Bekannt wurde die Lock-in-Strategie übrigens durch den Amerikaner Rockefeller, der sein Öl verkaufen wollte. So bot er in den Vereinigten Staaten sehr preiswert Öllampen an – und wurde seinerzeit mit diesem System zu einem der reichsten Männer der Welt.

9.9 Yield Management/Ertragsmanagement

Als Yield Management wird ein Konzept zur Steuerung des Gewinns eines Unternehmens bezeichnet. Dabei werden durch verschiedene Instrumente die Preise und Kapazitäten des Unternehmens gesteuert. Die dynamische Steuerung verfolgt das Ziel der maximalen Ausnutzung von Kapazitäten.

Dabei geht es um verderbliche Ware, also Produkte, welche ihre Wertigkeit nur über eine bestimmte Zeit behalten und nach deren Ablauf komplett verlieren. Logischerweise denken jetzt viele an die Lebensmittelbranche. Dieses Konzept wird aber sehr häufig in der Hotellerie sowie von Fluggesellschaften und Autovermietern eingesetzt. Ein Hotelzimmer, das für heute nicht vermietet wird, kann morgen nicht mehr verkauft werden. Genauso ist es mit dem leeren Platz im Flieger. Der Umsatz, der hätte getätigt werden können, geht verloren. Überspritzt gesagt: Jeder Umsatz ab einem Cent hätte dem Unternehmen einen Gewinn gebracht.

Es handelt sich beim Yield Management um eine nachfrageorientierte Angebotssteuerung. Durch dieses Preismanagement werden die Kapazitäten (Hotelzimmer, Plätze im Flieger, Mietwagen) bestmöglich ausnutzt. Im Endeffekt werden die Preise für bestimmte Produkte/Dienstleistungen zu einem bestimmten Zeitpunkt sowie die damit einhergehende Gewinnmaximierung gesteuert.

> **Beispiel aus der Praxis: Flugpreise**
>
> Die Preise für Flüge schwanken von Tag zu Tag und von Uhrzeit zu Uhrzeit. Bucht man den Flug lange vor Reiseantritt, sind die Sitzplätze für wenig Geld zu haben. Hier erreicht man die Kunden, die sehr früh planen. Erste Umsätze für die Fluglinie sind also garantiert. Wenige Wochen vor dem Reisetermin steigen die Preise

erfahrungsgemäß wieder. Nun werden Kunden angesprochen, die nur kurzfristig planen können, aber zu einem bestimmten Zeitpunkt fliegen wollen. Sie müssen sich das Ticket sichern, bevor der Flieger ausgebucht ist. Kurz vor Abflug, bei noch vorhandenen Kapazitäten, sind die gleichen Sitze wieder für ein Schnäppchen zu kaufen, die bekannten Last-Minute-Tickets. Der Kunde bekommt also immer den gleichen Sitzplatz, wobei sich der Preis je nach Buchungstermin ändert. Es kommt durchaus vor, dass bei einem Flug der Sitznachbar nur die Hälfte bezahlt hat.

Dabei ist es für das Unternehmen wichtig, seine Kunden zu kennen und in bestimmte Kundengruppen einzuteilen. Um diese anhand der gewonnenen Informationen zu unterteilen, muss jeder Gruppe ein Erkennungsmerkmal zugeordnet werden, zum Beispiel der Buchungszeitpunkt. Die Kundensegmente unterscheiden sich durch die Zahlungsbereitschaft und müssen folglich vom Marketing auch unterschiedlich angesprochen werden.

Während Last-Minute-Urlauber erst knapp vor Reiseantritt buchen und von Schnäppchen angelockt werden, plant der »Normalkunde« seinen Urlaub rechtzeitig, um einen sicheren Platz im Flugzeug und im Hotel zu haben. Der Frühbucher hingegen wird wie der Last-Minute-Urlauber vom niedrigen Preis angezogen. Beide weisen somit eine niedrige Zahlungsbereitschaft auf und werden von anderen Werbemaßnahmen überzeugt wie der genannte Normalkunde.

Gerade die Billigflieger wie Ryanair oder EasyJet betreiben diese Preispolitik in Perfektion. Ziel ist es, alle Plätze im Flieger zu verkaufen und damit den höchstmöglichen Umsatz zu erzielen.

Entscheidungen über gewisse Kapazitäten oder den Preis können im Yield Management nur mit den passenden Informationen gefällt werden. Für manche Informationen wie Brancheninformationen oder Marktanalysen liegen bereits Erfahrungswerte aus den vergangenen Jahren vor und es kann abgeschätzt werden, wann ein bestimmter Zustand eintritt oder nicht. Saisonale Entwicklungen, Trends und regelmäßige Ereignisse lassen sich einplanen und im Ertragsmanagement berücksichtigen.

Folgende Daten sind für das Yield Management wichtig:

- verfügbare Kapazitäten,
- Höhe der Preise,
- Auslastung in der Vergangenheit,
- saisonale und bestehende Auslastung,
- Preise der Konkurrenz,
- Kundentyp (Kapitel 7.3).

Vorteile	Nachteile
• Das Ziel des Yield Management ist es, die zur Verfügung stehende Kapazität zu hundert Prozent zu verkaufen. Es »verderben« also keine Waren. • Unternehmen können einen höchstmöglichen Gewinn erzielen. • Mit dem Yield Management werden Kunden mit unterschiedlicher Zahlungsbereitschaft angesprochen, wodurch sich die Fixkosten auf mehr Personen verteilen. Das wiederum bedeutet sinkende Preise. • Mithilfe des Yield-Managements ist es möglich, auch bei schwankender Nachfrage eine gleichmäßige Auslastung zu gewährleisten.	• Eigentlich ist das Yield Management ein unfaires Preissystem. Kunden sind verärgert, wenn sie erfahren, dass sie für dasselbe Produkt oder dieselbe Dienstleistung mehr zahlen als eine andere Person. Die Kommunikation mit dem Kunden (»Wieso zahle ich mehr?«) ist sehr schwer, denn sie haben dafür wenig Verständnis. • Durch eine gewisse Verunsicherung beim Kunden ändert dieser eventuell sein Kaufverhalten und wechselt beim nächsten Mal womöglich zum Mitbewerber. • Kunden werden zu Schnäppchenjägern erzogen.

Meines Erachtens wird dem Yield Management zu wenig Aufmerksamkeit geschenkt. Ich kann mir sehr gut vorstellen, dass diese Lösung auch für andere Branchen wie Kino, Theater oder Freizeitparks funktionieren kann.

Kleines Resümee

Die Zielsetzung muss mit eurer Unternehmensstrategie und mit dem Finanzplan übereinstimmen, ansonsten kommt es zu Zielkonflikten. Ein Beispiel: Der Gewinn von Marktanteilen (Marktdurchdringungsstrategie) kostet oftmals viel Geld, besonders im Marketing. Diese Mittel müssen entsprechend im Finanzplan vorgesehen sein. Und diese Strategie ist oftmals nur erfolgreich, wenn man den Markt besetzt hat und allein oder mit maximal einem weiteren Anbieter auf dem Markt ist (»The winner takes it all«). Dann können die Preise sukzessive erhöht und die Anfangsverluste wieder aufgeholt werden. Funktioniert diese Strategie nicht, weil zum Beispiel Mitbewerber über ausreichende finanzielle Mittel verfügen und den Kampf mitgehen, bleiben die Preise häufig über einen langen Zeitraum auf einem niedrigen Niveau.

10 Baustein 6: Preismodelle

*Ein Zyniker ist ein Mensch, der von jedem Ding den Preis
und von keinem den Wert kennt.*
Oscar Wilde

Alle folgenden Kapitel sollen euch inspirieren, über bestehende Modelle nachzudenken. Welches passt zu eurer unternehmerischen Strategie? Welches setzt Impulse, um es in eurem Sinne individuell anzupassen?

10.1 Preismodelle

*Den richtigen Preis zu finden, ist eine Kunst.
Das richtige Preismodell zu finden, ist eine Wissenschaft.*
Klaus Wächter

Ihr findet meine Aussage zum Preismodell übertrieben? Ja, das höre ich oft. Tatsache ist aber, dass viele Gründer die Bedeutung und vor allem die Chancen des Preismodells unterschätzen. Daher wiederhole ich noch einmal die wichtigsten Möglichkeiten.

- Mit dem richtigen, einem kreativen Modell könnt ihr euch von euren Mitbewerbern unterscheiden.
- Das Preismodell kann ein Alleinstellungsmerkmal sein.
- Durch das richtige Modell könnt ihr mehr Umsatz generieren.
- Ihr könnt eine höhere Marge erzielen.
- Mit einem anderen Preismodell als die Mitbewerber könnt ihr dem Preisvergleich entgehen.
- Aus Sicht des Kunden können neue, innovative Preismodelle interessant sein und locken.
- Durch die Digitalisierung sind neue Preismodelle möglich.

Einige der Preismodelle werden bekannt sein, andere neu. Ich kann nur empfehlen, euch mit jedem Preismodell ausführlich zu beschäftigen und zu prüfen, ob es auf euer Geschäftsmodell passt. Denkt aber unbedingt daran, das Preismodell auch aus der Brille des Kunden zu sehen. Stellt euch die Frage, ob euer Kunde es schnell versteht, es die Abläufe der Interessenten vereinfacht, ihm mehr Sicherheit gibt und welche Bedenken er gegen das Modell haben kann. Manche Preismodelle haben den Vorteil, dass sie die Aufmerksamkeit des Kunden auf euch lenken. Und das ist gerade für Start-ups mit beschränktem Marketingbudget ein sehr interessanter Aspekt. Eines lässt sich auf jeden Fall feststellen: Es gibt immer neue und innovative Preismodelle, der Fantasie sind keine Grenzen gesetzt. Manchmal lohnt es sich, um die Ecke zu denken. Was machen andere Branchen? Passt vielleicht ein Preismodell aus einer anderen Branche auch auf euer Angebot?

10.1.1 Preismodell Miete

Bei diesem Ansatz geht es um das Mieten von Produkten wie Autos, Strom, Software oder Fahrräder. Das kann nicht nur über die Branchen, sondern auch zeitlich eine große Spannbreite haben.

Sixt zum Beispiel ermöglicht inzwischen die Langzeitmiete als Alternative zum Autokauf. Strollme bietet Kinderwagen und Kinderfahrräder in Form einer flexiblen Miete an. Das Versprechen: »Sobald dein Kind herauswächst, wechsle auf das nächste Modell oder beende die Miete jederzeit.« (www.strollme.de, Abruf 11.05.2022) Das Schöne an dem Konzept: Es fordert dazu auf, Besitz neu zu denken, da Ressourcen geschont und Überproduktionen vermieden werden.

Bekanntestes Beispiel für dieses Modell dürfte das Berliner Unternehmen Grover sein, das über eine Onlineplattform Elektronikgeräte an seine Kunden vermietet. »Das Unternehmen hat 2500 verschiedene Artikel im Angebot (Stand April 2021) und gilt als ›Europas Marktführer im Miet-Commerce für Unterhaltungselektronik‹.«(https://de.wikipedia.org/wiki/Grover_Group, Abruf 31.03.2022)

Aus Sicht eurer Kunden ist dieses Modell sehr interessant: Eigene Investitionen fallen weg, die anfallenden Kosten sind sehr gut zu kalkulieren. Und wie bei Strollme klar kommuniziert, ist die Miete von Gegenständen nachhaltig, was für immer mehr Menschen relevant wird und zunehmend Bestandteil der Kaufargumente ist. Das Modell Miete funktioniert in vielen Bereichen. So können Unternehmen Büromöbel (www.alvero.de, www.lendis.io), Pflanzen (www.baumhaus.de) oder Gemälde (www.artbridge.org) mieten.

Einschätzung: Dieses Modell bietet in jedem Fall großes Potenzial als Basis und für die Zukunft der Sharing Economy. Der Grundgedanke ist, dass Kunden nachhaltiger wirtschaften, bewusster konsumieren und Ressourcen effizienter nutzen. All das sind Beweggründe der Sharing Economy, einer Wirtschaft des Teilens. Warum etwas kaufen und besitzen, wenn es sich auch mieten, ausleihen oder mit anderen gemeinsam nutzen lässt? Voraussetzung für ein Mietmodell sind langlebige Produkte.

10.1.2 Preismodell Nachfüllprodukte

Ich greife noch einmal auf zwei Paradebeispiele, den Rasierer und den Drucker, zurück. Die Anschaffung ist preiswert, die Klingen bzw. die Tinte kosten aber gefühlt ein Vermögen. So beträgt die Preisspanne für einen Liter Tinte zwischen 2.000 Euro (günstige schwarze Tinte) und 8.000 Euro (teure Farbtinte). In Kapitel 8.8 ist uns bereits der Erfinder begegnet, der dieser Strategie seinen (Zweit-)Namen gab: das Rockefeller-Prinzip. »Unter dem Rockefeller-Prinzip versteht man eine Marktstrategie, bei welcher ein Produkt Folgekosten auslöst, durch die der Produktverkäufer den Hauptteil des Gewinns erzielt.« (http://wirtschaftslexikon.de/rockefellerprinzip/, Abruf 13.05.2022)

Einschätzung: Dieses Modell wird nur zu wenigen Start-ups passen. Voraussetzung sind ein Hauptprodukt und die Verpflichtung, dass hierfür Zubehör nachbestellt werden muss, beispielsweise Wassersprudler und Kaffeemaschinen. Die Gefahr von solchen Modellen liegt darin, dass andere Anbieter die Nachfüllprodukte günstiger anbieten. Damit ist das gesamte Geschäftsmodell in Gefahr.

10.1.3 Preismodell Target Group

Hiermit ist ein Modell gemeint, das bestimmte Zielgruppen über einen individuellen Preis anspricht. Mit diesem gezielten Pricing werden beispielsweise Studenten, Rentner, Familien oder Alleinstehende angesprochen. Vorteil für euch: Ihr könnt Umsätze auch mit einkommensschwächeren Gruppen generieren. Im Bereich der Touristik gibt es spezielle Angebote für Singles. Auch in der Softwarebranche ist dieses Modell weit verbreitet. So findet man Softwareprogramme, die für Studenten bei gleicher Leistung deutlich reduziert angeboten werden. Und da diese Zielgruppe das Angebot bereits in jungen Jahren nutzt, steigt die Chance, dass sie es auch nach dem Studium in Anspruch nimmt. Voraussetzung: Das Produkt entwickelt sich mit den Anforderungen des Marktes und der Zielgruppe weiter. Mehr Informationen dazu findet ihr in Kapital 10.6, Preisdifferenzierung.

Einschätzung: Ein sehr interessantes Modell, um Kunden zu gewinnen, die sich sonst das Produkt oder die Dienstleistung nicht leisten können. Bei Produkten sehr stark abhängig von der Marge. Das Modell ist auch interessant für die Veranstaltungsbranche (Kino, Theater, Sportveranstaltungen). Gerade für digitale Geschäftsmodelle sehe ich hier sehr gute Möglichkeiten, zusätzliche Umsätze zu generieren.

10.1.4 Preismodell Pink Tax

Der Name ist etwas irreführend: Pink Tax (rosa Steuer) beschreibt einen Mehr- oder Aufpreis, den primär Käuferinnen für vergleichbare Produkte zahlen. So kosten pinkfarbene Einweg- und Systemrasierer, Deos, Cremes oder Parfums für Frauen mehr als vergleichbare Produkte für Männer. Produkte und Dienstleistungen, die von der Funktion her mindestens sehr ähnlich oder gleich sind, werden anders gestaltet und vermarktet. Dies schlägst sich im Produktnamen, einer entsprechenden Kennzeichnung (»for women«), in der Farb- und Formwahl bei Produkt (pinkfarbene Rasierer) oder Verpackung, in Bildmotiven oder der Platzierung in Frauen- bzw. Männerabteilungen nieder.

Abb. 11: Produktgestaltung für weibliche und männliche Zielgruppe

Der Aufschlag beim Isana Rasierschaum für Frauen beträgt bei Rossmann derzeit satte 109 Prozent (www.vzhh.de/themen/lebensmittel-ernaehrung/einkaufsfalle-supermarkt/pink-tax-frauen-zahlen-mehr, Abruf 05.05.2022).

Was ist der Grund dafür? Laut Studien sind Frauen weniger preissensibel und gleichzeitig eher bereit, mehr Geld für ihr Äußeres auszugeben als Männer. Und diesen Umstand nutzen Unternehmen aus. Dies betrifft allerdings nicht allzu viele Produktgruppen. Auffällig ist es im Bereich der Körperpflege. Entsprechend erfolgt dann auch die Kommunikation. Obwohl die Inhaltsstoffe gleich sind, liest sich der Moisturizer von Equalicare für Frauen so: »Feuchtigkeitsspendende Pflege für ein unwiderstehlich glattes Hautgefühl.« Männer hingegen lesen: »Schützt auch strapazierte Haut zuverlässig vor dem Austrocknen.« Ebenso ist die Gestaltung modifiziert: Für Frauen ist es die Farbe Pink mit Schreibschrift auf Grundfläche mit Punktemuster, für Männer gibt es das Produkt in Dunkelblau mit Versalien auf schraffierter Grundfläche.

Doch auch hier ändern sich die Zeiten – allerdings langsam. Es gibt Produkte, für die Männer deutlich mehr zahlen. Dies betrifft zum Beispiel Eintrittsgelder in Clubs oder Gebühren für Dating-Plattformen. Unter dem Strich muss man allerdings feststellen, dass Frauen weiterhin noch eine preislich benachteiligte Gruppe sind.

Einschätzung: Ob es politisch korrekt ist, das gleiche Produkt pink zu verpacken und dafür einen höheren Preis zu verlangen, darauf will ich nicht eingehen. Das muss jedes Gründerteam selbst entscheiden. Vorrausetzung ist, dass es sich um dasselbe Produkt handeln muss, bei dem sich allerdings Name, Verpackung und Produktbeschreibung unterscheiden. Auch das Marketing muss auf die neue Zielgruppe angepasst werden. Bei Dienstleistungen wie Gebühren für Dating-Plattformen bedarf es guter Argumente, wieso Männer für die gleiche Leistung mehr als Frauen zahlen müssen.

10.1.5 Preismodell Temporäre Preise

Ein ähnliches Modell im Sinne von konkretem Bezug (Zielgruppen, Ereignisse, Zeitpunkte) sind besondere Preise für einen definierten Zeitraum oder einen bestimmten Tag: der Familientag im Kino, günstigere Tarife am Abend oder am Wochenende, Sonderaktionen am sogenannten Black Friday. Bei temporären Preismodellen fallen meinen Workshop-Teilnehmern leider immer nur Abschläge ein. Aber es geht auch andersherum, Zuschläge für bestimmte Zeiträume sind denkbar. So sind die Hotelpreise in großen Städten bei Messen oder Volksfesten wie dem Münchner Oktoberfest markant höher – und werden meist klaglos hingenommen. Das ist dann sinnvoll, wenn ein begrenztes Angebot (Hotelbetten) einer gesteigerten Nachfrage (Messe, Volksfest) gegenübersteht. Mehr dazu findet ihr in Kapitel 9.6, Preisdifferenzierung.

Einschätzung: Abschläge beim Preis sind dann ideal, wenn das Start-up den Umsatz ankurbeln will oder wenn Kunden in umsatzschwachen Zeiten zum Kauf motiviert werden sollen. Denkt auch über die Möglichkeiten von Zuschlägen nach.

10.1.6 Preismodell Leasing

Leasing ist in – so einfach möchte ich das formulieren. Und das gilt längst nicht mehr nur für Autos. Das Leasing von Hardware umfasst PCs, Notebooks, Serverfarmen und kann ohne Probleme auf die komplette IT-Infrastruktur des eigenen Unternehmens ausgedehnt werden. Weil Computer und Hardwarekomponenten durch den rapiden technischen Fortschritt schneller veraltet und ersetzt werden müssen als viele andere Investitionsgüter, handelt es sich bei ihnen um beliebte Leasingobjekte.

Viele andere Branchen bieten großes Potenzial – ob Berufsbekleidung, Achterbahnen, Kunst, Oldtimer, Heißluftballons oder Windmühlen. Was ich erneut verdeutlichen möchte: Denkt euch ein in jedes Modell, prüft, wo eure Chancen liegen – und verwerft es, wenn es nicht zu euch und eurer Zielgruppe passt.

Einschätzung: Das Leasing ist ein sehr interessantes Preismodell. Leasinggesellschaften suchen händeringend neue Geschäftsfelder, da sehr viel Liquidität vorhanden ist. Aktuell kenne ich kaum Start-ups, die das Modell für sich entdeckt haben. Doch inzwischen finanzieren Leasinggesellschaften selbst individuell programmierte Software. Also denkt darüber nach, wie euer Angebot in dieses Modell passt und sprecht in jedem Fall auch mit einer oder mehreren Leasinggesellschaften über konkrete Möglichkeiten für euch.

10.1.7 Preismodell Bündelung

Bündelung oder Bundling bedeutet, dass mehrere Güter zu einem Gesamtangebot (Bundle) zusammengefasst werden. Ein prominentes Beispiel ist das Big-Mac®-Menü von McDonald's, darin enthalten der Big Mac® (oder ein anderer Burger), Pommes und ein Softgetränk. Wenn ihr dieses Preismodell plant, ist eines ganz wichtig: Ihr braucht immer einen Verkaufsschlager (Hero) – und zwar nur einen. Die beiden anderen Produkte sind mehr oder weniger Beiwerk. Der Kunde würde sie an sich nicht unbedingt kaufen, aber der Hero inklusive eures Angebots verleitet ihn dazu. Für euch entsteht dadurch ein Mehrumsatz. Bedeutet das allerdings auch einen Mehrgewinn? Schauen wir uns das am Beispiel des Big-Mac®-Menüs einmal an. Die Einzelpreise (Stand 2022, Quelle: www.fastfoodpreise-info.de/): Ein Big Mac® kostet 4,59 Euro, eine mittlere Pommes 2,99 Euro und eine mittlere Cola 2,89 Euro. Das ergibt zusammen einen Preis von 10,47 Euro. Das Menu kostet aber nur 7,79 Euro. Es bringt den Kunden also dazu, Produkte zu kaufen, die er nicht unbedingt kaufen wollte, weil ihm suggeriert wird, dass er deutlich spart. Nehmen wir weiter an, dass jedes der drei Produkte einen Warenwert, also Kosten von 25 Prozent des (Einzel-)Kaufpreises hat. Daraus ergibt sich folgende Kalkulation:

Beispielkalkulation			
	Verkaufspreis/€	Herstellung 25 %	Bruttomarge/€
Kalkulation Big Mac®	4,59	1,15	3,44
Kalkulation Big-Mac®-Menü:			
Big Mac®	4,59	1,15	3,44
Mittlere Pommes	2,99	0,75	2,24
Mittlerer Softdrink	2,89	0,72	2,17
Summe der Menü-Bestandteile	10,47	2,62	7,85
Verkaufspreis Big-Mac®-Menü	7,79	1,74	5,84

Mit dem Big-Mac®-Menü erzielt das Unternehmen also eine Bruttomarge von 5,84 Euro, mit dem einzelnen Big Mac® nur eine Bruttomarge von 3,44 Euro. Ziel des Fast-Food-Unternehmens ist es, den Kunden von der Bestellung eines einfachen Big Mac® zur Bestellung eines Big-Mac®-Menüs zu überzeugen. Der Kunde spart 2,01 Euro. McDonalds hat aber trotzdem mehr Umsatz in der Kasse.

Die verbreitetste Form ist die subadditive Preisbündelung (Premium Bundling). Hier ist das Bündel preisgünstiger als die enthaltenen Einzelposten in Summe. Der Kunde wird also durch die Bündelung zu einem Mehrkauf angeregt. Vorteile für das Unternehmen sind Kostensenkung, Cross Selling, die Kundenbindung und die Bildung des Preisimages. Beliebt ist das Preismodell Bündelung in der Telekommunikationsbranche. Hier gibt es ein Bundle aus TV, Festnetz und Internet. Auch die Automobilbranche setzt dieses Modell bei der Sonderausstattung ein. Dagegen ist die additive Preisbündelung selten auf dem Markt anzutreffen. Hier ist der Gesamtpreis des Bündels identisch mit der Summe der Einzelposten.

Einschätzung: Die Bündelung ist interessant, wenn ihr mehrere Produkte im Angebot habt. Allerdings muss es hier immer ein Hauptprodukt (Hero) und Nebenprodukte geben. Dieses Preismodell ist ohne Aufwand sehr schnell zu testen. Stellt ein Bundle zusammen, bewerbt es und bietet in einem Testmonat das neue Produkt an. Denkt dran, dass ihr nachher eine Auswertung durchführt. Wie viele Produkte des Bundles wurden verkauft? Welche Auswirkungen hatte das auf andere Produkte? Rechnet sich das Bundle?

10.1.8 Preismodell Entbündelung

Ein beliebtes Beispiel für dieses Preismodell ist der schwedische Möbelriese IKEA, der Produkte in Perfektion entbündelt hat. Bevor IKEA auf den Markt kam, war es undenkbar, dass Kunden die Möbel selbst abholen und die Einzelteile zusammenschrauben. Das spart dem Unternehmen Kosten für die Logistik und das Lager. Interessanter Nebeneffekt der Selbstmontage: Kunden habe eine ganz andere Beziehung zu Möbeln, die sie eigenhändig zusammengebaut haben. Das stärkt die Kundenbindung.

Aber auch Produkte werden getrennt, die eigentlich zusammengehören. So werden Gestell und Tischplatte für einen Schreibtisch separat angeboten. Der Kunde kann aus verschiedenen Farben (weiß, schwarz gebeiztes Eschenfurnier, Linoleum blau und Eichenfurnier weiß lasiert) auswählen und hat somit einen gewissen Einfluss auf das Design.

Ein weiteres Beispiel für Entbündelung sind die Billigflieger. Hier wird nur der Preis auf das ursprüngliche Produkt reduziert, nämlich den Transport von A nach B. Alle anderen Leistungen wie Einchecken am Flughafen, Gepäck, Getränke und Essen muss der Fluggast separat zahlen. Weitere Infos findet ihr in Kapitel 9.5, Preisbaukasten.

Auch die Automobilhersteller haben dieses Modell entdeckt. Ein großer Kostenpunkt bei der Anschaffung eines Elektrofahrzeugs ist die Batterie. Alternativ kann man den Akku bei verschiedenen Autoherstellern auch mieten. Ebenso ist im Bereich der Dienstleistungen eine Entbündelung möglich. Denkt dabei an den Besuch beim Friseur, wo Kunden sich die Haare selbst föhnen können.

Einschätzung: Die ist ein Preismodell, das bisher nur wenig Beachtung gefunden hat. Wenn ihr euer Produkt oder eure Dienstleistung in verschiedene Bestandteile aufteilen könnt, solltet ihr über diesen Ansatz nachdenken.

10.1.9 Preismodell Quersubventionierung

Manchmal ist es notwendig, die in der Anfangsphase des Produktlebenszyklus anfallenden Verluste beispielsweise durch Gewinne aus anderen Bereichen zu finanzieren. Es gibt aber auch Produkte, die aufgrund der Wettbewerbssituation nicht kostendeckend angeboten werden können, zur Kundenbindung jedoch notwendig sind. Beispielsweise bieten viele Kreditinstitute Girokonten kostenlos bzw. kostengünstig an. Da dies nicht kostendeckend ist, dient es dazu, Kunden zu binden, um ihnen Kredite und Geldanlagen zu verkaufen. Die Erträge aus diesen Geschäften subventionieren dann das defizitäre Produkt Girokonto. Beratungsleistungen wie Anlage- oder Finanzberatung sind ebenfalls meist kostenlos und werden durch den Verkauf von Bankprodukten quersubventioniert. Ein eingängiges Beispiel ist der Mobilfunkmarkt. Kaum ein Kunde kauft sich ein neues Smartphone. Der Preis des Handys wird subventioniert und liegt bei einem Euro oder etwas mehr. Stattdessen sind die monatlichen Vertragskosten für den Tarif höher. Auch in vielen Städten trifft man bei öffentlichen Unternehmen auf eine Quersubventionierung. So nutzen zum Beispiel Stadtwerke ihre Gewinne in einzelnen Produktbereichen wie Elektrizitätsversorgung dazu, die Preise in einem anderen Bereich wie öffentlicher Personennahverkehr zu senken.

Einschätzung: Für Start-ups ist die Quersubventionierung ein sehr unsicheres Modell, da euer Portfolio mehrere Angebote enthalten muss und die Planung sehr schwer ist. Die Frage wird sein, ob sich das Modell rechnet. Was ist, wenn Kunden das subventionierte Produkt nutzen, die ertragreichen Angebote des Unternehmens aber nicht? Um bei dem Beispiel der Bank zu bleiben, zumal es viele Gründer im Bereich der FinTechs gibt: Kunden nutzen das subventionierte kostenlose Konto, interessieren sich aber nicht für einen Kredit, eine Versicherung oder eine Geldanlage.

10.1.10 Preismodell Freemium

Beim Freemium – Kunstwort aus dem englischen free (kostenlos) und premium – wird ein Basisprodukt kostenlos angeboten, während die Vollversion und sämtliche Erweiterungen kostenpflichtig sind. Falls ihr euch fragt, ob das funktionieren kann, antworte ich mit einem klaren Ja. Ein Beispiel: Im Jahr 2018 machte der Spielehersteller King Digital Entertainment, unter anderem bekannt für das Spiel Candy Crush, über zwei Milliarden US-Dollar Umsatz – und das nur mit Free-to-Play-Games. Free-to-play ist in der Games-Branche quasi das Synonym für Freemium und weit verbreitet. Für den Kunden sind die Produkte lebenslang kostenlos nutzbar, wenn er sich den mit den Einschränkungen und Werbeeinblendungen zufriedengibt.

Beispiele von Unternehmen mit unterschiedlichen Ansätzen:

- **Werbung:** Musik über einen Streaming-Anbieter wie Spotify kostenlos zu hören, ist kein Problem. Allerdings gibt es in der freien, sprich kostenlosen Version ein paar Einschränkungen in der Funktion und der Hörer muss mit Werbeunterbrechungen leben. Mit der Premiumversion stehen mehr Funktionen zur Verfügung und die nervige Werbung verschwindet.
- **Features:** Die Business-Netzwerke XING und LinkedIn sind für Kunden in der Basisversion kostenlos. Wer die Netzwerke professionell nutzen möchte, steht schon bald vor der Frage, ob er nicht besser einen Premium-Account bucht. Je nach Modell kommen bei LinkedIn unterschiedliche Kosten auf den Nutzenden zu. Das Standardkonto ist für diejenigen geeignet, die LinkedIn zum Aufbau eines professionellen Onlineauftritts nutzen möchten. Nahezu alle Funktionen stehen Basismitgliedern zur Verfügung: Kontakte anfragen, Mitglieder suchen und Nachrichten schreiben. Beim Wettbewerber XING ist dies ähnlich aufgebaut: Wer mehr über seine Profilseitenbesucher erfahren möchte, besondere Optionen bei der Suche benötigt oder seine Jobangebote besser filtern will, muss in den kostenpflichtigen Tarif XING Premium wechseln. Ähnlich sieht es bei dem Videokonferenz-Tool Zoom aus. Die Gesprächsdauer pro Sitzung ist in der Basisversion auf 40 Minuten bei Gruppenkonferenzen begrenzt. Es ist allerdings möglich, im Anschluss erneut eine Konferenz zu starten. Zwei Personen können dagegen unbegrenzt lang miteinander konferieren.
- **Speicherplatz:** Dropbox und der Mitbewerber Google Drive bieten den Usern kostenlosen Cloud-Speicherplatz an. Bei Dropbox kann der Kunde zwei Gigabyte als Speicher nutzen. Und wer die nicht auf die kostenpflichtige Version umsteigen will, kann durch verschiedene Aktivitäten (z. B. Freunde werben, aktiv im Forum sein) auf bis zu 20 Gigabyte hochschrauben.
- **Service:** Wer sich für die Premiumversion von Trello entscheidet, profitiert nicht nur von Teamfunktionen, sondern auch vom sogenannten Prioritäten-Support: Anfragen beantwortet der Kundenservice garantiert innerhalb eines Tages. Auch bei Evernote und Slack erhalten die zahlenden Kunden einen besseren Service als die Freemium-Nutzer.

Inzwischen gibt es viele Angebote auf der Basis von Freemium-Modellen. Was ist der Grund dafür? Eine alte Vertriebsweisheit besagt, dass nichts so teuer ist wie die Gewinnung eines Neukunden. Und um diese Akquisitionskosten niedrig zu halten, ist das Freemium-Modell sehr interessant.

Vorteile für die Nutzer	Vorteile für Unternehmen
• Durch das kostenlose Testen des Programms oder Games fällt die Hürde zum Kauf. • Bei Gefallen ist eine kostenlose, lebenslange Nutzung (mit Einschränkungen) möglich. • Nur für spezielle Funktionen oder Einschränkungen muss der Nutzer zahlen. • Ein Wechsel in einen kostenpflichten Tarif ist per Mausklick möglich und sofort können weitere Feature genutzt werden.	• Der testende Kunde bedeutet einen wertvollen Lead. • Für einige Freemium-Modelle ist es wichtig, dass viele Nutzer das Produkt nutzen (z. B. LinkedIn und XING). Für die User sind Netzwerke nur interessant, wenn viele andere Nutzer die Plattform regelmäßig nutzen. • Das Verhalten der Nutzer lässt sich messen und analysieren, z. B. über Klick- und Bewegungspfade. • Die Auswertung des Nutzerverhaltens und der Support-Anfragen gibt Auskunft, welche Funktionen optimiert, ausgebaut oder gestrichen werden sollten. • Zufriedene Kunden werben Freunde, Bekannte und Kollegen an. • Freemium-Modelle sind Kundenbindungsmodelle. Nutzen die Nutzer das Produkt über einen längeren Zeitraum, wechseln sie nur ungern zu Angeboten von Mitbewerbern. • Freemium-Modelle können über Dritte im Rahmen von Werbeeinblendungen (mit) finanziert werden.

Grundsätzlich könnt ihr davon ausgehen, dass etwa 80 Prozent der Kunden die kostenlose und 20 Prozent die kostenpflichtige Version nutzen. Dies ist eine Faustregel und kann von Modell zu Modell abweichen.

Einschätzung: Freemium ist ein Preismodell, das für viele digitale Geschäftsmodelle passen kann. Lasst eurer Kreativität freien Lauf und nutzt euer Netzwerk, um Ansprechpartner zu finden, die bereits Erfahrung mit diesem Modell haben. Über konkrete Anwendungsfälle könnt ihr die Eignung für euer Angebot deutlich besser einschätzen.

10.1.11 Preismodell Nullpreis/kostenlos

Dies ist das Modell der beiden Weltkonzerne Google und Facebook. Die Leistung wird kostenlos angeboten, aber es bezahlen Dritte. Verdient wird also mit Werbeanzeigen. Da die Unternehmen die User durch die häufige Nutzung und vor allem eine für manche äußerst zweifelhafte, extrem intensive Datenauswertung sehr gut kennen, kann die Werbung gezielt ausgespielt werden. Auf den ersten Blick ist dies kein Preismodell für Start-ups, denn es setzt eine große Anzahl von Anwendern voraus. Wenn ein Start-up in einer Nische unterwegs ist, kann es allerdings eine Möglichkeit sein. Es gibt zwar weniger Nutzer, aber alle mit dem gleichen Interesse. Und das ist für Werbekunden sehr interessant. Bekannt ist das Modell auch in der Offlinewelt: Anzeigenblätter werden kostenlos verteilt und finanzieren sich ausschließlich über Werbung.

Einschätzung: Etwas kostenlos auf den Markt zu bringen, ist nicht sonderlich schwierig. Die Herausforderung an diesem Modell ist, wie und von wem Geld in die Kasse kommt. In den meisten Fällen sind es Werbeeinnahmen. Also müsst ihr vor Markteintritt sicher sein und voraussichtlich belegen müssen, dass ihr mit einem ausreichend großen Nutzerkreis rechnen könnt beziehungsweise in einem Nischenmarkt die geringere Nutzeranzahl für Werbemaßnahmen Dritter ebenso attraktiv ist.

10.1.12 Preismodell Auktion

Bei diesem Preismodell denkt man automatisch an Ebay. Das Unternehmen, im Jahr 1995 gegründet, machte 2019 mit seinem Onlinemarktplatz einen Umsatz von 10,8 Milliarden Dollar. Das eigentlich simple Prinzip dahinter: Ebay erhält für jeden Verkauf eine Provision. Und nicht nur Ebay setzt auf diese Lösung. Zu nennen sind unter anderem Hood, AuVito, Auxion, Fairnopoly und Etsy. Auch Unternehmen, von denen man es nicht denkt, haben das Auktionsmodell für sich entdeckt. So der Deutsche Zoll, auf dessen Website (www.zoll-auktion.de/auktion/index.php) bewegliche Sachen – gepfändet, sichergestellt oder beschlagnahmt – öffentlich versteigert werden. Eine Auswahl von Auktionsmodellen möchte ich euch vorstellen.

Englische Auktion
Sicherlich ist diese Form der Auktion die bekannteste. Dabei werden, von einem festgesetzten Mindestpreis ausgehend, aufsteigend Gebote abgegeben, bis kein neues mehr eintrifft. Der letzte Bieter erhält den Zuschlag.

Erstpreisauktion
Bei der Erstpreisauktion, auch Höchstpreisauktion, gibt jeder Nachfrager ein verdecktes Gebot ab. Das beste Gebot erhält den Zuschlag. Sie ist vergleichbar mit der englischen Auktion, allerdings werden hier die Angebote verdeckt abgegeben.

Die Vickrey-Auktion
Bei der Vickrey-Auktion, auch Zweitpreisauktion, erhält ebenfalls der Höchstbieter den Zuschlag, zahlt aber nur den Betrag des zweithöchsten Gebots. Der Vorteil gegenüber der Erstpreisauktion besteht darin, dass es für Bieter vorteilhaft ist, ein Gebot in

Höhe ihrer wahren Wertschätzung für das zu versteigernde Gut abzugeben, während sie bei der Erstpreisauktion niedriger bieten werden, um im Falle des Zuschlags noch einen Gewinn zu haben. Dieses Auktionssystem wird von Ebay genutzt.

Niederländische Auktion (Rückwärtsgewandte Auktion/Reverse Auction)
Eine interessante Lösung haben unsere Nachbarn aus Holland entwickelt. Die niederländische Auktion (Dutch Auction, auch holländische Auktion) ist eine Form der Auktion mit fallenden Preisen (Rückwärtsauktion). Der Verkäufer stellt ein Angebot zum Verkauf und gibt einen Startpreis vor. Im Verlauf der Auktion werden schrittweise niedrigere Preise vorgegeben, d. h. der Verkaufspreis für den Artikel sinkt mit zunehmender Laufzeit. Der erste Kaufinteressent, der zustimmt, erhält den Zuschlag zum momentanen Preis. Je länger die Kaufinteressenten abwarten, desto weniger müssen sie also zahlen. Und wieso heißt diese Form »holländische« Auktion? Weil auf diese Art im Großhandel die Tulpen verkauft werden. Der Vorzug dieses Modells besteht in der Geschwindigkeit der Abwicklung. Im Gegensatz zu einer gewöhnlichen Auktion wird das Auktionsgut schneller verkauft, da die Entscheidung schon bei der ersten Zustimmung eines Interessenten feststeht. Die Interessenten können nicht aufeinander reagieren, Bietergefechte sind ausgeschlossen. Somit können große Mengen von Auktionsgütern in kurzer Zeit verkauft werden. Bei niederländischen Auktionen stehen die Interessenten unter hohem Entscheidungsdruck. Wenn ein Interessent taktiert und auf einen günstigeren Preis wartet, ist die Wahrscheinlichkeit hoch, dass ein Konkurrent vorher zuschlägt. Wer dabei einmal live zuschauen will: Tickets gibt es auf www.royalfloraholland.com.

Wieso bringe ich dieses Preismodell in meinem Buch? Ich kenne kein Start-up, das in den Tulpenhandel einsteigen will. Daher möchte ich eine kurze Geschichte erzählen. Vor einigen Jahren lernte ich einen Gebrauchtwagenhändler kennen, der sein Unternehmen an einer vielbefahrenen Straße hatte. Wir kamen auf einer Veranstaltung ins Gespräch und er klagte über zu wenig Umsatz, sprich zu wenig Verkäufe. Als Vertriebsexperte finde ich solche Fälle spannend, auch wenn ich von der Autobranche kaum Ahnung habe. Grund für den geringen Umsatz war, so fand ich bei meinen Fragen heraus, dass zu wenige Kunden sein Betriebsgelände besuchten. Nur wenige Tage zuvor hatte ich über die holländische Auktion gelesen. Also schlug ich ihm Folgendes vor: Er sollte einen Gebrauchtwagen präsent an die vielbefahrene Straße stellen, sodass alle Vorbeifahrenden es sehen können. Für dieses eine Auto sollte der Händler eine rückwärtsgewandte Auktion durchführen und jeden Tag hundert Euro billiger machen. Allerdings hatte mein Gesprächspartner Angst, dass sein VW Golf deutlich unter Wert verkauft würde. So kam diese Aktion nie zustande. Aber irgendwann werde ich wieder einen Gebrauchtwagenhändler treffen und diesen von der rückwärtsgewandten Auktion überzeugen. Was will ich mit diesem, wenn auch erfolglosen, Beispiel sagen? Mit viel Fantasie und vor allem dem Mut, es einmal auszuprobieren, lassen sich Preismodelle für viele Branchen kreieren.

Einschätzung: Dies ist kein einfaches Modell. Die Hausforderung ist ausreichender Traffic, den ihr bei der Auktion benötigt. Zudem hat eine Auktion ein festes Enddatum. Damit es für die Bietenden nicht uninteressant ist, darf der Termin nicht zu weit in der Zukunft liegen. Gleichzeitig benötigt ihr bei der Auktion in kurzer Zeit viele Bietende, da sonst der Sinn der Aktion verloren geht. Ideal ist dieses Modell, wenn eine ausreichende Community vorhanden ist. Dann ist es auch einfacher, Angebote für die Auktion zu finden.

10.1.13 Preismodell Blind Booking

Blind Booking nennt sich eine Form der Hotelbuchung. Man weiß vorher nicht, in welchem Hotel man landen wird. Bekannter Anbieter ist Priceline (www.priceline.com). Der Kunde gibt Ort und Reisezeitraum und beispielsweise die gewünschten Hotelsterne auf der Plattform ein. Dann kommt der spannende Teil. Es erscheint ein Feld »Name Your Own Price«, was nichts anderes bedeutet, als dass der Kunde seinen gewünschten Preis für die Übernachtung eingibt. Ist die Summe zu niedrig, erscheint ein roter Balken mit dem Text: »Based on recent data, your price has almost no chance (small chance) of being accepted.« Der Kunde muss also den Preis erhöhen, bis der Balken verschwindet.

In Deutschland ist Eurowings einer der bekanntesten Anbieter von Blind Booking. Der Billigflieger bietet eine tolle Möglichkeit für Spontanreisende, zu günstigen Preisen in verschiedene Destinationen wie Barcelona, Prag oder Venedig zu reisen. Dabei stehen unterschiedliche Kategorien (u.a. Shopping, Party, Sonne & Strand) zur Verfügung. Den Flug ins Unbekannte, je nach Kategorie stehen verschiedene Abflughäfen stehen zur Auswahl, können Interessierte derzeit ab 66 Euro buchen. Die günstigen Flugpreise kommen dadurch zustande, dass bei Blind Booking freie Plätze vergünstigt angeboten werden. Will der Kunde ein Reiseziel ausschließen, erhöht sich mit jedem ausgeschlossenen Flugziel der Reisepreis um fünf Euro.

Einschätzung: Das Modell ist eine innovative Lösung für Unternehmen, die mehrere Optionen im Angebot und regelmäßig freie Kapazitäten haben. Damit werden diese freien Plätze je nach Situation (z.B. schlechte Auslastung eines Hotels) vermarktet. So erreicht man eine Zielgruppe, die sich auf Neues bzw. Unbekanntes einlässt und die das Unternehmen auf herkömmliche Weise nicht gewonnen hätte.

10.1.14 Preismodell Flatrate

Flatrate ist in der Wirtschaft der Anglizismus für Pauschalpreis. Dies ist sicherlich ein Preismodell, das die meisten von uns kennen. Aber oft fällt einem dazu nur Mobilfunk,

Telefonie und Internet ein. Doch neben der Telekommunikationsbranche gibt es viele andere, die dieses Modell sehr gut einsetzen können.

E-Book-Flatrates ermöglichen das Lesen von elektronischen Büchern zu einem monatlichen Fixpreis. Inzwischen konkurrieren in Deutschland eine ganze Reihe Anbieter um die Lesergunst, die sich in zahlreichen Punkten unterscheiden (Umfang des Sortiments, monatliche Beschränkung, Plattform, Preis, Testphase und Qualität). In der Tourismusbranche kennen wir dieses Angebot in Form von all-inclusive. Für Cineasten gibt es von der Kinokette UCI ebenfalls eine Flatrate (www.uci-kinowelt.de/meinuci-unlimited).

Der niedersächsische Bürofachhändler Schmaus bietet mit der Schmaus-Flatrate einen Pauschalpreis für Büromaterial an (www.buero-schmaus.de/dienstleistungen/schmaus-flatrate-fuer-bueromaterial/, Abruf 05.05.2022) Das System wurde in vierjähriger Forschungsarbeit zusammen mit der Technischen Universität Chemnitz entwickelt. Man sieht also, dass in manchen Preismodellen ziemlich viel Grips und in diesem Fall natürlich auch hochkarätige Unterstützung steckt.

Wieso ist aber die Flatrate bei den Kunden so beliebt? Nun, vielleicht ist eine einfache Erklärung die Möglichkeit des nahezu grenzenlosen Konsums. Die Psychologie bietet uns vier weitere Ansätze:

- **Versicherungseffekt.** Safety first: Mit einer Flatrate ist der Kunde sicher, dass es zum Ende des Abrechnungszeitraums keine böse Überraschung gibt. Die Kosten sind immer gleich. Dazu gibt es, leider etwas älter, Studien aus den USA, die besagen, dass 76 Prozent der Kunden mit einem nutzungsabhängigen Tarif günstiger fahren als mit einer Flatrate.
- **Taxametereffekt.** Wir kennen es, und daher auch der Begriff, vom Taxifahren: Man schaut regelmäßig auf den Taxameter, der von Minute zu Minute steigt. Die fremde Stadt, durch die man sich kutschieren lässt, können wir dabei nicht genießen. Hat man dagegen einen Pauschalpreis verabredet, kann man die Tour und die neuen Eindrücke in Ruhe auf sich wirken lassen. Dahinter steht, dass die Zahlung von der Leistung entkoppelt ist. Wird der Preis im Vorfeld festgelegt, ist der Betrag mental bereits abgebucht und der Kunde kann sich auf die Leistung konzentrieren.
- **Bequemlichkeitseffekt.** Eine Flatrate ist das bequemste Modell: Der Kunde muss sich einmal entscheiden und erhält dann jeden Monat dieselbe Rechnung und vor allem muss er über die Höhe des Verbrauchs nicht mehr nachdenken.
- **Selbstüberschätzungseffekt.** Kunden neigen dazu, ihren Verbrauch bzw. die Nutzung zu überschätzen. Oft werden Nutzungsspitzen als normal angesehen und auf den übrigen Zeitraum übertragen. Zudem ändert sich das Nutzungsverhalten im Zeitverlauf und der Verbrauch sinkt. Es ist also eine gewisse Abnutzung zu erkennen. Urlauber kennen das aus dem Hotel beim Essen vom Buffet. Wird in den ersten Tagen ordentlich gefuttert, werden die Mahlzeiten in den folgenden Tagen wieder auf ein normales Maß zurückgeschraubt.

Ein Hinweis: Viele verwechseln die Flatrate mit dem Abo-Modell. Das ist allerdings ein anderer Ansatz – der meines Erachtens eine große Zukunft hat. Aus diesem Grund habe ich ihm ein eigenes Kapitel (9.4) gewidmet.

Einschätzung: Die aufgeführten Beispiele sollen die Vielzahl an Bereichen zeigen, in denen dieses Modell denkbar ist. Ideal ist es für digitale Produkte, da durch eine erhöhte Nutzung keine beziehungsweise nur geringe Mehrkosten entstehen. Ob beispielsweise ein Kunde im Monat fünf oder zehn E-Books liest, ändert eure Kosten kaum.

10.1.15 Preismodell Mitgliedschaft

Der Kunde bindet sich mit einer Mitgliedschaft über eine bestimmte Laufzeit an das Unternehmen. Zahlreiche Branchen wie Dating-Plattformen, Fitnessstudios oder im Automobilbereich der ADAC haben dieses Modell im Einsatz. Aus dem Bereich der Start-ups möchte ich das Berliner Unternehmen Steady (www.steadyhq.com/de) vorstellen. Steady hilft Medien und anderen Publikationen (Blogs, Onlinemagazine, Podcasts, YouTube-Kanäle oder Code-Projekte) dabei, über Mitgliedschaften Geld zu verdienen und trotzdem unabhängig zu bleiben. Die Mitglieder profitieren von Einbindung, konkreten Gegenleistungen und exklusiven Inhalten. Das Ganze basiert auf Austausch und Vertrauen. Denn begeisterte Communitys sind mit Leidenschaft dabei und das ist der gravierende Unterschied zum Abo. Die Vorteile für Unternehmen bei dem Modell Mitgliedschaft liegen in den laufenden Einnahmen und der engen Kundenbindung. Allerdings ist die Kundenbindung auch das größte Problem. Bei Automobilclubs sind Kunden sehr lange Mitglied, bei Dating-Plattformen je nach erfolgreicher Partnergewinnung nur kurzfristig, mittelfristig wiederum beispielsweise bei Fitnessstudios.

Einschätzung: Unternehmen müssen die Vorteile einer Mitgliedschaft deutlich machen. Nur so überzeugt ihr Kunden, die Hürde einer vertraglichen Bindung zu überschreiten. Wenn ihr starke Vorteile, manchmal kann bereits einer reichen, für die Mitglieder anbieten könnt, ist dies sicherlich eine interessante Option.

10.1.16 Preismodell Prime-Mitgliedschaft

Mitgliedschaft und Prime-Mitgliedschaft, ist das nicht das Gleiche? Nein, ist es nicht. Bei einer Mitgliedschaft müssen alle Kunden (Fitness-Studio, Dating-Plattform) Mitglied werden und erhalten dieselbe Leistung. Bei der Prime-Mitgliedschaft profitiert der Kunde von ausgewiesenen Vorteilen wie schnellere Lieferung oder besserer Kundenservice.

Vorreiter und wahnsinnig erfolgreich mit dem Modell ist natürlich Amazon. Das Institut für Handelsforschung (IFH) aus Köln schätzt, dass 22 Millionen Deutsche Amazon-Prime-Kunden sind, allein 2020 kamen 4,7 Millionen neue Kunden hinzu. Und diese sind extrem wichtig für den amerikanischen Versandriesen. Amazon-Prime-Kunden kaufen deutlich häufiger und geben bei jeder Bestellung mehr aus: 70 Prozent des Umsatzes kommt von Prime-Kunden, obwohl sie weniger als die Hälfte (47 Prozent) des gesamten Kundenstamms ausmachen.

Was macht eine Premium-Mitgliedschaft so interessant? Die Zusatzleistungen für Amazon-Prime-Kunden beginnen bei der kostenlosen, schnelleren Lieferung und beinhalten den Zugang zu Amazon Music, Prime Video und Gaming – ein Musterbeispiel für Kundenbindung und der Alptraum der Mitbewerber. Auch Ebay (ebayplus), Otto (OttoUP) oder Zalando mit ZalandoPlus sind dem Beispiel gefolgt. Die Immobilienplattform Immoscout24 bietet zwei Mitgliedschaften an, für Kaufinteressenten (KäuferPlus) und Mietinteressenten (MieterPlus). So erhalten letztere einen schnelleren Zugang zu Angeboten. Nicht-Plus-Mitgliedern werden die Anzeigen erst nach 48 Stunden freigeschaltet. Und auch das Reiseportal Opodo hatte Ende 2021 bereits zwei Millionen Prime-Mitglieder. Auf der Firmenseite ist zu lesen: »Werden Sie Mitglied und genießen Sie für nur 74,99 Euro das ganze Jahr über Rabatte auf alle Flüge, egal wann, wohin und mit wem Sie reisen!«

Einschätzung: Dieses Modell ist die Königsdisziplin der Mitgliedschaft. Voraussetzung ist eine große und vor allem leistungsorientierte, zahlbereite Kundschaft. Dafür müsst ihr sehr überzeugende Zusatzleistungen herausarbeiten. Eine interessante Lösung, aber eher nicht zu Beginn der Gründung. Trotzdem solltet ihr eine Prime-Mitgliedschaft, selbstverständlich abhängig von eurem Angebot, rechtzeitig mitdenken.

10.1.17 Preismodell Kontingent

Der Kunde kauft ein bestimmtes (Stunden-)Kontingent und kann es innerhalb eines Jahres beliebig abrufen. Die monatliche Rechnung ist immer gleich. Ein Modell, das ideal für die Beratungsbranche ist. Ich selbst setze es in meiner Praxis als Berater für Start-ups ein. Dasselbe Modell haben Energiekonzerne eine Zeit lang übernommen. Der Kunde hat eine bestimmte Strommenge gebucht. War er am Ende des Jahres unter seinem angegebenen Verbrauch, hat er pro nicht verbrauchte Energieeinheit allerdings wenig zurückbekommen. War der Kunden über dem vereinbarten Wert, wurde es richtig teuer. Leasingnehmer kennen dieses Verfahren auch im Autobereich. Fährt der Kunde mehr als die vereinbarten Kilometer, gibt es eine Nachberechnung.

Einschätzung: Das Preismodell Kontingent ist ideal für Geschäftsmodelle, die eine planbare Menge oder planbare Arbeiten anbieten. Solche Arbeiten findet man bei Agenturen (Werbung/PR/Social Media) sowie bei Unternehmens-, Steuer oder Rechtsberatern.

10.1.18 Preismodell Erfolgsprovision

Provision (lat. providere, vorsorgen, sorgen für) ist ein erfolgsabhängiges Entgelt für erbrachte Dienstleistungen und Geschäftsbesorgungen. Bei diesem Modell arbeiten Unternehmen auf Basis einer reinen Erfolgsprovision. Das kann die Vermittlung einer Finanzierung sein, der Verkauf einer Firma oder das Einsparen von Kosten. Das betrifft meist die sogenannten C-Kosten vom Abfallmanagement über die Energie und den Fuhrpark bis zu den Versicherungen. Dieses Modell wird von einigen Start-ups aus dem Bereich der Legal Techs angewandt. Legal Technology bezeichnet den Bereich der Informationstechnik, der sich mit der Automatisierung von juristischen Tätigkeiten befasst. Das Ziel dabei ist, die Effizienz des rechtlichen Arbeitens zu erhöhen. Beispiele sind das Start-up Flightright (www.flightright.de), die das Recht auf Rückerstattung und Entschädigung bei Flugverspätung und Flugausfall für den Kunden durchsetzen. Das Ludwigshafener Team von refundrebel (www.refundrebel.com) kümmert sich um einen Zahlungsausgleich bei Zugverspätungen und -ausfällen. Sobald der Kunde eine Erstattung von der Fluglinie oder dem Bahnbetreiber erhält, wird eine Provision fällig.

Einschätzung: Gerade aus Kundensicht ist dieses Modell sehr interessant, da der Kunde kein Risiko eingeht. Damit ist die Hürde für einen Vertragsabschluss sehr niedrig. Es ist ideal für Gebiete, in denen der Kunde kein Gefühl auf seine Erfolgsaussichten hat, zum Beispiel bei Rechtsangelegenheiten. Denkbar ist es auch für sogenannte C-Artikel. Das sind Materialien mit einem geringen Wert und hoher Beschaffungsmenge wie Arbeitsschutzbekleidung, Büroverbrauchsmaterial, Reinigungsartikel oder Werkzeuge. Weil C-Artikel üblicherweise niedrigpreisig und strategisch weniger bedeutend sind, werden sie in Unternehmen häufig kaum beachtet. Das Modell ist ein idealer Ansatzpunkt, um sich die Ersparnis für den Kunden mit einer Erfolgsprovision vergüten zu lassen.

10.1.19 Preismodell Vermittlungsprovision

Sehr häufig ist diese Entgeltart bei Finanz- oder Versicherungsdienstleistungen sowie Immobilienmaklern zu finden, im Offline- wie im Onlinesektor. So vermittelt das Vergleichsportal Verivox Verträge für diverse Produkte (Strom, Gas, Kredite, DSL) und erhält von den Unternehmen bei Vertragsabschluss eine Provision. Bekannte Beispiele aus der Start-up-Branche waren, da der Gründerphase längst entwachsen, die Plattformen Uber (Onlinevermittlungsdienste zur Personenbeförderung) und Airbnb (Onlineportal zur Buchung und Vermietung von Unterkünften). Was ist aber der Unterschied zwischen Erfolgs- und Vermittlungsprovision? Bei der Vermittlungsprovision wird der Kunde nur an ein anderes Unternehmen weitergeleitet. Dieses übernimmt dann alles Weitere, zum Beispiel die Belieferung von Energie oder die Beförderung (Uber). Bei der Erfolgsprovision ist dagegen das Unternehmen selbst in der Pflicht und übernimmt den Auftrag. Nur in einem Erfolgsfall wird die Provision fällig.

Einschätzung: Dass Vermittlungsprovisionen eine lukrative Sache sein können, beweisen Uber und Airbnb. Die Herausforderung ist, Anbieter und Suchende auf einer Plattform zusammenzubringen. Es müssen nicht immer große Themen wie Mobilität oder Reisen sein. Für Start-ups können auch Nischen lohnend sein, zum Beispiel die Vermittlung von speziellen Anfragen wie eine Plattform für den Spezialwerkzeugbau.

10.1.20 Preismodell Preisgarantie

Dies ist ein Modell aus dem Einzelhandel. Es wird ein bestimmter Preis für ein Produkt festgelegt. Wenn der Kunde das Produkt erwirbt und ein Mitbewerber es in einem bestimmten Zeitraum günstiger anbietet, reduziert der Händler den Verkaufspreis nachträglich. Das schafft auf Seiten des Kunden ein sehr hohes Maß an Vertrauen. Ein weiterer Vorteil: Mit der Preisgarantie verschaffen sich Unternehmen einen Überblick über die Preise eines bestimmten Produktes innerhalb des gesteckten Rahmens – der Kunde wird quasi zum unabhängigen Preisscout ernannt.

Einschätzung: Für Unternehmen, die die Preisführerschaft anstreben, ist dies ein ideales Kundenversprechen und eignet sich besonders für Onlineanbieter, die niedrige Fixkosten haben.

10.1.21 Preismodell Leistungsgarantie

Eben haben wir über die Preisgarantie gesprochen. Was ist aber mit der Leistung? Könnt ihr als Unternehmen eine bestimmte Leistung garantieren? Der spanische Zugbetreiber AVE geht sogar noch einen Schritt weiter und bietet Reisenden für die innerspanische Verbindung Barcelona–Madrid eine Pünktlichkeitsgarantie. Wird das Leistungsversprechen verfehlt, erhält der Reisende den kompletten Kaufbetrag zurück.

Einschätzung: Dieses Preismodell ist ein starkes Modell zum Aufbau von Vertrauen. Ihr beweist dem Kunden, dass ihr von eurer Leistung überzeugt seid und gleichzeitig er im Fokus eures Anliegens – ihm verlässlich etwas zu bieten – steht. Allerdings setzt es voraus, dass ihr sicher (!) seid, euer Versprechen auch halten zu können. Sonst greift ihr zu tief in die eigene Tasche, verliert das Vertrauen und voraussichtlich früher oder später auch euer Business.

10.1.22 Preismodell Floater

Floater ist ein Preismodell aus der Finanzbranche (Anleihe mit variablem Zins), aber auch eines für Privatkunden bei Gas und Strom. Kunden, die einen flexiblen Stromtarif bevorzugen, der sich zeitnah an Marktpreisen (z. B. Großhandelspreise der Strombörse EEX) orientiert, sind bei diesem Modell gut aufgehoben. Änderungen der Marktpreise werden durch regelmäßige Preisanpassungen automatisch an den Kunden weitergegeben. Und wer es etwas sicherer will, nutzt den Floater mit fixer Preisobergrenze – ideal für Kunden, die von fallenden Strommarktpreisen profitieren und gleichzeitig das Risiko steigender Beschaffungspreise gering halten wollen. Interessant ist dieses Modell zum Beispiel für Start-ups aus der Speditions- und Logistikbranche. Hier wird der sogenannte Dieselfloater eingesetzt, der den schwankenden Dieselpreisen entgegenwirken soll. Es handelt sich um einen variablen Kraftstoffzuschlag, der sich automatisch an die Kraftstoffpreisentwicklung anpasst. Vereinbart wird er individuell zwischen dem Kunden und dem Transportdienstleister. Üblicherweise wird der gültige Dieselzuschlag auf der Speditionsrechnung als separater Posten ausgewiesen. Eine Variante, die Unternehmen aus der Speditionsbranche eine gewisse Sicherheit gibt. Lag der Preis für ein Liter Diesel im Jahr 2020 im Schnitt bei 1,12 Euro, stieg er im März 2022 durch die Ukraine-Krise im Schnitt auf 2,17 Euro (Quelle: www.statista.com).

Einschätzung: Da, wo die Einkaufspreise sehr starken Schwankungen unterworfen sind und Verträge eine lange Laufzeit haben, solltet ihr ernsthaft über den Floater nachdenken.

10.1.23 Preismodell Preiswette

Stellt euch vor, ihr verkauft Sonnenbrillen in einem Onlineshop. Nun bietet ihr dem Kunden eine Wette an: Wenn es im nächsten Monat in seinem Wohnort nicht mehr als 150 Sonnenstunden gibt, erhält er eine Gutschrift auf seinen Kauf oder ein Geschenk.

Beispiel Preiswette

Abb. 12: Beispiel Preiswette MediaMarkt

MediaMarkt hatte im Vorfeld der Fußball-WM 2010 mit einer spektakulären Werbung auf sich aufmerksam gemacht. Kurz vor der Weltmeisterschaft lockte das Unternehmen mit der »größten WM-Wette der Welt«. Wer an diesen Tagen einen Fernseher oder Beamer im Wert von 500 Euro aufwärts kaufte, wettete automatisch, dass Deutschland in Südafrika den Titel holt. Sollten Jogis Buben wirklich die Sensation schaffen, hätte MediaMarkt gegen Vorlage des Kassenbons den vollen Kaufpreis zurückerstattet. Besonders clever: Die Aktion wurde kurzfristig beworben, galt nur zwei Tage und ab einem definierten Warenwert.

Zur Erinnerung: Nach dem verlorenen Halbfinale kamen die Deutschen mit Platz 3 zurück.

Einschätzung: Die Preiswette ist eher ein Marketingtool als ein klassisches Preismodell. Aber es eignet sich sehr gut zum Nachdenken und Brainstormen rund um euer Angebot sowie als Impulsgeber für ein weiteres Geschäftsmodell. Tatsache ist, dass euch die Aufmerksamkeit der Kunden gewiss sein wird.

10.1.24 Preismodell Kostenpflichtige Rabattkarte

Hier handelt es sich um Psychologie pur. Dazu zwei Beispiele:

Bei der Bahncard 50 (2. Klasse) zahlt der Kunde aktuell 234 Euro (Stand Februar 2022). Dafür wird der Preis für jede Bahnfahrt um 50 Prozent reduziert. Der reduzierte Preis ist bei längeren Strecken auf einmal wieder wettbewerbsfähig gegen Billigflieger und bei mittleren Strecken gegen die Fernlinienbusse. Normalerweise müsste der Bahnfahrer die Kosten für die Bahncard 50 in seiner Berechnung berücksichtigen. Das macht er aber nicht, für ihn sind die Kartengebühren verloren beziehungsweise vergessen. Das ist der sogenannte Sunk-Cost-Effekt. Diese versunkenen Kosten bezeichnen bereits angefallene Kosten, die nicht mehr rückgängig gemacht werden können und bei einer anstehenden Entscheidung nicht berücksichtigt werden.

Das Berliner Unternehmen LPG BioMarkt GmbH (www.lpg-biomarkt.de) bietet ebenfalls eine rabattierte Kundenkarte an, als Mitgliedschaft bezeichnet. In den Märkten, in Berlin sind es aktuell zehn, gibt es zu jedem Produkt immer zwei Preise: den regulären und den Mitgliedspreis. Dieser ist durchschnittlich zehn bis 20 Prozent günstiger als der Preis für Nicht-Mitglieder. Diese Ersparnis erhalten die Kunden allerdings nicht ganz umsonst. Sie müssen einen monatlichen Beitrag entrichten, der von Einkommen und Alter abhängt: Für Kunden unter 18 Jahren kostet die Mitgliedskarte nichts, sie erhalten also immer die günstigen Mitgliedspreise. Liegt der monatliche Verdienst unter 1.000 Euro netto, primär bei Arbeitslosen und Studenten, werden monatlich 12,78 Euro fällig. Alle, die mehr verdienen, zahlen einen Beitrag von 17,90 Euro (Gemeinschaftstarif: 10,20 Euro pro Person und Monat). Die Karte lohnt sich laut Unternehmen bei einem wöchentlichen Einkauf von 35 Euro.

Einschätzung: Die Bahncard ist sicherlich das herausragende Beispiel. Dass es aber auch im Kleinen geht, beweist der LPG BioMarkt. Voraussetzung für die kostenpflichtige Rabattkarte ist eine ausreichende Anzahl an Kunden, eine Möglichkeit der Differenzierung und natürlich muss es einen Vorteil für den Kunden geben. Euer Mehrwert ist eine sehr große Kundenbindung.

10.1.25 Preismodell Sharing

Die Idee des Teilens ist nicht neu, wahrscheinlich schon tausende Jahre alt. Inzwischen ist die Sharing Economy professionalisiert worden und daraus ist ein Businessmodell entstanden. Dabei lassen sich drei Arten von Geschäftsmodellen unterscheiden:

- **Business-to-Business** heißt in diesem Fall, dass ein Unternehmen Geräte oder Produkte (zum Beispiel Produktionsmaschinen) oder Dienstleistungen an andere Firmen verleiht. Besonders sinnvoll ist das bei einer kurzfristigen oder geringen Nutzung. Auch die Vermietung von Arbeitsplätzen (Co-Working-Spaces) fällt in diese Kategorie. Wie gutes B2B-Sharing aussehen kann, lässt sich beim Unternehmen Linde beobachten. Neben ihrem Kerngeschäft, der Herstellung und dem Verkauf von Staplern, hat die Firma auch Leihgeräte, Automatisierung und Flottenmanagement im Angebot. Auch der Werkzeughersteller Hilti bietet dieses Konzept (hauptsächlich Handwerkern) an.
- **Business-to-Consumer** meint, dass ein Unternehmen die Möglichkeiten der Sharing Economy nutzt, um dem privaten Kunden das eigene Produkt zur Verfügung zu stellen. Ein Beispiel dafür ist SHARE NOW, größter Carsharing-Anbieter in Deutschland. Im Unterschied zur klassischen Autovermietung, bei der man ein Fahrzeug an einem festgelegten Ort anmietet und nach einem oder mehreren Tagen zurückgibt, ist bei den neuen Carsharing-Modellen eine Nutzung frei geparkter Fahrzeuge im Stadtbereich im Minutentakt möglich.
- **Peer-to-Peer** (engl. peer, Gleichgestellter, Ebenbürtiger) ist ein Geschäftsmodell, bei dem nur die technische Infrastruktur zur Verfügung gestellt wird, also eine Plattform, über die sich Personen finden können, die tauschen und mieten möchten. Einerseits wird hier zwischen Angebot und Nachfrage vermittelt, andererseits werden rechtliche Rahmenbedingungen geschaffen. Manche dieser Angebote sind kostenlos wie Couchsurfing, andere wie Airbnb verlangen Provisionen. Es ist im Vergleich zu den anderen Modellen noch sehr jung und bietet viel Potenzial für technische Innovationen.

Einschätzung: Teilen statt besitzen ist ein zunehmender Trend. Gerade für Produkte, die nur sporadisch oder kurzfristig benötigt werden, ist dieses Modell ideal. Hier sehe ich persönlich für alle drei Varianten große Marktchancen.

10.1.26 Preismodell Flash Sale

Flash Sale, Blitzverkauf, ist ein Modell aus den Vereinigten Staaten, das mit hoher Wahrscheinlichkeit auch im deutschsprachigen Raum erfolgreich sein wird. Es geht dabei um einen Verkauf oder Ausverkauf, der für eine begrenzte Zeit mit sehr großen Rabatten angeboten wird. Neben dem begrenzten Angebot (Knappheit) wird auf die Kunden auch ein gewisser Entscheidungsdruck (zeitlich befristetes Angebot) ausgeübt. Die Hauptziele dieser Strategie: Onlinekäufer zum Impulskauf animieren, überschüssige Bestände verkaufen und den kurzfristigen Umsatz steigern.

Einschätzung: Auch hier scheint die Regel zu gelten, dass erfolgreiche Entwicklungen aus den USA einige Jahre später auch bei uns Einzug finden. Der Flash Sale ist ideal für Start-ups, die Produkte schnell in den Markt bringen wollen. Wer es schafft, immer wieder neue Produkte kostengünstig anzubieten, sollte sich intensiv mit diesem Modell beschäftigen.

10.1.27 Preismodell SANIFAIR

Ein kreatives Preismodell finden wir auch beim Toilettengang in Raststätten. Der Besuch der Toilette kostet 70 Cent (Stand 02/2022), dafür erhält der Kunde einen Coupon über 50 Cent. Diesen Coupon kann er in der Raststätte einlösen. Somit kostet der Toilettengang eigentlich nur 20 Cent. Durch den Coupon ist der Kunde animiert, eine Ware zu kaufen, die in den meisten Fällen deutlich über dem Wert des Coupons liegt. Bis 2010 wurde bei SANIFAIR der volle Preis erstattet, d. h. die Benutzung der Toilette auf Raststätten war rechnerisch kostenlos. Mit der Erhöhung der Toilettenpreise wurde das Vollerstattungssystem abgeschafft. Wie sagte schon der römischen Kaiser Vespasian bei der Einführung der Latrinensteuer (!): Pecunia non olet. Geld stinkt nicht.

Einschätzung: Dieses Preismodell ist eine clevere Idee, allerdings sehe ich kaum weitere Anwendungsfälle.

10.1.28 Preismodell No Frills

No Frills (engl., keine Rüschen – ich sage gerne kein Schnickschnack) ist ein Begriff aus der Wirtschaft. Dabei geht es um Maßnahmen zur Kostensenkung. Die Idee dahinter: Alle Funktionen, die nicht mit dem ursprünglichen Produkt oder der Dienstleistung zu tun haben, werden weggelassen. Damit sind die Verkaufspreise im Vergleich zu den Mitbewerbern teilweise drastisch niedriger. Supermärkte, respektive Discounter, haben dieses Konzept bereits vor Jahrzehnten umgesetzt, indem sie ein verringertes Warenangebot mit einer eher spärlichen Ausstattung angeboten haben. Die Ware wurde und wird noch oft direkt von der Palette verkauft. Weiterhin versteht man darunter Produkte ohne aufwendige Verpackung. Komplett auf dieses Konzept gesetzt hat eine kanadische Kette mit Deep-Discount-Supermärkten. 200 Franchise-Läden in neun kanadischen Provinzen werben mit dem Firmennamen No Frills. Vor allem drei Branchen haben sich dieses Modell zunutze gemacht: Fluglinien wie Ryanair oder EasyJet, Hotelketten wie die Motel-One-Gruppe oder Ibis budget sowie Mobilfunkanbieter.

Bei Fluglinien geht es nur um die Beförderung von A nach B, alle weiteren Dienstleistungen sind nicht enthalten und müssen separat bezahlt werden (Getränke, Zeitungen, Essen, Extragepäck). Buchen kann der Kunde seine Reise ausschließlich online.

Weitere Maßnahmen zur Kostensenkung sind die Nutzung weniger zentraler Flughäfen sowie der Verzicht auf Umsteigeverbindungen.

Hotelbetriebe handhaben es ähnlich: Eine Reservierung ist nur online möglich, die Rezeption nur zeitweise besetzt, der Zugang zum Zimmer erfolgt über einen Zugangscode. Minibar, Zimmer- oder Gepäckservice gibt es nicht und das Frühstück in Form von Selbstbedienung muss meist extra bezahlt werden.

Auch Mobilfunkanbieter wie Simyo, Fonic, blau, klarmobil oder Congstar zählen zu den No-Frills-Anbietern. Anders als bei klassischen Mobilfunkbetreibern erfolgt die Abwicklung ausschließlich per Internet und Telefon, es gibt keine subventionierten Handys, keine Filialen oder Händler. Das Gebührenschema ist bewusst einfach: Es gibt nur einen Minutenpreis in alle Netze und zu jeder Zeit.

Einschätzung: Ich schätze es als ein Modell mit Zukunft ein. Ein Teil der Kunden möchte immer nur das Notwendigste, das Grundprodukt, Schnickschnack wird nicht benötigt. Der Erfolg der Discount-Fitness-Studios wie McFIT, High5, clever fit und EASYFITNESS zeigt, dass es auch in anderen Branchen funktioniert.

10.1.29 Preismodell Kundensteuerung

Abb. 13: Beispiel Kundensteuerung über Tarifmodell in einem Parkhaus

Über Preise ist ein Unternehmen in der Lage, Kundenströme zu leiten. Diesen Ansatz findet man beispielsweise in Parkhäusern von Shopping-Centern. Was will der Manager für die Shops in seinem Center erreichen? Möglichst viele Kunden sollen das Center besuchen und dort auch kaufen. Also steuert man das Parkhaus wie folgt: Der erste Tarif ist auf 30 Minuten angelegt und wird mit 0,60 Euro berechnet. Das ist attraktiv für Kunden, die nur schnell etwas abholen wollen. Der zweite Tarif ist wieder ein 30-Minuten-Slot, ebenfalls 0,60 Euro. Das heißt also, die erste Stunde kostet 1,20 Euro. Jetzt wird es spannend. Die zweite Stunde wird mit 1,10 Euro berechnet, die dritte Stunde dagegen mit 1,60 Euro und ab der vierten Stunde kostet jede einzelne Stunde bereits 2,10 Euro. Damit sollen Kunden abgehalten werden, das Center zu verlassen und in einem Shop außerhalb einzukaufen. Wer das Shopping-Center verlässt, wird dafür bestraft. Und keiner der Kunden hat den Trick gemerkt. In der Gastronomie findet man dieses Modell bei vergünstigten Mittagsmenüs oder der Happy Hour, dem Rabatt für alkoholische Getränke innerhalb eines bestimmten Zeitraums. Während man in der Gastronomie versucht, Kunden mit günstigen Preisen anzulocken, geht man in der Welt der Banken einen anderen Weg. Dort wird unerwünschtes Nutzerverhalten über höhere Preise »bestraft«. Geldhäuser müssen ihre Rentabilität verbessern und wollen Kunden weg vom Filialschalter oder Telefon auf die Onlinekanäle bewegen. Dies gelingt, indem die Preise für Geschäfte am Schalter wie Geld abheben oder Überweisungen tätigen verteuert werden.

Einschätzung: Kunden kann man mit dem Preis steuern, indem das Produkt oder die Dienstleistung an bestimmten Tagen oder für einen gewissen Zeitraum günstiger ist. Es ist ein Modell, das für Unternehmen interessant ist, die zu bestimmten Zeiten freie Kapazitäten haben. Das kann der Frühschwimmer oder Mondscheintarif im Schwimmbad sein ebenso wie die After-Work-Veranstaltung in der Gastronomie. Aber auch die Möglichkeit, Kunden über höhere Preise sanft auf andere Kanäle zu steuern, ist eine interessante Option.

10.1.30 Preismodell Inzahlungnahme

Dies ist ein Modell, das im Automobilbereich gang und gäbe ist. Der Kunde gibt sein altes Auto zurück und erhält dafür ein neues, dies aber günstiger. Der Kunde hat somit weniger Arbeit und spart gleichzeitig Geld. Im Automobilhandel gibt es noch eine Besonderheit. Gebrauchte Autos einer anderen Marke werden oft mit einem höheren Preis bewertet, um den Kunden zu einem Wechsel der Automarke zu bewegen. Diese Aktionen werden zum Teil von den Herstellern unterstützt.

Aber nicht nun in der Autobranche ist dieses Modell möglich. Im Handel gab es einmal folgende Aktion: »10 Euro für Ihre alte Bratpfanne. Wenn Sie bei uns im Zeitraum von ... bis ... eine neue Bratpfanne der Marke XY kaufen, vergüten wir Ihnen zehn Euro für Ihre alte und entsorgen sie kostenlos.«

Auch der bekannte schwedische Möbelriese hat dieses Preismodell erkannt. Das Projekt nennt sich »IKEA Zweite Chance«. Das Unternehmen kauft Kunden gut erhaltene IKEA-Möbelstücke ab und verkauft sie in seiner Fundgrube wieder. IKEA zahlt den Verkäufern aber kein Bargeld aus, sondern sie erhalten eine Guthabenkarte. Das ist Kundenbindung pur und eine weitere Umsatzquelle mittels Inzahlungnahme!

Einschätzung: Inzahlungnahme ist ein Modell, das kaum eingesetzt wird, in dem aber viel Potenzial steckt. So kann im Softwarebereich anstelle eines Rabatts die alte Softwarelösung in Zahlung genommen und auf Gebraucht-Software-Plattformen verkauft und somit Umsatz erzielt werden.

10.1.31 Preismodell Tageszeitung

Klassische Tageszeitungen hatten schon vor Langem ein Problem. Aufgrund des Internets verloren sie scharenweise Leser und vor allem Abonnenten der Printausgaben, die einen sicheren Umsatz garantierten. So ergänzten sie konsequenterweise Onlineausgaben ihrer Publikationen. Diese E-Paper können Leser abonnieren, einen Monats-, Tagespass oder einzelne Artikel kaufen. Und auch der Zugriff auf das Archiv wird bepreist. Der HighText Verlag, der sich selbst als Premium-Informationsanbieter für Agenturen, Produzenten und professionelle Nutzer interaktiver Medien bezeichnet, zeigt, wie es geht. Als Basismitglied können Kunden ausgewählte Artikel kostenfrei lesen. Zusätzlich erhalten sie ein Abrufkontingent für fünf Premiumanalysen pro Kalendermonat kostenfrei. Wer mehr will, kann eines von drei Premiumangeboten wählen.

Einschätzung: Neue Geschäftsmodelle (E-Paper) benötigen neue Preismodelle. Tageszeitungen zeigen beispielhaft, was möglich ist. Gerade, wenn wertvoller Content geliefert wird, ist ein solches Modell interessant.

10.1.32 Preismodell Beschaffungsgrenze

Dies ist ein zugegeben sehr spezifisches Modell, das ich aber dennoch nennen möchte. Mit einem Start-up haben wir den Preis für ein Investitionsgut auf 24.990 Euro festgelegt. Der Grund: Die Kunden sind öffentliche Auftraggeber und bis 25.000 Euro darf der Auftrag ohne Ausschreibung vergeben werden (siehe dazu www.bmwi.de/Redaktion/DE/Dossier/oeffentliche-auftraege-und-vergabe.html). Damit wird der Verkaufsprozess beschleunigt und die Konkurrenz wittert erst gar nichts von einem möglichen Auftrag.

Einschätzung: Das ist eine clevere Idee, die Mitbewerber außen vorlässt. Leider ist dies nur bei Aufträgen für öffentliche Auftraggeber machbar.

10.1.33 Preismodell Prepaid

Bei diesem Ansatz (engl. prepaid, vorausbezahlt, Vorkasse) handelt es sich um ein Zahlungsmodell, bei dem der Kunde Guthaben im Voraus kauft, das später nach Bedarf verbraucht wird. Typische Produkte sind Aufladeguthaben wie Kredit- oder Geldkarten, SIM-Karten, Geschenk- und Gutscheinkarten oder Guthaben für Kopierer und Getränkeautomaten. Das Start-up elvah (www.elvah.de) aus Rheinland-Pfalz bietet E-Mobilisten zum Aufladen ihre Elektroautos eine feste Summe in drei Tarifstufen zu fünf, 50 und 100 Euro pro Monat an. Dafür erhalten die Kunden zehn, 90 bzw. 180 kWh Strom.

Einschätzung: Mit den vorgestellten Beispielen ist der Markt zwar schon gut abgedeckt, aber ihr solltet prüfen und kreativ sein, welche Anwendungsfälle sich für euer konkretes Angebot auftun können.

10.1.34 Preismodell Neue Währung

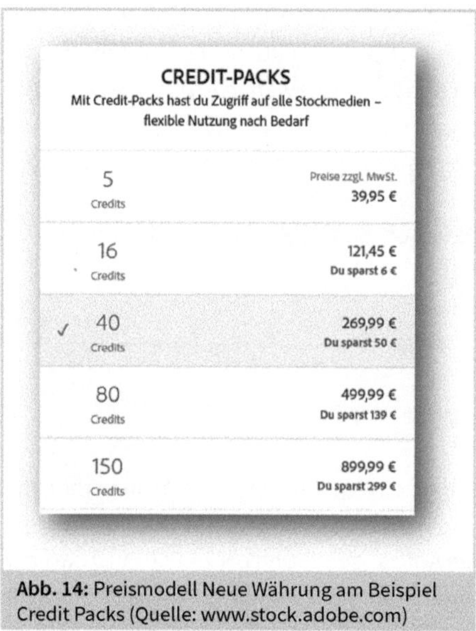

Abb. 14: Preismodell Neue Währung am Beispiel Credit Packs (Quelle: www.stock.adobe.com)

Generell verspüren Kunden, die Geld ausgeben, einen gewissen Schmerz – schließlich geben sie etwas weg. Spielcasinos haben dieses Problem erkannt und eine Lösung gefunden. Plastikchips (Jetons) zu setzen und meist zu verlieren, hat für den Spieler einen anderen, gefühlt geringeren Wert und damit Schmerz als (Euro-) Scheine oder Münzen. Dass er für die Plastikwährung vorher Geld bezahlt hat, hat er während des Spiels schon wieder vergessen. Praktisch haben die Casinos also eine neue Währung geschaffen, die den Kunden austrickst.

Ein ähnliches Modell fährt die Bilddatenbank Adobe Stock. Neben einem Abo-Modell, ideal für Agenturen mit einem regelmäßigen Bedarf, kann der Kunde auch Credits einkaufen. Diese wiederum setzt er zum Beispiel für den Kauf von Standardbildern (1 Credit), Premium-Bildern (ab 12 Credits) oder 4K-Videos (20 Credits) ein.

Einschätzung: Dieses Modell ist meines Erachtens nicht kundenfreundlich. Eine Bestellung passt selten mit den zur Verfügung stehenden Credits überein. Entweder muss der Kunde nachkaufen oder er hat zu viele Credits und läuft Gefahr, dass diese verfallen oder in Vergessenheit geraten – was aber gleichzeitig Vorteile für das Unternehmen sind. Mit diesem System baut man dem Kunden eher eine Hürde zur Kaufentscheidung.

10.1.35 Preismodell Pay-per-X

Dieses Preismodell ist häufig im Onlinemarketing zu finden und bietet eine gute Möglichkeit, neu zu denken. Was wäre, wenn eine Werbeagentur eine Marketingaktion nicht pauschal berechnet, sondern nach Erfolg, also zum Beispiel nach den erfolgten

Anfragen (Pay-per-Lead) oder nach den Verkäufen (Pay-per-Sale). Je kreativer der Ansatz, desto höher eure Chancen auf einen USP.

- **Pay-per-Click** ist ein im Onlinemarketing übliches, erfolgsabhängiges Abrechnungsverfahren. Der Werbetreibende zahlt je Klick auf eine von ihm geschaltete Onlinewerbung einen festgelegten Preis an den Seitenbetreiber beziehungsweise das Werbenetzwerk. Google Ads ist die bekannteste Werbeform, in der über CPC abgerechnet wird. Die Höhe des Preises wird automatisiert über Real Time Bidding ermittelt und ist daher grundlegend abhängig von der Anzahl der Mitbewerber und den verwendeten Keywords.
- **Pay-per-Lead:** Kosten entstehen bei erfolgten Anfragen, Kontakten, Newsletter-Bestellungen.
- **Pay-per-Install:** Sobald die Software von einem Nutzer installiert wird, muss der Werbende zahlen. Bevorzugt wird diese Abrechnungsmethode beim Affiliate-Marketing eingesetzt, beispielsweise für die Installation von Demoversionen.
- **Pay-per-SignUp:** Erfolgreiche Registrierungen bestimmen die Kosten. Beispiele sind Registrierungen in Communitys oder für Newsletter.
- **Pay-per-Sale/Pay-per-Order:** Kosten entstehen beim erfolgreichen Verkauf eines Produktes. Bevorzugt wird diese Abrechnungsmethode beim Affiliate-Marketing eingesetzt.
- **Pay-per-Link:** Hier entstehen für den Werbenden nur dann Kosten, wenn eine Websitebetreiber einen Link auf eine Website des Werbenden eingerichtet hat. Bevorzugt wird diese Abrechnungsmethode beim Affiliate-Marketing und bei der Suchmaschinenoptimierung eingesetzt.
- **Pay-per-View:** Die Einblendung eines Werbemittels steuert die Kosten. Es bezeichnet eine Form der Abrechnung des Bezahlfernsehens im Einzelabrufverfahren. Der Zuschauer zahlt nur für tatsächlich gesehene Sendungen, die zum angegebenen oder gewünschten Termin freigeschaltet (decodiert) werden. Typische Pay-per-View-Angebote sind Spielfilme, Erotikfilme, Sportereignisse und Konzerte.
- **Pay-per-Print-out** wird seit vielen Jahren im Bereich der Drucker und Kopierer angewandt. Jeder Ausdruck wird berechnet. Der Kunde zahlt nichts für die Anschaffung oder Verbrauchsmaterialien. Oft wird ein Mindestvolumen vereinbart, Folgeseiten werden separat berechnet.

Einschätzung: Weitere Modelle bzw. originelle Ansätze aus dieser Kategorie werden sicherlich in den nächsten Jahren entstehen. Wer sein Geschäft online betreibt, sollte die Entwicklung im Auge behalten.

10.1.36 Preismodell Pay-per-Use

Bei diesem Preismodell wird für die Nutzung eines Angebots bezahlt. Beliebt ist dieses System unter anderem im Bereich der Büromaschinen und bei Cloud-Dienstleistern.

Aber auch andere Branchen haben die Vorteile entdeckt. Bei diesem Modell fallen grundsätzlich für den Kunden Investitionskosten bzw. (einmalige) Anschaffungskosten weg.

So bietet die Firma Winterhalter Gastronom GmbH, Hersteller von gewerblichen Spülsystemen für Hotellerie und Gastronomie, das Preismodell Pay-per-Wash an. Bezahlt wird der einzelne Waschvorgang. Ähnlich der Kompressorenhersteller Kaeser (Abrechnung der erzeugten Druckluft pro Kubikmeter) oder der Matratzenanbieter Elite SA im Hotelbereich (Abrechnung nach Anzahl der genutzten Nächte): Der Hotelier hat variable Kosten, je nach Auslastung des Hotels. Ist eine Matratze durchgelegen, wird sie vom Anbieter ausgetauscht. Für den Hotelbesitzer geht der Aufwand, wann er welche Matratze gegen welches neue Modell austauschen soll, gegen null. Für das vermietende Unternehmen stehen folgende Vorteile im Vordergrund: Neben dem Alleinstellungsmerkmal kann eine höhere Marge erzielt werden. Dazu kommt eine bessere und vor allem langfristige Kundenbindung.

Einschätzung: Der Vorteil für den Kunden ist, dass aus einer meist hohen Investition nun flexible Kosten werden. Die Kalkulation wird ihm deutlich vereinfacht und damit auch seine Kaufentscheidung. Dafür ist die Berechnung für ein Start-up eine Herausforderung. Statt einem Einmalpreis aus dem Verkauf muss ein nutzungsabhängiger Preis kalkuliert werden und ihr müsst die zukünftige Nutzung eures Produkts beim Kunden mitberechnen. Zum Beispiel: Wie oft wird ein Waschvorgang vorgenommen (www.winterhalter.com)? Wie ist die zukünftige Auslastung des Hotels, um den Preis für die Nutzung der Matratze (www.elitebeds.ch/de/) festzulegen. Ich bin der festen Überzeugung, dass diesem Modell die Zukunft gehört.

10.1.37 Preismodell Pay-for-Performance

Dieser Ansatz ist ein Vergütungskonzept, auch unter dem Begriff erfolgs- oder qualitätsorientierte Vergütung bekannt. In der Gesundheitsbranche ist Pay-for-Performance, auch wertorientierter Einkauf , ein Zahlungsmodell, das Ärzten, Krankenhäusern, medizinischen Gruppen und anderen Gesundheitsdienstleistern finanzielle Anreize bietet, bestimmte Leistungskennzahlen zu erfüllen.

Einschätzung: Auch dies ist ein (neues) Modell mit Zukunft. Ich kann mir sehr gut vorstellen, dass der Ansatz im Bereich der IT Anwendung finden kann, beispielsweise für Supercomputer. Für Anwender (Unternehmen) wird sich der Erwerb solcher Rechner kaum lohnen, aber sie benötigen für bestimmte Aufgaben den zeitlich begrenzen Zugriff darauf. Das Abrechnungsmodell kann dann die Rechenleistung sein.

10.1.38 Preismodell Pay-what-you-want

Die Hotelkette IBIS hat eine solche Aktion (»Zahlen Sie, was Sie wollen«) gestartet und die Erfahrung gemacht, dass rund zehn Prozent der Kunden gar nicht gezahlt haben, die meisten Gäste aber den Preis entrichteten, den IBIS ohnehin verlangt. Dieses auf den ersten Blick wenig lukrative Modell zur Preisfindung hatte aber einen enormen Werbeeffekt: IBIS wurde bekannter, die Auslastung stieg deutlich und IBIS konnte rund 20 Prozent Neukunden gewinnen. Auch in Gastronomiebetrieben war das Preiskonzept erfolgreich.

Einschätzung: Ich glaube nicht, dass dies ein dauerhaftes Preismodell ist. Kurzfristig mag der durchschnittliche Umsatz pro Kunde ausreichend sein, langfristig werden meiner Meinung nach nur die schlecht zahlenden Kunden dauerhaft bleiben. Das Modell kann aus Marketinggründen allerdings seinen Reiz haben.

10.1.39 Preismodell Name-your-own-Price

Eine interessante Idee finden Hotelgäste auf der Plattform des Start-ups Midnightdeal (www.midnightdeal.com). Urlauber können selbst bestimmen, wie viel sie für eine Nacht im Hotel bezahlen möchten. Mit einem Schieberegler geben sie ein Gebot für ihre Wunschunterkunft ab – wer den Regler nach rechts schiebt, bietet einen höheren Preis, wer ihn nach links bewegt, ist eher auf ein Schnäppchen aus. In aller Regel erfährt der Bieter um Mitternacht, ob das Hotel sein Angebot für die nächste Nacht annimmt. Die Preisspannweite des Schiebereglers legen die Hotels gemeinsam mit dem Start-up fest. Entlang der Spannweite gibt es einen sogenannten Toleranzpreis, den nur das Hotel und Midnightdeal kennen. Liegt das Angebot über diesem Preis, entscheidet ein Algorithmus nach klassischem Prinzip, ob der Bieter sein Angebot erhält: Wenn es fünf Zimmer gibt und sieben Bieter, dann gehen die Zimmer an die fünf Bestbieter und zwei gehen leer aus. Unterhalb des Toleranzpreises entscheidet das Hotel, ob sich eine Buchung zum gebotenen Preis für den Betrieb lohnt. Verschiebt der Nutzer den Regler, zeigen ihm traurige bis freudige Emojis an, wie groß seine Chancen sind, dass der Preisvorschlag akzeptiert wird. Und für diejenigen, die nicht mit dem Preis spielen wollen, gibt es immer auch einen Fixpreis, zu dem die Unterkunft direkt gebucht werden kann. Zielgruppe sind vor allem jüngere Menschen. Während beim Preismodell »Pay-what-you-want« der Kunde im Nachhinein über den Preis entscheidet, trifft der Kunde in diesem Modell im Vorfeld die Entscheidung.

Einschätzung: Ein Preismodell mit eingebautem Gamification-Faktor, gleichzeitig ein Exot unter den Preismodellen. Name-your-own-Price-Angebote werden in Zukunft sicherlich nicht häufig zu finden sein.

10.1.40 Preismodell Gaming-Branche

Die Gaming-Industrie ist in den letzten Jahrzehnten enorm gewachsen. Bessere Internetverbindungen, schnellere Computer und nicht zuletzt der Mobile-Gaming-Markt haben dafür gesorgt, dass Gaming längst keine Nische mehr ist. Da die Produktionskosten für einzelne Spiele inzwischen die 500 – Millionen Dollar-Grenze geknackt haben, so für Loot-Shooter Destiny, ist das richtige Erlösmodell in der Gaming-Branche wichtig.

- **Pay-to-Play:** Das älteste Modell der Gaming-Industrie entstammt einer Lösung aus Zeiten vor dem Internet. Kunden mussten sich die Spiele in Läden kaufen und konnten es dann für immer nutzen. Doch mit der Verbreitung des Internets wurden Onlinespiele immer populärer und damit auch das Abo-Modell. Nutzer kaufen das Spiel weiterhin, zahlen aber auch eine monatliche Rate, um spielen zu können. Dieses Preismodell ist immer noch verbreitet, aber nicht mehr die lukrativste Variante.
- **Free-to-Play/Pay-to-Win:** Inzwischen hat sich Free-to-Play zur beliebtesten Erlösquelle für Entwickler gemausert. Die Idee dahinter ist simpel und clever: Ein Großteil des (Grund-)Spiels wird kostenlos angeboten – also kein Investment für den Kunden und ein einfacher Einstieg. Das Spiel lässt sich einfach herunterladen und kann ohne Investition gestartet werden. Die Entwickler verdienen in der Regel durch das Einblenden von Werbung und/oder den Verkauf von sogenannten Microtransactions (MTX). Bei ihnen handelt es sich um eine Ingame-Währung, um im Spiel verschiedene Boni freizuschalten. Diese reichen von Zeitersparnis bis zum Kauf von Ingame-Skins (alternative Darstellungen und Kleidungsstücke für Charaktere) und starker Gegenstände, die einen sofortigen Fortschritt im Spiel ermöglichen. Für die Entwickler eine super Lösung, in der Gaming-Szene wird dieses Modell allerdings kontrovers diskutiert. Spieler können fehlende Zeit und Fähigkeiten durch den Einsatz von Geld aufholen. Früher war das Pay-to-Win-Prinzip vor allem bei kostenlosen Spielen verbreitet, da Ingame-Käufe für die Entwickler der einzige Kanal zur Finanzierung waren. Mittlerweile setzen jedoch auch Vollpreistitel auf dieses System. Das Prinzip ist offensichtlich: In Pay-to-Win-Spielen kann der Spieler Zeitaufwand durch echtes Geld ersetzen, um den Fortschritt zu beschleunigen.
- **Play-to-Earn:** Das neueste Konzept baut auf Free-to-Play auf, denn auch hier sind viele Spiele zumindest in der Grundvariante kostenlos nutzbar. Einige Anbieter bieten vorab an, dass Spieler sich Ingame-Tokens kaufen. Der Unterschied zwischen Free-to-play und Play-To-Earn-Spielen liegt darin, dass Nutzer sich wertvolle digitale Inhalte erspielen können, meist in Form eines Non-Fungible Tokens (NFT), oder direkt Kryptowährungen erhalten. Wir befinden uns hier also in der Blockchain-Technologie. Die Nutzer können durch verschiedene Aktionen und Ingame-Erfolge unterschiedliche Gegenstände freispielen – von Skins bis hin

zu starken und seltenen Rüstungen oder Waffen gibt es eine Vielzahl von limitierten Items. Dabei wird das rechtliche Eigentum der verschiedenen Gegenstände durch das Erspielen direkt an den jeweiligen Nutzer übertragen, der daraufhin das Item entweder behalten oder verkaufen kann. Je seltener der erspielte Gegenstand ist und je mehr Spieler sich für diese Rarität interessieren, desto höher ist am Ende der Verkaufspreis. Dabei investieren viele Spieler bei einem Einstieg zunächst einmal in den Kauf verschiedener Gegenstände, wodurch die Entwickler Geld verdienen. Der Verkauf von NFTs ist für Spieler erst später im Spiel sinnvoll.

Einschätzung: Die Gaming-Branche ist sicherlich führend bei innovativen Preismodellen, wie der Einsatz von NFTs zeigt. Herauszufinden ist, welchen Ansatz ihr auf eure Geschäftswelt (außerhalb der Gaming-Branche) übertragen könnt.

10.1.41 Preismodell Pay-as-you-go

Als Pay-as-you-go (PAYG) wird ein Bezahlverfahren für Onlinedienstleistungen bezeichnet, bei dem nur das bezahlt wird, was wirklich verbraucht wurde, und zwar genau zu dem Zeitpunkt, also nicht vorher oder nachher. Dieses Finanzierungsmodell wird häufig als Tarifoption für Softwaredienstleistungen oder Software as a Service (SaaS) und ähnliche vertragsungebundene Dienstleistungen angeboten.

Einschätzung: Solche Modelle haben für den Kunden eine sehr niedrige Einstiegshürde. Für Unternehmen hingegen ist die Inanspruchnahme sehr schwer zu planen.

10.1.42 Preismodell Pay-as-you-drive

Ein neues, innovatives Preismodell kommt aus dem Bereich der Autoversicherungen. Pay-as-you-drive ist eine spezielle Autoversicherung, bei der die Prämienhöhe aus der Art und Weise der Fahrzeugnutzung errechnet wird. Die gefahrenen Kilometer sowie die Fahrweise (z. B. Einhaltung von Geschwindigkeitsbegrenzungen) werden im Fahrzeug technisch dokumentiert und zur Auswertung an den Versicherer übermittelt. Eine faire Lösung: Wer anständig fährt, zahlt auch weniger. Allerdings ist dieses Preismodell bei Datenschützern aus naheliegenden Gründen sehr umstritten.

Einschätzung: Dies ist ein faires, technisch nicht sehr aufwendiges Preismodell, das gute Fahrer und jene mit wenig Fahrleistung belohnt. Der Unterschied zu Pay-per-Use-Modellen ist, dass auch die Fahrweise bewertet wird.

10.1.43 Preismodell Target Costing

Dieses Modell wird in der Fachliteratur kaum erwähnt, aber gerade für Start-ups kann es sehr interessant sein. Beim Target Costing geht es um die Frage: Was darf ein Produkt für den Endkunden kosten? Einfach erklärt handelt es sich um eine markt- und kundenorientierte Entwicklung von Produkten. Der Fokus eines Unternehmens liegt auf der Zahlungsbereitschaft der Kunden. Den Betrag, den sie höchstens bezahlen möchten, beeinflusst maßgeblich die maximal erlaubten Kosten (die Zielkosten) eines Produkts. Daraus ergibt sich ein vorgegebenes Budget bzw. ein Kostenrahmen, der nicht überschritten werden darf.

Damit ist gerade diese Herangehensweise sehr interessant für Start-ups, die ein neues, innovatives Produkt entwickeln, das es so auf dem Markt noch nicht gibt, und gleichzeitig ihre Kosten im Zaum halten wollen oder müssen.

Der Kerngedanke von Target Costing ist es, sich bereits im Vorhinein mit den maximalen Kosten zu beschäftigen und möglichst früh im Produktlebenszyklus marktorientiert einzugreifen. Voraussetzung dafür ist eine Marktanalyse, um den idealen wettbewerbsfähigen Marktpreis herauszufinden. Im nächsten Schritt wird mit der retrograden (rückläufigen) Kalkulation festgelegt, wie viel ein Produkt bzw. eine Dienstleistung schlussendlich kosten darf. Diesen ermittelten Betrag nennt man Zielpreis (Target Price). Das Unternehmen zieht vom Preis, den es aus der Marktanalyse erhält, den Gewinn ab, den es mit dem Produkt oder Dienstleistung erreichen will (Target Profit). Damit erhält man die erlaubten Kosten (Allowable Costs). Das Ziel des Unternehmens ist es, sich an diesen Kosten zu orientieren und sie nicht zu überschreiten. Ihr müsst also bereits in der Produktentwicklungsphase versuchten, das Hauptaugenmerk auf die Kosten zu legen. Alle Mitarbeiter erhalten frühzeitig bindende Vorgaben. Je eher diese Zielvorgaben vorliegen, desto besser können sie angestrebt und realisiert werden.

Einschätzung: Das ist ein Preismodell mal andersherum gedacht. Hier sind die Kostenrechner gefragt. Unternehmen, die die Zielsetzung Kostenführerschaft haben, sollten sich ernsthaft mit Target Costing beschäftigen.

10.1.44 Preismodell Eisdiele

Für neue Preismodelle benötigen Gründer Fantasie und Mut. Manchmal lohnt es sich, in anderen Branchen die Augen offenzuhalten. Es ist durchaus erlaubt, einen genialen Ansatz abzuschauen bzw. eine bestehende Idee auf euer Angebot anzupassen. Manches könnt ihr gegebenenfalls auch kopieren. Geht nicht? Dann schaut euch die Preismodelle von Eisdielen an.

Folgende Varianten sollen euch verdeutlichen, dass neue Modelle auch in Branchen zu finden sind, von denen ihr es womöglich nicht gedacht habt.

1. **Normalfall:** Im Normalfall kostet jede Kugel Eis den gleichen Preis, zum Beispiel 1,50 Euro. Zwei Bällchen drei Euro, drei Bällchen 4,50 Euro. Nicht sehr originell, aber das war schon immer so.
2. **Unterschiedliche Eiskugeln:** Wieso sind alle Eiskugeln gleich groß? Ein findiger Eisdielenbesitzer hat das System geändert. Er bietet drei verschiedene Größen an: Mini, Normal und Maxi und das natürlich zu unterschiedlichen Preisen. So kommt er den Wünschen der Kunden entgegen. Wer zum Beispiel mal eine neue Eissorte probieren will, wird wahrscheinlich erst einmal die kleinste Kugel bestellen.
3. **Degressive Preisstaffel:** Der Preis fällt mit jeder weiteren gekauften Eiskugel, also degressiv. Bällchen eins kostet 1,50 Euro, das zweite 1,40 Euro, das dritte 1,30 Euro. Wahrscheinlich wird der Kunde sich eher für ein weiteres Bällchen entscheiden als bei dem herkömmlichen Preismodell.
4. **Kosten pro Becher:** Die Eisdiele bietet nur drei Eisbecher in unterschiedlicher Größe an. Der kleine Becher kostet 2,20 Euro und der Kunde kann höchstens zwei Sorten bestellen. Der mittlere Becher kostet 3,30 Euro und der Kunde kann bis zu drei Sorten wählen. Der dritte, große Becher für 4,40 Euro bietet bis zu vier Sorten. Jeder Becher wird nicht mit einem normalen Eiskugelportionierer gefüllt, sondern mit einer Spachtel. Der Becher wird vollgemacht, aber glattverstrichen. Preisvergleich mit anderen Eisdielen? Nicht möglich!
5. **Nach Gewicht:** Kunden stellen sich das Eis (Softeis) an einer Zapfsäule selbst zusammen und kann es nach Belieben mit frischen Früchten, Saucen, Topics, Schokostreuseln, Marshmallows oder Rumkugeln garnieren. Abgerechnet wird nach Gewicht. Erst beim Wiegen an der Kasse erfährt der Eishungrige den Preis. Preisvergleich? Wieder keine Chance.
6. **Eis plus:** Eine Frage kommt ja immer: Becher oder Hörnchen? Und beides ohne extra Kosten. Eine Eisdiele in Kroatien lässt den Kunden die Wahl, allerdings kostenpflichtig. Wer das Eis in einem Hörnchen will, zahlt eine Kuna. Der Becher wird mit drei Kuna berechnet. Dieser nachhaltige Ansatz ist sicher auch auf viele andere Branchen übertragbar.
7. **Differenzierung:** Bei der Variante Normalfall ist der Preis für die Kugel Eis immer gleich, ob Schokolade, Erdbeere, Vanille oder Mon Cherie. Doch es gibt auch Eisdielen, die je Sorte andere Preise verlangen – sicher davon abhängig, welche Zutaten enthalten sind. Eine aus meiner Sicht logische Variante.

Einschätzung: Ihr seht, dass es allein für Eisverkäufer sieben (!) verschiedene Preismodelle gibt – und das muss noch lange nicht das Ende der Kreativität sein. Überlegt, ob ihr abhängig von Größe, Gewicht, Verpackung und vielen weiteren Kriterien unterschiedliche Preisen verlangen könnt.

10.2 Preismodelle mit Marketingeffekt

Gute Marketer erkennen, dass Marketing kein Kostenfaktor ist, sondern ein Investment.
Seth Godin

Einige Preismodelle oder Aktionen sind für einen starken Aha-Moment gedacht. Damit zieht ihr die Aufmerksamkeit der Kunden – und der Mitbewerber! – auf euch. Dazu braucht ihr zweierlei: eine gute, innovative Idee und eine Portion Selbstvertrauen, neue Marketingwege zu gehen. Je gewagter euer Ansatz, desto mehr müsst ihr auch bereit sein, mit möglicher Kritik und Gegenwind umzugehen. Die folgenden Beispiele sollen euch inspirieren, auch wenn nicht alle erfolgreich waren. Es geht darum, neu und anders zu denken, Perspektiven zu wechseln und den Mainstream zu verlassen.

Das Gewicht entscheidet

Ein sehr origineller Ansatz mit starkem Marketingeffekt kam von der Fluglinie Samoa Airways vor etwa zehn Jahren. Zwei Dinge sollte man zu diesem speziellen Modell wissen:

1. Für Flugzeuge ist das Gewicht der Passagiere und des Gepäcks wichtig. Je höher das Gewicht, desto mehr Treibstoff benötigt der Flieger. Nicht umsonst wird jeder Koffer am Flughafen gewogen. Jedes Kilogramm oberhalb der erlaubten Grenze mehr kostet extra.
2. Die Menschen auf Samoa gehören zu den Nationen, die die höchste Rate an Fettleibigen aufweisen. Laut einer Studie der World Health Organization (WHO) aus dem Jahr 2011 sind 86 Prozent der Bevölkerung von Samoa übergewichtig – sie liegen damit weltweit auf Platz vier. Nur auf den Nachbarinseln Nauru und Tonga sowie den Cookinseln leben noch mehr adipöse Menschen.

Die Idee: Airline-Chef Chris Langton ordnete an, den Flugpreis nach Gewicht zu berechnen. Für den Flug seien schließlich nicht die Sitzplätze, sondern das Gewicht entscheidend und Reisende sollten in dieser wichtigen Angelegenheit erzogen werden. Von diesem innovativen Preismodell der kleinen Airline berichteten Medien in aller Welt. Allerdings war die Idee nicht von Erfolg gekrönt. Samoa Airways beförderte von Juli 2012 bis Juni 2013 lediglich 400 Passagiere und 420 kg Luftfracht. Im Jahr 2015 stellte das Unternehmen den Flugbetrieb wieder ein (https://de.wikipedia.org/wiki/Samoa_Airways).

Pay-per-Beer

In Brasilien hat die Brauerei AmBev, eine Tochter der belgischen Anheuser-Busch Inbev, mit dem Bier Brahma eine neue Geschäftsidee auf den Markt gebracht, die revolutionären E-Commerce mit modernster analoger Technologie kombiniert.

Die Idee: Pay-per-Beer ist ein Tool, das es Pay-per-View-Fußballfans ermöglicht, gleichzeitig mit dem Kauf einer Spielübertragung auch Bier zu bestellen. Alles, was die Kunden tun müssen, sind zwei weitere Klicks mit der Fernbedienung und innerhalb einer Stunde stehen maßgeschneiderte Bierdosen ihres Lieblingsteams vor der Haustür.

BROKERS BIERBÖRSE

In einem Berliner Restaurant gibt es die BROKERS BIERBÖRSE. Die Bierbörse kennt keine festen Preise, zumindest nicht für die große Auswahl von 18 Biersorten der besten deutschen Premiumbiere, die frisch vom Fass ausgeschenkt werden.

Die Idee: Jeden Tag ab 17.00 Uhr geraten die festen Bierpreise in der Berliner Republik ins Wanken. Dann nämlich werden sie dem freien Spiel des Marktes überlassen, Angebot und Nachfrage regeln den Preis wie an der echten Börse. Die Bestellung findet Eingang in den Börsenrechner, der permanent den aktuellen Kurs der einzelnen Biersorten auf Basis der Nachfrage errechnet. Die Kurse können von 1,60 Euro für das 0,3 - l-Glas bis zu einem astronomisch hohen, nach oben vollkommen offenen Preis reichen. Das Angebot der 18 Biersorten sorgt dafür, dass sich die weniger georderten Biere mit günstigen Preisen um die Gunst der Gäste bemühen. Auf Monitoren sehen die Durstigen, wie sich die Bierpreise entwickeln. Die Kunden bezahlen den Preis, der zum Zeitpunkt ihrer Order angezeigt wird. In unregelmäßigen Abständen passieren auch in dem Restaurant Börsencrashs und die Preise sacken plötzlich und unerwartet fast bis ins Bodenlose. Es profitiert derjenige, der die Kurse aufmerksam verfolgt.

Olympia 2012

Zwei innovative Ideen auf einmal hatten die Macher der olympischen Spiele in London 2012. Es gab eine Vielzahl von Tickets für verschiedene Veranstaltungen.

Die Ideen:

- Der günstigste Ticketpreis betrug 20,12 Pfund, der teuerste 2.012 Pfund. Es wurde jeweils die Jahreszahl als Wiedererkennung im Preis eingebunden.
- Eine weitere Idee war das Preissystem für Jugendliche. Pay-your-Age bedeutete, dass das Alter der Jugendlichen gleichzeitig der Ticketpreis war. Ein Sechsjähriger hat sechs Pfund bezahlt, ein Elfjähriger elf Pfund. Bei Senioren über 60 Jahren verzichtete man auf das genaue Alter und setzte einen Fixpreis an.

Das Organisationsteam der Spiele von London hatte mit seinen Ideen großen Erfolg. Die Einnahmen betrugen 660 Millionen Pfund und damit mehr als bei den vorangegangenen olympischen Spielen in Peking, Athen und Sydney zusammen.

Emotionaler Preis

Die Brauerei Krombacher wollte sich vor einigen Jahren von den Mitbewerbern absetzen, die alle mehr oder weniger sinnlose Werbegeschenke zu den Bierkästen hinzugaben.

Abb. 15: Emotionaler Preis am Beispiel Krombacher

Die Idee: 1 Kasten = 1 m² (Regenwald) – oder wie es damals so schön hieß: »Saufen für den Regenwald.« Krombacher entschied sich, den Verkauf der Kästen an Spenden für den Erhalt des Regenwalds zu knüpfen. Der Fall ging sogar bis vor den Bundesgerichtshof. Verbände klagten wegen irreführender Werbung. Der Verbraucher glaube, durch den Kauf eines Kastens werde automatisch ein Quadratmeter Regenwald geschützt. Tatsächlich stelle Krombacher der Naturschutzorganisation World Wildlife Fund (WWF) lediglich das dafür notwendige Geld zur Verfügung. Die Richter gaben Krombacher schließlich recht, die Aktion konnte als Erfolg gewertet werden. Bis heute ist die Werbeaktion mit dem Moderator Günther Jauch vielen in Erinnerung und laut Angabe der Brauerei wurden 97 Millionen Quadratmeter Regenwald geschützt. (https://nachhaltigkeit.krombacher.de/regenwald, Abruf 15.04.2022)

Emotional Pricing im Fußball

Schalke 04, BVB 09 oder 1860 München: Das Gründungsjahr spielt eine große Rolle bei der Fankultur und wird deswegen von den Vereinen als identitätsgebendes Element in der Markenführung genutzt. Häufig gehören auch ein Maskottchen oder die Vereinsfarben zum Markenkonzept: eine optimale Basis für Emotional Pricing.

Beim Emotional Pricing werden Zahlen, die durch die Marke positiv aufgeladen sind, auch für die Preisbildung genutzt. Solange die sich ergebenden Preise für Tickets oder Fanartikel einigermaßen im Rahmen (der Zahlungsbereitschaft) liegen, sind sie damit für echte Fans ein Muss.

Die meisten Erstligavereine wurden zwischen 1880 und 1950 gegründet. Es liegt also nahe, Produkte im Bereich von 20 Euro mit emotionalen Preisen auszuzeichnen: sei es das Clubkonzert beim 1. FC Köln für 19,48 Euro, der Zugang zum Schalke-TV für 19,04 Euro jährlich oder der Standardgutschein für den BVB-Fanshop im Wert von 19,09 Euro. Gemessen an den üblichen Maßstäben für Preisoptik sind das No-Gos – dem Fanherz wird ein Protest gegen diese Preise jedoch außerordentlich schwerfallen. Emotional Pricing schlägt also die herkömmlichen Preisregeln.

Ein weiterer emotionaler Preis, den viele Vereine bilden, ist der für die lebenslange Mitgliedschaft. Wieder wird das Gründungsjahr für die Preissetzung genutzt, diesmal ohne Komma. Der Preis beim BVB beträgt 1.909 Euro, beim 1.FC Köln 1.948 Euro. Emotional Pricing passt sehr gut in den Kontext der Markenführung, da es das Thema »ewige Treue« aufgreift. Die Vorteile liegen auf der Hand (oder im Herzen). Eine positiv aufgeladene Zahl steuert damit die positive Wahrnehmung des Preises und kann bei hochpreisigeren Angeboten helfen zu vermeiden, dass man als gierig wahrgenommen wird.

Das Computerspiel-Vermarktungs-Preismodell
Ein spannendes Preismodell hat sich die Computerspiele-Plattform Humble Bundle (bescheidene Bündel) ausgedacht. Bei den Bundles werden mehrere, gewöhnlich englischsprachige Spiele zu einer kleinen Sammlung gebündelt, welche zu einem vom Käufer festgelegten Preis erworben werden kann.

Die Idee ist, dass der Käufer den Preis für die angebotene Spielesammlung selbst bestimmen kann (Pay-what-you-want). Damit der Käufer eine gewisse Orientierung hat, erhält er bestimmte Informationen zum Bundle wie die bisherigen Verkaufszahlen und Einnahmen. Der begrenzte Angebotszeitrahmen, typischerweise eine oder zwei Wochen, wird als Event zelebriert.

Und dann bringt Humble Bundle noch einen weiteren Aspekt mit ins Spiel. Der Käufer kann einen festgelegten Anteil der Einnahmen an eine gemeinnützige Organisation spenden. Den selbstgewählten Betrag kann der Käufer frei zwischen den Spieleentwicklern, den gemeinnützigen Organisationen und dem Organisator Humble Bundle Inc. (für Bandbreite, Organisation, Promotion etc.) verteilen.

Aber damit nicht genug: Humble Bundle hat das Preismodell erweitert, um die Einnahmen pro Bestellung zu erhöhen. Kunden können den Preis selbst bestimmen. Wenn der Käufer einen Preis über dem Durchschnitt der anderen Käufer zahlt, erhält er ein oder mehrere zusätzliche Spiele. Das Modell nennt sich Beat the Average: Mit jedem Käufer, der den Durchschnitt schlägt, also mehr bezahlt, steigt der allgemeine Durchschnittspreis. Inzwischen wurde das Preismodell von Humble Bundle von anderen Anbietern aus der Branche kopiert und teilweise weiterentwickelt.

Pay-per-Laugh: Du zahlst, wenn du lachst
Die Zahlungsbereitschaft vieler Kunden gerade im Kultur- und Showbereich hat sich verändert. Vor allem kleinere Schauspielhäuser kämpfen mit einem Rückgang der Zuschauerzahlen, da Kunden nicht mehr bereit sind, im Vorfeld viel Geld für den Eintritt zu zahlen. Das in Barcelona beheimatete Comedy-Theater Teatreneu hatte daher einen neuen Weg eingeschlagen. Die Zuschauer sollten nur bezahlen, wenn es ihnen offensichtlich gefallen hat. Der Eintritt für die Veranstaltung war frei, allerdings zählte eine eigens entwickelte Gesichtserkennungssoftware jedes Lächeln und Lachen der Zuschauer. Am Ende der Show wurde abgerechnet. Das Resultat: Die durchschnittliche Zuschauerzahl der Veranstaltungen legte um über 30 Prozent zu und auch auf der Einnahmeseite machte sich diese innovative Lösung bemerkbar: Für jedes Lachen berechnete die Computersoftware den Besuchern 30 Cent, nach oben war der Preis mit maximal 24 Euro gedeckelt. Insgesamt stellte sich heraus, dass auf diesem Weg satte sechs Euro mehr

pro Besucher eingenommen wurden als mit klassischen Ticketverkäufen, was in der Summe bei jeder Aufführung zusätzliche Einnahmen von 28.000 Euro bedeutete (www.trendsderzukunft.de/pay-per-laugh-du-zahlst-wenn-du-lachst, Abruf 27.04.2022)

10.3 Preismodelle für Software

Es ist unklug, zu viel zu bezahlen, aber es ist noch schlechter, zu wenig zu bezahlen. Wenn Sie zu viel bezahlen, verlieren Sie etwas Geld, das ist alles. Wenn Sie dagegen zu wenig bezahlen, verlieren Sie manchmal alles, da der gekaufte Gegenstand die ihm zugedachte Aufgabe nicht erfüllen kann. Das Gesetz der Wirtschaft verbietet es, für wenig Geld viel Ware zu erhalten. Nehmen Sie das niedrigste Angebot an, müssen Sie das Risiko, das Sie eingehen, hinzurechnen. Und wenn Sie das tun, dann haben Sie auch genug Geld, um für etwas Besseres zu bezahlen.

John Ruskin (1819 – 1900), englischer Sozialreformer

Viele meiner Kunden kommen aus dem Bereich der Software. Das ist auch nur logisch, da ich ausschließlich Start-ups berate, von denen viele ein digitales Geschäftsmodell oder eine Software anbieten. Einige dieser Unternehmen haben Lösungen für Nischen entwickelt, die der ›normale‹ Verbraucher kaum kennt. Beispielsweise geht es um die Optimierung von Hochregellagern oder um eine Software zur schnelleren Produktion von Mikrochips. Da diese Märkte sich von anderen deutlich abheben, habe ich dem Thema ein eigenes Kapitel eingeräumt.

- In diesen Märkten gibt es kaum eine Preistransparenz. Da bedeutet, ihr werdet kaum in Erfahrung bringen, zu welchen Preisen eure Mitbewerber ihre Lösung anbieten.
- Meist unterscheiden sich die Lösungen in Nischen sehr deutlich voneinander. Ein tatsächlicher Vergleich der Software ist für den Kunden kaum möglich.
- Auch in diesen Märkten haben Kunden nicht den Überblick über alle Anbieter. Mit der Anschaffung einer speziellen Software beschäftigt sich der Verantwortliche im Unternehmen nur etwa alle fünf Jahre.
- Der Vorteil für Start-ups: Ihr könnt mit den Preisen und den Preismodellen experimentieren. So könnt ihr bei Kunde A das Preismodell Flatrate (Kapitel 9.1.14) ansetzen und bei Kunde B das Preismodell Nutzeranzahl. Es ist höchst unwahrscheinlich, dass sich zwei Mitbewerber über ihren Einkauf unterhalten und untereinander wertvolle Tipps geben.

Folgende Preismodelle möchte ich in dieser besonderen Marktsituation empfehlen:

Preis nach Nutzung (Pay-per-Use)
Je mehr der Kunde nutzt, desto mehr zahlt er. Das ist ein ideales Modell für Kunden, die Software nur auf Projektbasis einsetzen möchten, also nicht regelmäßig, und sie

somit jedes Projekt mit variablen Kosten kalkulieren können. Für euch als Start-up ist es zwar nicht ideal, da ihr keine Einnahmen planen könnt. Ihr habt keinen Einfluss darauf, ob und wann der Kunde ein Projekt mit eurer Software abwickelt. Ein Vorteil liegt hingegen darin, dass die Hürde, euer Angebot auszuprobieren, für den Kunden sehr gering ist. Er kann die Software bei einem Projekt testen und wenn sie sich bewährt, wird er sie voraussichtlich erneut nutzen.

Preis nach Nutzung, aber mit Grundpreis

Es ist vom Prinzip das gleiche Modell wie Pay-per-Use. Der Unterschied: Es gibt einen fixen Grundpreis, der euch regelmäßige Einnahmen sichert. Sobald der Kunde die Software nutzt, wird eine weitere, allerdings niedrigere Gebühr fällig. Ab einer gewissen Anzahl von Projekten in einem Jahr ist diese Lösung für den Kunden günstiger als der Preis nach Nutzung.

Preis nach Nutzeranzahl

Die Höhe des Preises richtet sich nach der Anzahl der Softwarenutzer im Kundenunternehmen. Dieses Modell muss eure Software technisch abbilden können. Bei dem Preismodell gibt es zwei Varianten.

- **Preis pro Nutzer**. Ein sehr faires Modell, das eine genaue Abrechnung gewährleistet.
- **Staffel**: In dieser Variante ist eine Staffel eingebaut, zum Beispiel Paket 1 »bis 10 Nutzer«, Paket 2 »bis 20 Nutzer« und so weiter. Das hat für euch als Anbieter den Vorteil, dass Kunden mit zum Beispiel elf Nutzern direkt in die nächste Staffel springen. Sie zahlen also nicht für elf Nutzer, sondern für »bis 20 Nutzer«. Überspringt ein Kunde eine Schwelle, zum Beispiel mehr als zehn Nutzer, macht sich das deutlich in eurer Kasse bemerkbar.

Flatrate

Der Kunde zahlt einen festen Preis (meist monatlich) und kann die Software so oft nutzen, wie er will. Eventuell solltet ihr über eine Variante nachdenken, den Preis abhängig von der Unternehmensgröße des Kunden zu wählen. Der Vorteil einer Flatrate liegt darin, dass der Kunde eure Lösung sehr oft verwendet und diese dann in seinen betrieblichen Ablauf integriert.

Paketpreise

Bei diesem Ansatz gibt es unterschiedliche Paketoptionen, die sich in der Zusammenstellung der enthaltenen Features und hinsichtlich des Preises unterscheiden. Häufig werden drei Pakete angeboten. So gibt es Microsoft Office 365 für Firmen als Business, Business Premium und Business Premium Essentials und für Privatpersonen als Home, Personal oder Home & Student. Eurer Kreativität könnt ihr auch hier freien Lauf lassen, solange sie auf einem betriebswirtschaftlich soliden Fundament beruht.

Preis pro Feature

Nutzer können sich ihr individuelles Paket aus angebotenen Features zusammenstellen und zahlen am Ende die Summe der Einzelpreise aller ausgewählten Funktionen.

Freemium

Möglicherweise auch ein interessantes Preismodell für euch als Gründer: Ihr bietet eine kostenfreie, reduzierte Version an. Der Kunde kann bereits mit der Software arbeiten, hat aber nicht den vollen Funktionsumfang. Möchte er alle Features nutzen, zahlt er entsprechend mehr. Dann könnt ihr eines der oben genannten Preismodelle verwenden. Nun werdet ihr vielleicht einwenden, dass Freemium kein Preismodell im eigentlichen Sinn ist. Das ist richtig, allerdings stelle ich in meinen Workshops immer wieder fest, dass Freemium häufig mit einer Testversion verwechselt wird. Eine beispielsweise 30-Tage-Testversion bedeutet, dass der Kunde eben diese 30 Tage auf die volle Version zugreifen kann. Der Unterschied wirkt auf den ersten Blick nicht so groß, das ist aber falsch. Einer Testversion gehen im Normalfall einige Gespräche mit dem Kunden voraus. Die Software wurde präsentiert, die Preisverhandlungen sind zu diesem Zeitpunkt bereits abgeschlossen. Die 30 Testtage sollen dem Kunden einfach nur eine gewisse Sicherheit geben. Dagegen kann beim Freemium-Modell jeder mit der Software arbeiten, wenn er sich vorher registriert hat. Das hat den Vorteil, dass mehr potenzielle Kunden die Software testen. Die Aufgabe des Vertriebs ist es dann, diese Testkunden in zahlende Kunden zu konvertieren.

Zusatzoptionen

Vergesst in diesem Markt nicht die Zusatzoptionen. Hier könnt ihr noch einmal richtig viel Umsatz machen. Einige Beispiele:

- **Cloud-Lösung auf eigenem Server.** Vor allem große Unternehmen haben häufig Sicherheitsbedenken, sensible Daten zu Kunden, Innovationen und neuen Produkten in eine öffentliche Cloud zu stellen. In diesem Fall ist es ihnen einiges wert, dass die Lösung auf einem eigenen Server gehostet wird. Für euch bedeutet das mehr Arbeit, die ihr aber entsprechend bepreisen könnt.
- **Premium-Support.** Für große Unternehmen ist der reibungslose und fehlerfreie Produktionsablauf wichtig. Viele Kunden sind aus diesem Grund bereit, für einen Vier-Stunden-Premium-Support, also ein besonderer Status bei Support-Anfragen, welche an Werktagen innerhalb von vier Stunden beantwortet werden, mehr zu zahlen. Wenn ich dieses Thema bei Gründern anspreche, höre ich häufig, dass man diese Leistung nicht garantieren kann. Ihr werdet überrascht sein, wie selten dieser Service genutzt wird. Und es sollte euch motivieren, eure Software sukzessive zu optimieren, sodass eure Hilfe nur selten in Anspruch genommen werden muss.
- **Schulungen.** Was nützt mir als Unternehmer die beste Software, wenn meine Mitarbeiter diese nur unzureichend beherrschen? Bietet daher Nutzerschulungen

bereits bei den ersten Verkaufsgesprächen an. Sie stellen für euch eine laufende Einnahmequelle auch aufgrund von Mitarbeiterfluktuation und neuen Features eures Produktes dar und stärken die Kundenbindung.

- **Individuelle Anpassungen.** Je intensiver und überzeugender ihr eure Kunden beratet, desto eher werden sie die Notwendigkeit auf sie zugeschnittener Anpassungen verstehen und dafür zahlen.

Leasing der Software

Kundenindividuelle Lösungen können bedeuten, dass ihr mit mehreren Entwicklern mehrere Monate an einem Projekt arbeiten müsst, ihr also in die Vorfinanzierung geht. Nun müsst ihr dem Kunden aber ein Angebot über einen Einmalbetrag, zum Beispiel 48.000 Euro, machen, denn nur so sichert ihr die Liquidität eures Start-ups. Ist der Kunde nicht bereit, diesen Preis zu zahlen, gibt es eine charmante Lösung: Auch Leasinggesellschaften sind auf der Suche nach neuen Geschäftsmodellen und finanzieren individuell geschriebene Software. Ihr könnt eurem Auftraggeber also seine Software für einen Leasingbetrag von monatlich 1.000 Euro anbieten. Das ist für euren Kunden eine ganz andere Kalkulationsgrundlage. Wenn der Deal funktioniert, zahlt euch die Leasinggesellschaft den vollen Betrag von 48.000 Euro und kassiert monatlich die 1.000 Euro von eurem Kunden.

Ein paar Hinweise möchte ich ergänzen:

- Ja, die Rechnung ist nicht ganz richtig. Natürlich verlangt die Leasinggesellschaft auch eine Gebühr. Der monatliche Preis wird also etwas höher ausfallen. Dagegen müsst ihr rechnen, dass der Kunde einen Zinsvorteil hat, denn ohne Leasing müsste er 48.000 Euro auf einen Schlag zahlen.
- Die Leasinggesellschaft prüft den Kunden und seine Bilanzen sehr genau, denn schließlich muss der Kunde für mehrere Jahre liquide sein, um die monatlichen Raten aufzubringen.
- Dieses Zahlungsmodell ist für einen guten Vertriebler ideal. Zum einem kann er dem Kunden noch etwas mehr Umsatz entlocken: »Wenn Sie monatlich 200 Euro drauflegen, profitieren Sie von den attraktiven Features X und Y.« Rein rechnerisch wäre das ein zusätzlicher Umsatz von 9.600 Euro in vier Jahren. Zum anderen läuft nach vier Jahren die Zahlung beim Kunden aus. Er hat sich aber an die monatliche Rate gewöhnt und ihr könnt ihm eine neue Lösung oder ein erweitertes Paket anbieten.
- Wenn das Modell für euch interessant ist oder ihr es nicht einschätzen könnt, fragt bei Leasinggesellschaften an und lasst euch beraten.

Einschätzung: Softwareanbieter können auf eine Vielzahl von kreativen und attraktiven Preismodellen zugreifen. Welches das optimale ist und welches die Kunden akzeptieren, muss allerdings die Realität zeigen.

10.4 Abo-Modelle

Abos geben Marken die Macht über die Preise zurück.
Kai-Markus Müller, Psychologe und Neurowissenschaftler

Das Abo-Modell ist vergleichbar mit dem Mietmodell. Der Kunde erhält regelmäßig eine Lieferung, er muss sich also um nichts kümmern. Ein prominentes Beispiel bietet das US-amerikanische Unternehmen Dollar Shave Club.

Abb. 16: Abo-Modell am Beispiel Dollar Shave Club

Die Gründer des Dollar Shave Club erkannten ein Problem von Männern, den lästigen Kauf von Rasierklingen, und dachten sich 2012 einen Lieferdienst für Rasurprodukte auf Abo-Basis aus. Das Unternehmen wuchs schnell – 2016 wurden 3,2 Millionen Mitglieder verzeichnet – und erweiterte sein Sortiment an Körperpflegeprodukten um Duschgels, Handcremes, Haarpomaden und Reisesets.

Die Idee: Kunden registrieren sich als Mitglied auf der Internetseite des Dollar Shave Club. Dann wählen sie den gewünschten Rasierer aus und erhalten ab sofort jeden Monat automatisch Ersatzklingen. Starter-Sets wie Rasierer und eine Reihe täglicher Essential-Produkte sind ab fünf US-Dollar (etwa 4,20 EUR) erhältlich. Und hier sieht man den großen Vorteil des Systems: Hersteller wie Gillette und Wilkinson kennen ihre Kunden tendenziell nicht, da diese anonym im Laden kaufen. Der Dollar Shave Club erhält dagegen wertvolle Kundeninformationen über die Onlineplattform, kann zielgerichtet neue Produkte anbieten und die Kundenbindung erhöhen. 2016 hat der niederländisch-britische Konsumgüterkonzern Unilever die Firma Dollar Shave Club für eine Milliarde US-Dollar (etwa 850 Millionen EUR) erworben.

Auch der weltgrößte Sportartikelkonzern Nike hat 2019 mit dem Nike Adventure Club ein Abo-Modell auf den Markt gebracht, allerdings erst einmal nur für die Vereinigten Staaten. Dort können Eltern für ihre zwei- bis zehnjährigen Kinder Sneaker im Abo bestellen: Je nach Vertragsmodell werden vier-, sechs- oder zwölfmal im Jahr die neuesten Nike- oder Converse-Sneaker für die Kleinen in personalisierten Schuhkartons und einem Adventure Kit mit Ausmalbildern, Spielideen und Vorschlägen für Outdoor-Aktivitäten geliefert.

Weitere interessante Beispiele sind blacksocks.com (Abo für schwarze Socken), dailybread.eu (Comfort-Abo für Männerunterwäsche) und glossybox.de (Beautybox für Kosmetik und Make-up). Abo-Modelle passen grundsätzliche auf alles, was Menschen regelmäßig nutzen oder (ver)brauchen: das Auto, Reinigungsmittel, TV-Serien. Es ist abzusehen, dass Abo-Modelle den klassischen Kauf ablösen werden. So bieten auch immer mehr Autohersteller gegen eine monatliche Gebühr an, ein oder mehrere Autos zu fahren – ohne weitere Kosten für Wartung und Reparaturen. Auch Versicherung und Kfz-Steuer sind im Auto-Abo abgedeckt. Wer zu diesem Thema mehr erfahren will, dem empfehle ich das Buch »Das Abo-Zeitalter« von Tien Tzuo aus dem PLASSEN Verlag.

Einschätzung: Das Abo-Modell halte ich für eines der unterschätzten Preismodelle. Für viele Produkte, die regelmäßig benötigt und verbraucht werden, ist es eine sehr attraktive Variante. Ich erwarte in den nächsten Jahren eine Vielzahl von neuen Abo-Start-ups.

10.5 Preisbaukasten

Vieles ist technisch machbar, aber ein Produkt wird nur dann einen Markt finden, wenn auch sein Preis vertretbar ist.
Robert N. Noyce (*1927), US-amerik. Industrieller,
Mitgründer Fairchild Semiconductor und Intel

Mit einem Preisbaukasten haben Kunden die Möglichkeit, selbst zu wählen, welche Bestandteile sie benötigen. Idee und Ziel ist es, Zusatzleistungen zu verkaufen, die eigentlich nicht zum Hauptprodukt gehören. Je umfangreicher das Leistungsangebot eines Unternehmens, desto einfacher ist es, einen Preisbaukasten zu entwickeln. Grundlage ist dabei die Aufteilung zwischen einem fixen und einem oder mehreren variablen Preisbestandteilen. Im Endeffekt unterstützt er die Individualisierung des Angebots, da der Kunde nur für jene Leistungen zahlt, die er tatsächlich wünscht.

Einige Unternehmen waren in diesem Bereich bereits vor Jahren sehr innovativ: Die »Nebenkosten« wurden deutlich höher bepreist als das eigentliche Produkt. Auch hier dient die Billigfluggesellschaft Ryanair als gutes Beispiel.

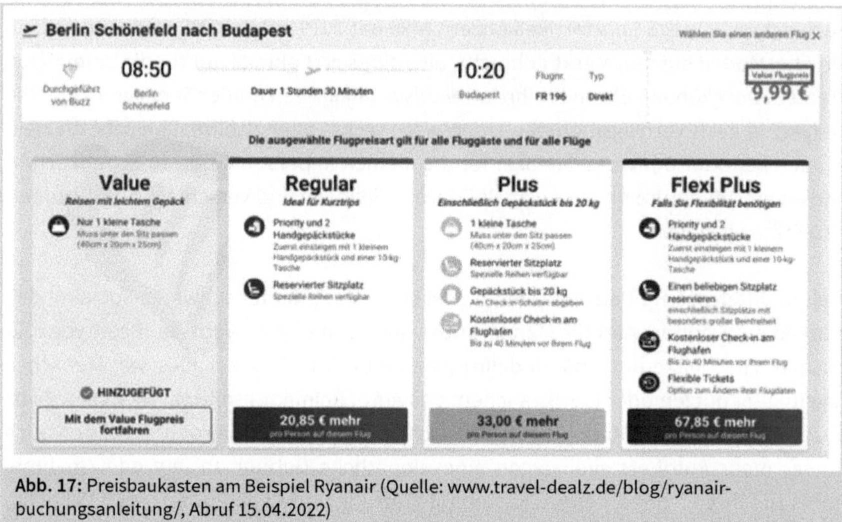

Abb. 17: Preisbaukasten am Beispiel Ryanair (Quelle: www.travel-dealz.de/blog/ryanair-buchungsanleitung/, Abruf 15.04.2022)

Baukastenelemente von Ryanair, die bei der Buchung abgefragt bzw. angeboten werden:

- Tarife: Während der Flug nur 9,99 Euro kostet, können die Nebenleistungen bis 67,85 Euro zusätzlich ausmachen (siehe Abb. 18),
- Premium-Sitzplatz: vordere Sitze oder am Notausgang mit mehr Beinfreiheit: bis 28 Euro,
- Fast-Track-Sicherheitskontrolle: schneller durch die Kontrolle plus fünf Euro,
- zweites Handgepäck: je nach Strecke zwischen sechs und zwölf Euro,
- Aufgabegepäck: zwischen 15 und 25 Euro. Wenn erst am Flughafen gebucht wird, kostet es 40 Euro und mehr,
- Extraausrüstung: Sportausrüstung ab 30 Euro, Musikinstrumente ab 50 Euro und Babyausstattung 15 Euro,
- Reiseversicherung ab 14,98 Euro,
- Flugdetails per SMS: 2,99 Euro,
- CO_2 – Kompensation: zwei Euro.

Funktioniert das System Ryanair? Ein klares Ja! Im ersten Geschäftshalbjahr 2021 erzielte das Unternehmen einen Ticketumsatz von knapp 33 Euro. Mehr als 22,50 Euro hat jeder Fluggast für weitere Dienstleistungen zusätzlich ausgegeben (Quelle: Handelsblatt vom 02.11.2021, S. 25). Das bedeutet, dass Ryanair im Schnitt mit jedem Kunden einen Umsatz von 55,50 Euro erwirtschaftet. 59,5 Prozent (33 Euro) entfallen auf die Hauptleistung, also den Transport von A nach B. 40,5 Prozent des Umsatzes (!) erzielt der irische Billigflieger mit den beschriebenen Zusatzleistungen. Dieses Modell finden Kunden auch häufig bei Telekommunikationsanbietern. Zum Normaltarif können weitere Optionen wie die MagentaEINS-Zweitkarte dazu gebucht werden (www.telekom.de/magenta-eins)

Einschätzung: Der Preisbaukasten setzt auf das Preismodell No Frills (Kapitel 9.1.28) auf. Das Grundbedürfnis wird gedeckt, alle weiteren Dienstleistungen kann der Kunde aus dem Baukasten auswählen. Dieses Modell passt für Unternehmen, die Leistungen oder Produkte individuell auf den Kunden zuschneiden können.

10.6 Preisdifferenzierung

Der prozentuale Unterschied im Nutzen sollte mindestens doppelt so groß sein wie der prozentuale Unterschied im Preis.
Prof. Dr. Hermann Simon

Stellt euch vor, ihr müsst zu einem geschäftlichen Termin fliegen. Leider verzögert sich der Abflug und ihr bekommt Durst. Also geht ihr in einen Shop, kauft Wasser – und der Preis haut euch um. Bereits in den Restaurants und Kiosken in den frei zugänglichen Bereichen vieler Flughäfen sind Lebensmittel deutlich teurer als im heimischen Supermarkt. Gleich hinter den Sicherheitsschleusen auf der sogenannten Luftseite wartet der nächste deftige Aufschlag, selbst normales Trinkwasser wird zu einer Investition. Was euch in diesem Fall begegnet, nennt man Preisdifferenzierung. Wichtigste Voraussetzung hierfür ist, dass neben dem Preis mindestens ein weiterer Parameter verändert werden muss, damit sich darüber ebenfalls mindestens zwei unterschiedliche Kundensegmente definieren und ansprechen lassen.

Parameter der Preisdifferenzierung

- **Mengenbezogen:** Es werden unterschiedliche Mengenbündel angeboten.
  Beispiel: große und kleine Packungen bei Lebensmitteln
- **Kundenbezogen:** Preise hängen vom Kundenstatus ab.
  Beispiele: Sonderpreis für Neukunden, Treueprämien für Vielflieger oder Preise für Studenten oder Rentner
- **Vertriebsbezogen:** Preise unterscheiden sich bezüglich des vom Kunden gewählten Vertriebswegs.
  Beispiel: Kleidung im Onlineshop, im Fachhandel oder im Factory-Outlet
- **Räumlich:** Preise unterscheiden sich nach dem Ort, an dem der Kunde sich befindet.
  Beispiele: Benzinpreis in der Stadt und auf dem Land, Lebensmittel in Deutschland oder der Schweiz
- **Zeitlich:** Preise werden in Abhängigkeit vom Kaufzeitpunkt festgelegt.
  Beispiele: Mittagsmenü im Restaurant, Kino am Montag, günstiger Preis für Frühbücher oder Last-Minute-Angebote

- **Leistungsbezogen**: Es gibt Produkt- und Leistungsvarianten.
  Beispiele: Bahntickets der 1. und 2. Klasse, Laptop mit unterschiedlicher Speicherkapazität, Autos mit einer unterschiedlichen Motorisierung
  Die leistungsbezogenen Preisdifferenzierung entspricht nicht der engen Definition des Begriffs, da es sich nicht um wirklich identische Produkte handelt. Allerdings ist die Preisdifferenzierung über einfache Produktvarianten oft sehr wirkungsvoll. Aus diesem Grund solltet ihr als Gründer diesen Ansatz in Betracht ziehen, da sich damit eine weitere Möglichkeit ergeben kann, Gewinnpotenziale durch einfache Preis- und Produktvarianten abzuschöpfen.

Voraussetzungen für Preisdifferenzierung
Es sind einige Bedingungen zu erfüllen, damit die Preisdifferenzierung funktioniert und nicht alle Kunden aus den unterschiedlichen Kundensegmenten zum Produkt mit dem niedrigsten Preis greifen. Sprich: Ihr braucht Gründe dafür, dass es (mindestens) zwei Varianten mit unterschiedlichen Preisen gibt und diese Gründe müsst ihr kommunizieren. Dazu möchte ich zwei grundlegende Szenarien beschreiben:

Szenario 1: Der Kunde sieht beide Varianten und wählt eine. Ein Beispiel ist der Einkauf von Lebensmitteln. Da er nicht so viel verbraucht, kauft er die kleine, vergleichsweise teure Packung. Oder der Kunde benötigt eine Beratung und kauft den Laptop im Fachhandel, statt ihn online zu bestellen.

Szenario 2: Der Kunde kann durch die aktuelle Situation, in der er sich gerade befindet, nur eine Preisvariante auswählen. Es gibt den Frühbucherrabatt nur an bestimmten Tagen, Happy Hour nur zu bestimmten Uhrzeiten und nur am Montag und Donnerstag ist der Kinotag. Wer also zu spät kommt, zahlt den Normalpreis.

Bevor ihr euch für die Preisdifferenzierung entscheidet, macht euch Gedanken über die Zielsetzung. Was und wen wollt ihr mit welcher Variante erreichen? Denn es sollte nicht passieren, dass nur eine Verlagerung des Umsatzes stattgefunden hat und ihr anschließend weniger Geld in der Kasse habt. Das wäre zum Beispiel der Fall, wenn ihr am Montag und Dienstag den Kinotag zu vergünstigten Preisen anbietet und an diesen Tagen ist das Kino randvoll, an den übrigen Tagen leer. Das würde bedeuten, dass Kunden ihren Kinobesuch von anderen Wochentagen auf den Montag oder Dienstag verlegt haben.

Einschätzung: Die Preisdifferenzierung ist ein bereits häufig eingesetztes Preismodell. Auch für Gründer sehe ich hier Umsatzpotenzial. Arbeitet die genannten Parameter durch. Da ist für viele Start-ups etwas dabei.

10.7 Preise im Ausland

Preise signalisieren Werte. Das gilt oben wie unten.
Prof. Dr. Hermann Simon

Einer meiner Kunden hatte eine besondere Herausforderung: eine Softwarelösung, die weltweit vertrieben werden sollte. Doch welchen Preis legt man für Malaysia fest und welchen für Polen, Südafrika, Chile oder Neuseeland? Das Problem ist, dass die Einkommen und das Bruttosozialprodukt in den Ländern höchst unterschiedlich sind. Kostet die Software in Deutschland zum Beispiel 100 Euro und ist somit meist nur ein Bruchteil des Gehalts, kann das in anderen Ländern ein halber Monatslohn sein. Wir haben in dem Fall den Big-Mac-Index zu Rate gezogen: »Der Big-Mac-Index ist [nur] ein sehr grober Indikator, der die Kaufkraft verschiedener Währungen anhand der Preise für einen Big Mac in verschiedenen Ländern vergleicht. Er wurde 1986 von der britischen Wochenzeitung The Economist erfunden, um einen leicht verständlichen Währungsvergleich auf Basis von Kaufkraftparitäten zu ermöglichen und Über- und Unterbewertungen einzelner Währungen zu zeigen.« (Quelle: https://de.wikipedia.org/wiki/Big-Mac-Index, Abruf 15.04.2022). Mit dem Big-Mac-Index gibt es eine einfache, schnelle und transparente Lösung, um ein Gefühl für das Preisniveau in anderen Ländern zu erhalten. Auch wenn er als sehr grob anzusehen ist, führt selbst der Informationsdienst des Instituts der deutschen Wirtschaft ihn auf. So ist der Burger in der Schweiz 2021 mit 7,29 Dollar am teuersten (siehe Abb. 19) und mit 1,77 Dollar im Libanon am billigsten.

Einschätzung: Der Big-Mac-Index soll eine Hilfsgröße sein, um die Kaufkraft im Ausland abzuschätzen. Er kann euch eine erste Orientierung geben, wie sehr die Preise in unterschiedlichen Ländern auseinanderliegen.

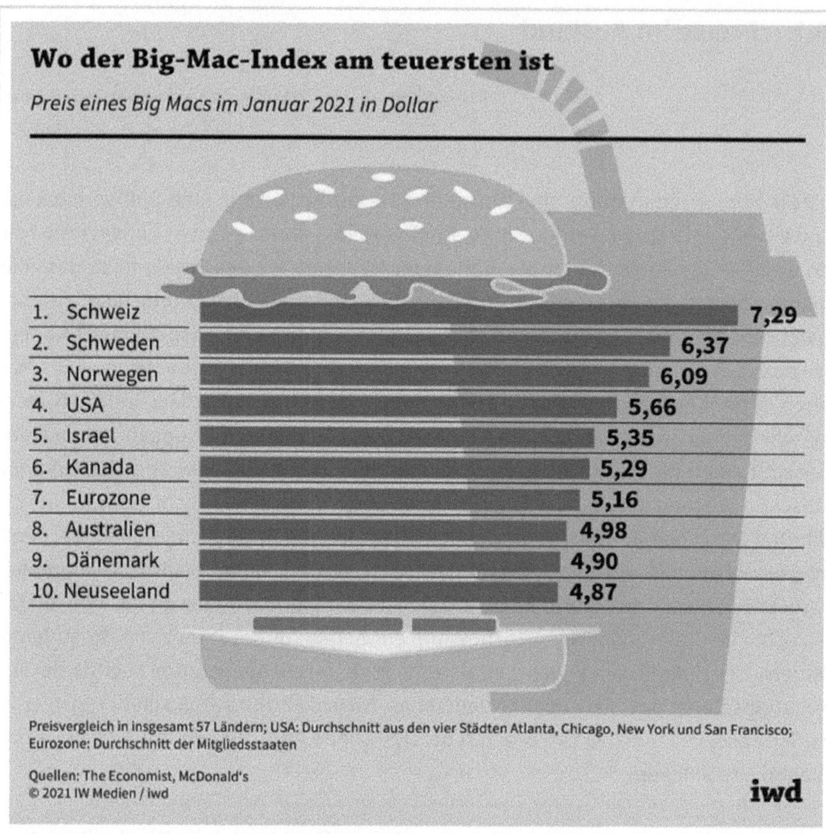

Abb. 18: Preise im Ausland – Der Big-Mac-Index (Quelle: https://www.iwd.de/artikel/big-mac-index-der-etwas-andere-wechselkurs-399656), Abruf 15.04.2022)

11 Baustein 7: Preis

11.1 Grundlagen

Wenn es nicht einen Preis gibt, den man nicht bezahlen kann, ist man nicht komplett.
Prof. Dr. Hermann Simon

Die strategische Ausrichtung eurer Preisgestaltung steht in engem Zusammenhang mit der Positionierungsstrategie (Kapitel 5) für eure Produkte oder Dienstleistung. Der Nutzen, den Kunden eurem Angebot zuordnen, setzt sich aus dem Preis und der Qualität (Produkteigenschaften) aus Sicht des potenziellen Käufers zusammen.

Die Ziele der Preisgestaltung orientieren sich auch an der Unternehmensgröße. Für Start-ups kann die Preisgestaltung ein wichtiges Instrument sein, um neue Kunden auf sich aufmerksam zu machen. Für Unternehmen, die am Markt bereits etabliert sind, kann der Fokus auf einer dauerhaften Kundenbindung liegen.

Im Folgenden findet ihr zehn Methoden, an denen ihr euch orientieren und die ihr kombinieren könnt.

11.1.1 Orientierung am Wettbewerber (Competitive Pricing)

Competitive Pricing ist eine sehr häufig angewandte Methode. Ist Transparenz vorhanden, schaut man, was der Wettbewerber macht. Das ist eine gute und häufig auch notwendige Lösung, wenn ihr ein Me-too-Produkt (Nachahmerprodukt) auf den Markt bringt, dessen Eigenschaften denen des Erstanbieters oder weiterer Anbieter ähneln. Bei Tankstellen ist beispielsweise entscheidend, wie die Preise der Wettbewerber in einem gewissen Radius aussehen. Die Herausforderung ist, inwieweit ihr euch ausschließlich an den Preisen der Konkurrenz orientiert oder euch – basierend auf ausreichender Recherche und Kundenkenntnis – einen gewissen Spielraum erlaubt. Eure Alternative: Wählt ein anderes Preismodell.

11.1.2 Cost-plus-Methode

Viele Unternehmen verwenden noch die sehr alte Cost-plus-Methode, bei der auf die Kosten ein bestimmter Aufschlag hinzugerechnet wird. Und wann passt dieser Ansatz? Wir sehen ihn meist im Handwerk. Hier gibt es in vielen Bereichen feste Zuschläge auf das Material. Der Grund ist einfach. Im Heizungs-Sanitär-Handwerk gibt es weit mehr als 30.000 Teile. Da hilft nur eine Aufschlagskalkulation weiter, bei der auf bestimmte Produkte oder Produktgruppen ein fester Prozentsatz auf den Einkaufspreis draufgerechnet wird. Die Methode wird umso interessanter, je mehr Produkte, gegebenenfalls auch für verschiedene Zielgruppen (Einzelhändler, Großhändler, Privatkunden) und in verschieden Ländern, angeboten werden.

11.1.3 Onlinebefragung

Gründerteams empfehle ich, potenzielle und, falls bereits vorhanden, Bestandskunden nach ihrer Preisbereitschaft zu befragen. Das gibt euch Sicherheit und oft kommt es zu überraschenden Ergebnissen. So hat mir ein Start-up, das innovative und nachhaltige Haushaltsreiniger auf den Markt gebracht hat, berichtet, dass Kunden bereit wären, den zwei- und teilweise sogar dreifachen Preis des ursprünglichen geplanten zu zahlen. Eine Onlinebefragung ist einfach, schnell und kostengünstig durchzuführen. Je mehr Personen teilnehmen, desto valider sind eure Erkenntnisse. Es gibt mehrere Anbieter, die günstige Tools zur Verfügung stellen wie Beispiel SurveyMonkey (www.surveymonkey.de) oder Hotjar (www.hotjar.com). Aber Achtung: Findige Kunden, gerade im B2B-Bereich, antworten gerne auch einmal taktisch und geben bewusst niedrigere Werte an. Schließlich sollen bzw. wollen sie das Produkt und die Dienstleistung später kaufen. Daher setzt die Befragung von Kunden nicht als einziges Mittel zur Festlegung des Preises ein. Wer auf professionelle Unterstützung zugreifen will, kann Marktforschungsunternehmen ins Boot holen. Ein guter Suchbegriff bei Google ist »Preisforschung«.

11.1.4 Interviews mit Experten

Wer kennt den Markt am besten? Die Experten. Gemeint sind damit Manager, Mitarbeiter im Außendienst, Verkäufer, Händler. Ein erkenntnisreiches Vorgehen: Lasst die Fachleute die Absatzmengen bei unterschiedlichen Preisen schätzen.

11.1.5 Zahlungsbereitschaft

Wie in Kapitel 9.1.4 am Modell Pink Tax erläutert, solltet ihr analysieren, welche Zielgruppen für welche Produkte bzw. Produktlinien eine höhere Zahlungsbereitschaft haben. Sehr oft findet man diesen Effekt bei Artikeln im Bereich der Körperpflege (Frauen zahlungsbereiter als Männer). Auch beim Kauf eines Neuwagens lässt sich gutes Geld verdienen. Allerdings eher nicht mit dem Verkauf des Autos an sich. Die Marge bringt die Zusatzausstattung, zum Beispiel die Lackierung. Entscheidend ist es also zu wissen, bei welchen Features, Zusatzfunktionen oder Serviceleistungen die Zahlungsbereitschaft der Kunden steigt.

Ein erfolgreiches Beispiel ist Starbucks, die es schaffen, Kaffee sehr hochpreisig zu verkaufen. Die Gäste geben sich durch ihren Besuch ein Image: Wer in einem der stylischen Cafés des US-Konzern sitzt, der strahlt aus, dass er es geschafft hat. Man ist einer dieser coolen, hippen Businessmenschen, die sich einen teuren Kaffee leisten können. Und wer ganz besonders darauf hinweisen will, der setzt sich an die große Fensterfront, am besten noch mit einem MacBook, und nutzt das seit 2010 in allen deutschen Filialen kostenlose WLAN.

11.1.6 Testmärkte/Experimente

Die Idee, einen Preis oder ein Preismodell in einem Testmarkt auszuprobieren, kommt aus dem Handel. Neue Produkte werden in ausgewählten Märkten einem zunächst begrenzten Kundenkreis offeriert. Auf diese Weise erhält das Unternehmen Feedback zum Produkt und zur Preisakzeptanz. Auf Basis dieser Erkenntnisse können kundenorientierte Anpassungen vorgenommen werden. Der Rest des Marktes, also Kunden und Mitbewerber, haben von dem Test nichts mitbekommen. Ist er erfolgreich, könnt ihr das Produkt oder die Dienstleistung großflächig anbieten. Wenn das Produkt im Testmarkt nicht erfolgreich ist, dann sollte dies selbstverständlich eine Warnung für euch sein sowie umgehend Anlass, die Gründe für den Flop zu analysieren und die Markteinführung zu überdenken. Das Risiko eines Scheiterns wird mit Testmärkten deutlich minimiert.

Gut geeignet für kleine Testmärkte ist beispielsweise bei einer Software eine Betaversion, die ihr den ersten Kunden zu einem bestimmten Preis anbietet. Im Bereich der Produkte könnt ihr zunächst in einem kleinen, regional abgegrenzten, aber realen Markt antreten und euch so die nötige Sicherheit holen. Labortests halte ich für zwar auch für hilfreich, allerdings sind sich die Probanden der Testumgebung bewusst und verhalten sich nicht immer authentisch.

11.1.7 Value-based Pricing

Eine weitere Art, den richtigen Preis zu finden, ist das Value-based Pricing, die wertbasierte, auch wertoptimierte Preisgestaltung. Es folgt der Idee, dass höhere Preise bei höherem Nutzwert als gerechtfertigt gelten und akzeptiert werden. Der Preis richtet sich also nicht nach den tatsächlichen (Herstellungs-)Kosten, sondern orientiert sich am vom Kunden wahrgenommenen Nutzen. Anders formuliert: Der Kunde wird in den Mittelpunkt der Preisermittlung gestellt. Erforderlich ist eine genaue Analyse des Marktes und die Kenntnis über den gefühlten Wert für den Kunden. Der Aufwand dieser Methode ist höher als beim klassischen Pricing. Die Erfahrung zeigt aber, dass es hier erhebliche Potenziale für Wachstum und Ertrag gibt.

Ein zentraler Aspekt des Value-based Pricing ist also der Nutzen für den Kunden. Ein Beispiel: Eine teurere Software für eine Produktionsmaschine führt zu geringeren laufenden Kosten. Auch die Pharmaindustrie erklärt den hohen Preis für bestimmte Medikamente damit, dass Patienten mit deren Einnahme eine längere und weitaus teurere Behandlung umgehen können. Kommuniziert ihr diesen USP – die mittel- bis langfristige Kostenersparnis –, akzeptiert der Kunde den wertbasierten Preis unabhängig von euren tatsächlichen Herstellungskosten.

Dieser Ansatz ist zugegebenermaßen komplex. Geschäftsleitung, Einkauf, Marketing und Vertrieb müssen in den Prozess eingebunden werden. Dies ist zwar bei jeder Methode zur Preisgestaltung der Fall, aber beim Value-based Pricing kann das bei jedem Auftrag sein, denkt zum Beispiel an eine für den Kunden individuell entwickelte Softwarelösung. Die Festlegung des Preises unterscheidet sich je nach Geschäftstyp und Produkt und ihr benötigt eine Vielzahl von Informationen über die Wettbewerber, eure Kosten, eure Kunden und deren Nutzenempfinden. Der Nutzen wird unterschiedlich bewertet und Vorteile werden individuell wahrgenommen. Zudem haben verschiedene Kunden unterschiedliche Zahlungsbereitschaft. Eines allerdings ist fix: Die Preisuntergrenze orientiert sich euren Herstellungskosten.

Dass Kunden einen Vergleich zwischen verschiedenen Lösungen vornehmen, ist nicht neu. Was sich ändert, ist, dass Kunden in der Kaufentscheidung zunehmend den (Mehr-)Wert und immer weniger den Preis betrachten. Heißt: Der individuelle Wert entscheidet über die Preisakzeptanz.

Für viele Produkte und Dienstleistungen empfiehlt es sich, die Preisgestaltung daran auszurichten, was der Kunde mit der Nutzung einspart. Das Potenzial wertbasierten Pricings möchte ich am Beispiel des japanischen Unternehmens Hitachi verdeutlichen, das sein Geld mit dem Bau von Schienenfahrzeugen, Steuerungs- und Signalsystemen für Eisenbahnen und eisenbahnorientierter Software verdient. Die Japaner konnten eine neue Sensortechnologie in ihre Zugsysteme integrieren. Diese neuen Messmethodiken erlaubten eine deutliche Verbesserung der Pünktlichkeitsrate der Züge, also einen Mehrwert auch für den Bahnbetreiber. Hitachi wechselte sein Preismodell vom Verkauf von Produkten zum Angebot von softwarebasierten Services. B2B-Kunden wurde im Sinne eines Train-as-a-Service-Konzeptes »Pünktlichkeit« offeriert. Das Preismodell ist simpel: Je besser die Pünktlichkeitsrate, desto höher der Preis. (von Burstin, 2019)

Im Softwarevertrieb ist es die Regel, die Höhe der Lizenzgebühren an das Einsparpotenzial des Kunden anzugleichen. So können zum Beispiel die Kosten der Software den Einsparungen bei ihrer Verwendung durch geringere Ausfallzeiten und höheren Durchlauf gegenübergestellt werden. Daraus wird der Preis abgeleitet, da klar in Euro benannt ist, was an Kosten gespart wird.

Um Value-based Pricing erfolgreich anzuwenden, sind zwei Fragen zu klären:

1. Wie bemisst ein Kunde den Wert eines Produkts?
2. Wie lässt sich ein Mehrwert in einen Preis überführen?

Um den Wert eines Produktes oder einer Dienstleistung für den Kunden zu bewerten, bedarf es einer tiefgreifenden und sinnvollen Datenanalyse. Ihr solltet also zum Beispiel wissen, welche Maschine oder Software der Kunde aktuell einsetzt. Damit könnt ihr in die Auswertung gehen. Wie sind die Kosten für den Kunden durch den Einsatz dieser Methode? Welchen Betrag kann er mit eurer Lösung einsparen? Je höher die Ersparnis, also der Wert in Euro, desto größer ist die Bereitschaft, einen höheren Preis zu zahlen.

Um es deutlich zu machen, zeige ich das Value-based Pricing an folgendem Beispiel aus dem Bereich von Druckerzeugnissen. Kunden haben Druckaufträge unterschiedlichster Art. Ein Start-up hat nun eine Maschine für Druckereien entwickelt, durch die eine Umrüstung von einem zum nächsten Auftrag um durchschnittlich 30 Prozent reduziert wird. Der Andruck kann nun bereits mit dem ersten Exemplar starten, während die Mitbewerber zu Beginn des Druckvorgangs etwa zehn Prozent Ausschuss produzieren. Die Maschine ist softwaregesteuert, wodurch weniger Personal benötigt wird. Allerdings dauert die einmalige Einarbeitung etwas länger als bei den Lösungen der Mitbewerber.

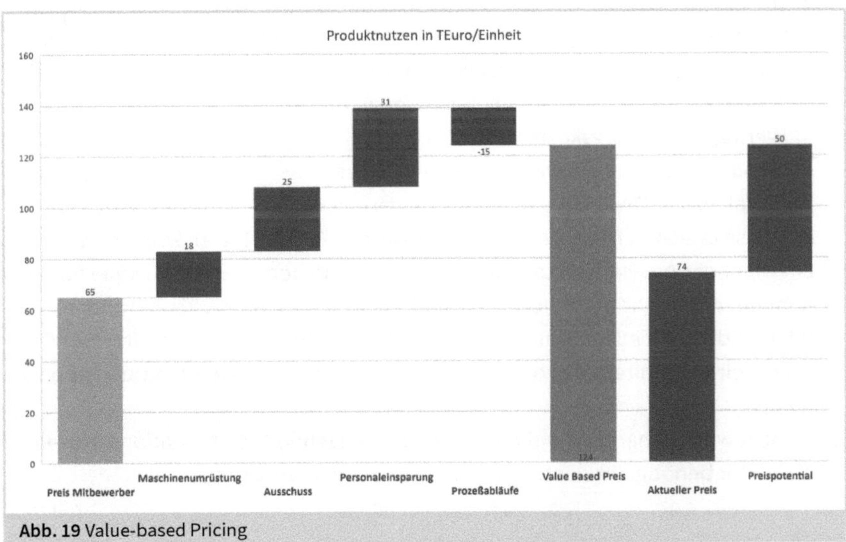

Abb. 19 Value-based Pricing

In der Grafik ist das Beispiel aus der Maschine für die Druckerei aufgeführt. Der Mitbewerber bietet eine Maschine für 65.000 Euro an. Eure Maschine hat für den Kunden allerdings einige Vorteile, die sich auch in Eurobeträgen bestimmen lassen. So spart er bei der Umrüstung der Maschine (18.000 Euro), durch geringen Ausschuss (25.000 Euro) sowie durch Einsparung von Personal (31.000 Euro). Allerdings müssen einige Abläufe im Prozess geändert werden, die mit 15.000 Euro in Abzug gebracht werden. Das bedeutet, dass bei einem Vergleich der beiden Maschinen euer Produkt einen Wert für den Kunden von 124.000 Euro hat. Es ist also nicht sinnvoll, die Maschine wie vielleicht geplant mit 74.000 Euro anzubieten. Ihr habt noch 50.0000 Euro Luft nach oben. Fazit: Argumentiert und beweist dem Kunden den Wert der Maschine. So macht ihr ihm die Entscheidung auf Basis greifbarer Fakten einfacher.

Zusammenfassend möchte ich ergänzen:

1. Der Value-based-Pricing-Ansatz eignet sich nur für Produkte oder Dienstleistungen, die sich von den Wettbewerbern durch einen Mehrwert in der Wahrnehmung des Kunden widerspiegeln. Nicht geeignet für diesen Ansatz sind daher Me-too-Produkte.
2. Oft glauben Gründer, dass sie sämtliche Produkt-Features einzeln in Euro quantifizieren müssen, um danach durch Addition den endgültigen Preis für das Produkt ermitteln zu können. Es werden aber nur die wenigen Features quantifiziert, mit denen sich das Produkt von der Alternative der Mitbewerber absetzt – niemals alle!
3. Beim Value-based Pricing ist die Sicht auf das Preismodell der Wettbewerber wichtig. Habt ihr in eurem Markt einen ruinösen Wettbewerb, um Beispiel einen Preiskrieg, dann lässt sich das Value-based Pricing nicht durchsetzen, da der Markt sich an die heruntergewirtschafteten Preise gewöhnt hat.
4. Entscheidend ist die Bewertung von Produkt- oder Leistungsabweichungen, die für eine Kundengruppe einen nachweisbaren Mehrwert aufweisen. Es handelt sich in diesem Zusammenhang immer um Formulierungen wie:
   - geringere Wartungskosten von x Prozent,
   - Produktivitätssteigerung von y Prozent oder
   - Total Cost of Ownership um z Prozent geringer.

   Diese lassen sich immer in einen geldwerten Vorteil/Nutzen konvertieren.
5. Ein wichtiger Aspekt für Start-ups: Den Wert, also den oder die Vorteile für eure Kunden, müsst ihr auch beweisen und glaubhaft erzählen können. Ideal sind Pilotkunden, die euch erlauben, ihr Projekt und ihre Erfahrungen in einer Case Study, einem Whitepaper oder ähnlichem für eure weitere Kommunikation zu nutzen.
6. Ergänzt wird vorheriger Punkt um eine überzeugende Argumentation eures Preises. Dafür benötigt ihr richtig gute Leute an der Verkaufsfront!

Value-based Pricing ist eine sehr interessante Möglichkeit, die Marge zu erhöhen. Gerade wenn eure Lösung sich von denen der Mitbewerber abhebt, solltet ihr über dieses Vorgehen nachdenken.

11.1.8 Van-Westendorp-Methode

Es gibt Methoden aus der Marktforschung, die die Preisbereitschaft und Preissensitivität messen. Drei dieser Lösungen findet ihr in den folgenden Kapiteln.

Die van-Westendorp-Methode, benannt nach dem niederländischen Ökonomen Peter H. van Westendorp, ist sehr gut für Start-ups geeignet, die mit einem neuen Produkt (ohne Wettbewerb) auf den Markt kommen und noch gänzlich ohne Preisvorstellung sind. Sie bietet daher eine gute Möglichkeit zur Bestimmung einer akzeptablen Preisspanne für ein Produkt und der von den Verbrauchern akzeptierten Preisgrenzen. Die Vorgehensweise ist vergleichsweise einfach, was die Befragungsmethode so interessant macht.

Den Versuchsteilnehmern werden folgende vier Fragen gestellt:
1. Zu welchem Preis empfänden Sie das Produkt als zu teuer, sodass ein Kauf für Sie nicht mehr infrage käme?
2. Welcher Preis wäre zu niedrig, sodass Sie mangelnde Qualität annehmen und das Produkt nicht kaufen würden?
3. Zu welchem Preis empfänden Sie das Produkt als teuer, wären aber trotzdem noch bereit, es zu kaufen?
4. Welchen Preis für das Produkt würden Sie als akzeptabel erachten und wären der Ansicht, Ihnen würde ein guter Gegenwert für Ihr Geld geboten?

Das bedeutet, dass ihr von jedem der Teilnehmer vier verschiedene Ergebnisse vorliegen habt. Durch diese verschiedenen Preisangaben (die natürlich pro Teilnehmer nochmals variieren) ergeben sich Preisspannen und Rahmen für akzeptable Preise, die sich wiederum in Form von Preis-Absatz-Kurven abbilden lassen.

Kommt ein neues Produkt auf den Markt, kann bereits vor dem Launch recht einfach und kostengünstig eine Preisbereitschaft bei der Zielgruppe abgefragt werden. Mit lediglich vier Fragen kommt man zu einer aussagekräftigen Analyse und kann eine geeignete Preisspanne für das Produkt ermitteln. Das Problem: Da in der Analyse die Produkteigenschaften nicht speziell abgefragt werden, kann es zu Abweichungen kommen. Dem kann allerdings durch ausführlichere Beschreibungen im Vorfeld der Befragung mittels Bildern, Videos oder Mustern schnell und einfach entgegengewirkt werden.

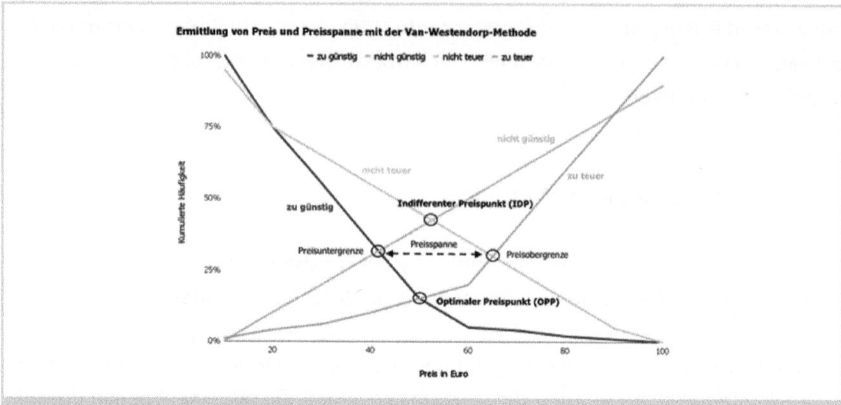

Abb. 20: Van-Westendorp-Methode (Quelle: https://www.appinio.com/de/preisanalyse-van-westendorp-methode, Abruf 28.04.2022)

Vorteile	Nachteile
• einfach durchführbar • kostengünstig • Lösung grafisch darstellbar • besonders interessant für Start-ups, die neue und innovative Produkte oder Dienstleistungen auf den Markt bringen	• keine Betrachtung der Mitbewerber • keine Berücksichtigung der Produkteigenschaften • keine genaue Kenntnis der Produkteigenschaften (Teilnehmer) • starker Fokus auf den Preis führt eventuell zu dessen Überbewertung

11.1.9 Gabor-Granger-Methode

Diese Methode zählt wie die Van-Westendorp-Methode zu den Verfahren der direkten Preisabfrage. Der Unterschied ist, dass beim Gabor-Granger-Ansatz das Start-up bereits eine ungefähre Vorstellung vom Verkaufspreis haben sollte, denn es wird die Kaufbereitschaft für konkrete, im Vorfeld festgelegte Preise erfragt. Die Gabor-Granger-Methode erlaubt die Ermittlung des umsatzmaximierenden Preispunkts und der Preiselastizitäten zwischen den Preispunkten. Ihr Name ist zurückzuführen auf Clive W. J. Granger, britischer Wirtschaftswissenschaftler, und den ungarischen Ökonomen André Gabor.

Das Vorgehen

Es handelt sich um eine Kundenbefragung, die meist online durchgeführt wird. Zuerst wird geklärt, ob die Teilnehmer überhaupt ein Interesse oder eine Kaufbereitschaft für das Produkt oder die Dienstleistung haben. Idealerweise stellt man den Teilnehmern im Vorfeld einen Prototypen oder ein Mockup (digital gestalteter Entwurf einer Website oder App) zur Verfügung. Ansonsten helfen detailliertere Informationen, Fotos und Videos. Gerade bei neuen Produkten ist es wahrscheinlich, dass das Produkt und seine Eigenschaften den potenziellen Käufern nicht oder nur unzureichend bekannt sind.

Haben die Probanden die Informationen zum Produkt erhalten und ihr Kaufinteresse geäußert, kann es losgehen. Dabei wird aus einer vorher festgelegten Anzahl von Preisen zufällig einer ausgewählt und die Teilnehmer werden gefragt, ob sie das Produkt zu dem angegebenen Preis kaufen würden. Diese Abfrage kann entweder mit einer Entscheidungsfrage (ja/nein) oder mittels einer Ratingskala (»sehr wahrscheinlich« bis »nicht wahrscheinlich«) erfolgen. Wenn der Befragte bereit ist, den angegebenen Preis zu zahlen, wird ein höherer Preis angezeigt. Ist für den angegebenen Preis keine Kaufbereitschaft vorhanden, wird ein niedrigerer Preis ausgewählt. Dieses Vorgehen wird so lange wiederholt, bis die Kaufbereitschaft für alle Preisstufen erfragt wurde. Das heißt, dass beim niedrigsten aller vorher festgelegten Preise keine Kaufbereitschaft besteht oder beim höchsten aller vorher festgelegten Preise eine Kaufbereitschaft vorhanden ist. In beiden Fällen lässt sich die Kaufbereitschaft für die übrigen Preise aus den bisherigen Antworten ableiten (z. B. Kaufbereitschaft bei höchstem Preis = Kaufbereitschaft auch bei allen niedrigeren Preisen).

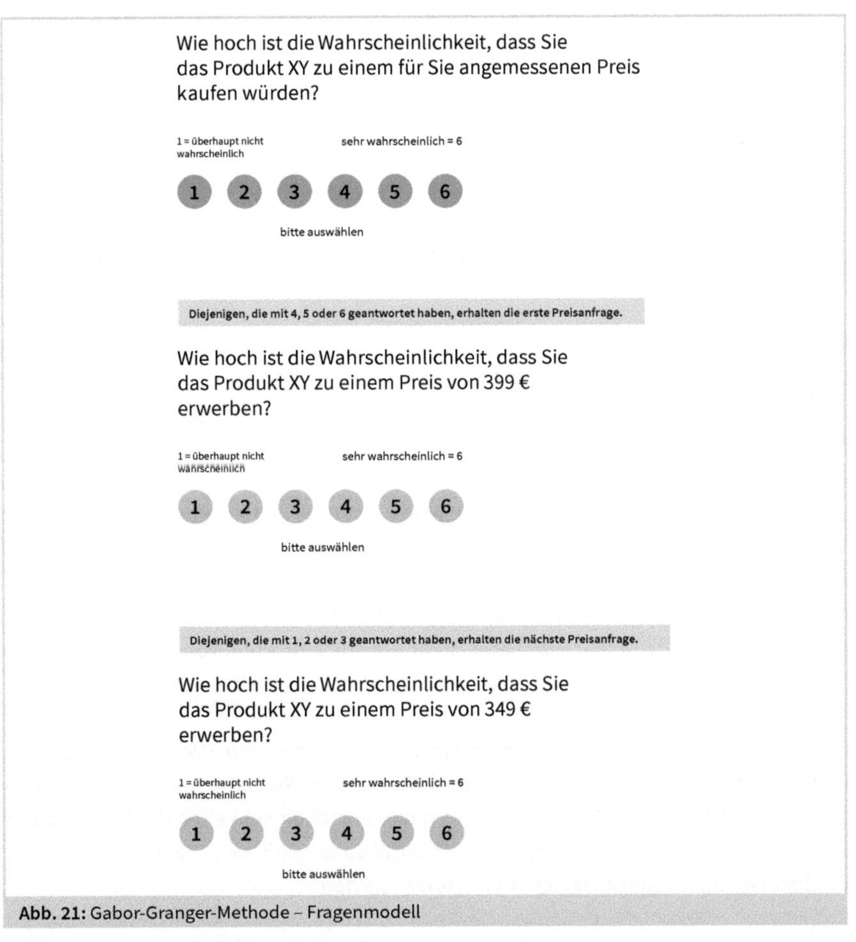

Abb. 21: Gabor-Granger-Methode – Fragenmodell

Die Auswertung der Daten

Ziel ist es, mit den vorliegenden Ergebnissen den optimalen Preis sowie den höchsten Umsatz zu errechnen. Mit den Daten wird für jeden Preispunkt der Anteil an Befragten bestimmt, der bereit ist, das Produkt zum angegebenen Preis zu kaufen. Bei der Entscheidungsfrage (ja/nein) entspricht dieser Anteil jeweils dem Anteil an Befragten, die angegeben haben, dass sie das Produkt zum vorgegebenen Preis kaufen würden. Bei der skalenbasierten Abfrage müssen die Antworten zunächst in Wahrscheinlichkeiten transformiert (z. B. »sehr wahrscheinlich« = 0,7, »eher wahrscheinlich« = 0,5 etc.) und daraus der jeweilige Anteilswert ermittelt werden.

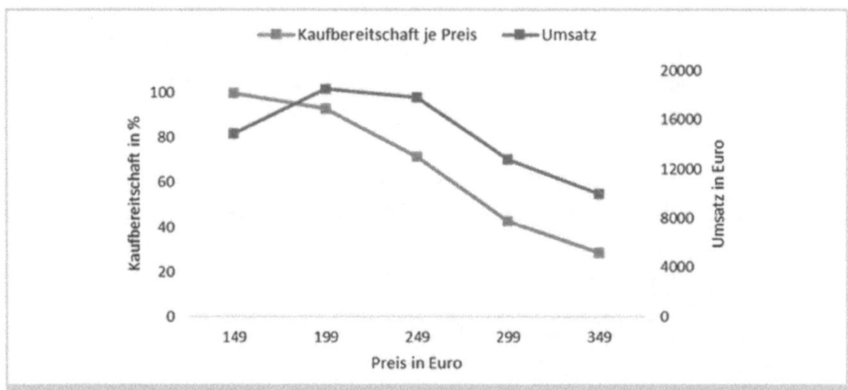

Abb. 22: Gabor-Granger-Methode (Quelle: https://www.befragung-und-analyse.de/gabor-granger-methode/, Abruf 28.04.2022)

Die grafische Darstellung

Die vorliegenden Daten werden in einem Diagramm grafisch dargestellt. Dabei stellt die x-Achse die Preispunkte, die y-Achse den Anteil der Befragten mit Kaufbereitschaft dar. Mit diesen Zahlen kann im nächsten Schritt für jeden Preispunkt der erwartete Umsatz berechnet und die entsprechende Umsatzkurve erstellt werden.

Die Auswertung

Angenommen, ihr habt hundert Personen befragt. Bei einem Preis von 199 Euro wird der höchste Umsatz erzielt, während beim günstigsten Preis von 149 Euro mit der höchsten Kaufbereitschaft nur der dritthöchste Umsatz erzielt werden könnte.

Fazit: Die Gabor-Granger-Methode ist ein weiterer Ansatz zur Preisfindung und Ermittlung von Zahlungsbereitschaften mithilfe direkter Preisabfrage. Allerdings werden nicht Erwartungen erhoben, sondern Kaufwahrscheinlichkeiten (!) abgefragt. Die Befragungsteilnehmer geben an, mit welcher Wahrscheinlichkeit sie ein bestimmtes Produkt bei einem spezifizierten Preis kaufen würden.

Vorteile	Nachteile
• Der Aufwand für die Befragung und die Analyse sind gering. • Das Verfahren liefert grundlegende Informationen über den wahrgenommenen Geldwert durch die Zielgruppe. • Die Gabor-Granger-Methode ist besonders interessant für Start-ups mit Produkten oder Dienstleistungen, für die es keinen direkten Wettbewerb gibt. Perfekt also für innovative Produkte oder Dienstleistungen.	• Diese Methode berücksichtigt die Wettbewerber nicht. • Die Probanden sind durch die Preise der am Markt befindlichen Angebote beeinflusst. • Es gibt wie auch bei den anderen Methoden eine einseitige Fokussierung auf den Preis.

11.1.10 Conjoint-Analyse

Das Problem bei Kundenbefragungen ist, dass Menschen normalerweise nicht in Zahlen ausdrücken können, wie viel Wert ein bestimmtes Produktmerkmal für sie hat oder welchen Preis sie für ein Produkt bezahlen würden. Sie können Produkte nur im Vergleich mit alternativen Angeboten und Preisen und als Ganzes beurteilen. Erst beim Kauf zeigt sich, welches Produkt sie tatsächlich auswählen. Deshalb werden Interessenten indirekt befragt. Dazu werden möglichst reale Kaufsituationen entwickelt: Ein Teilnehmer vergleicht zwei alternative Produkte, die er grundsätzlich kaufen würde, und entscheidet sich dann für eines der beiden.

Hier hilft die Conjoint-Analyse (auch Conjoint Measurement, Verbundanalyse bzw. Verbundmessung), eine in der Marktforschung und Kundenanalyse häufig eingesetzte Methode, um Kundenwünsche genauer zu erfassen und Kaufverhalten zu prognostizieren. Das Interessante an dieser Methode ist, dass sich damit einzelne Produktmerkmale mit einem quantitativen Nutzwert für den Kunden verknüpfen lassen – daher auch der Name: Das Kunstwort Conjoint kommt von »considered jointly«, gleichzeitig betrachten, berücksichtigen. So können die Zahlungsbereitschaft und Preiselastizität bestimmt werden. Kunden erhalten im Rahmen einer Befragung Produkte zur Auswahl, die sich in einzelnen Merkmalen und im Preis unterscheiden. Sie sollen diese Produkte vergleichen und angeben, welches sie kaufen würden. Dann wird durch eine statistische Auswertung der Teilnutzen der einzelnen Produktmerkmale und des Preises berechnet. Das mag sich etwas kompliziert anhören, in Abbildung 24 wird es deutlich.

Diese Methode erlaubt bessere, weil tiefergehende Antworten als die direkte Befragung auf Fragen wie:

- Welche Leistungen oder Produkteigenschaften stiften aus Kundensicht den größten Nutzen?
- Welche Preisbereitschaft besteht auf Seiten der potenziellen Käufer?

- Wo liegen die (strategischen) Stärken und Schwächen des Produktes? An welchen Stellen birgt das Produkt noch Optimierungspotenzial? Inwieweit lassen sich Stärken nutzen, um eine größere Preisbereitschaft zu erzielen?
- Welches Produkt ist am besten für den Markt geeignet?
- Welcher Produktmix ist optimal? Wie lassen sich Kannibalisierungen minimieren?
- Welche Zielgruppen lassen sich anhand der Kundenpräferenzen identifizieren?

Mithilfe dieser Form der Kundenbefragung und der Conjoint-Analyse können weitere für das Marketing wichtige Parameter für ein einzelnes Produkt und für Märkte berechnet und ermittelt werden. Auf Basis solider Informationen können Gründer bessere Entscheidungen für die Produktentwicklung, Produktdifferenzierung und Preisdifferenzierung treffen. Gerade in der frühen Unternehmensphase ermöglichen die Ergebnisse der Conjoint-Analyse es, Produkte und Preismanagement zu optimieren.

Auch dieses Vorgehen möchte ich mit einem Beispiel verdeutlichen, wobei eine solche Analyse für jede Produktklasse denk- und umsetzbar ist: Fernseher, Rechtsschutzversicherung oder Lebensmittel. Lediglich die Kriterien differieren: Während bei letzteren Marke, Preis, Kalorien und Verpackungsgröße wichtig sind, geht es bei dem Fernseher um die Bildschirmgröße, die Auflösung, Internetfähigkeit, den Stromverbrauch und womöglich auch die Marke.

Ein Start-up aus dem Bereich InsurTech (Versicherungsdienste, die mit digitalen Technologien arbeiten) möchte eine neue Rechtsschutzversicherung auf den Markt bringen. Dafür erstellen die Gründer eine Liste mit den Produktmerkmalen auf: die Leistungen in der Versicherung, die Rechtsberatungs-Hotline, der Selbstbehalt, die Deckungssumme und den Jahresbeitrag

Folgende Ausprägungen werden festgelegt:
- Leistungen: Privat + Beruf + Haus + Wohnung + Verkehr/Privat + Beruf + Haus + Wohnung/Privat + Beruf/Arbeit,
- Rechtsberatungs-Hotline: ja/nein,
- Selbstbeteiligung pro Rechtsfall: keine Selbstbeteiligung, 150 Euro oder 300 Euro,
- Deckungssumme pro Fall: 250.000 Euro, 350.000 Euro oder unbegrenzt,
- Jahresbeitrag: 110 Euro, 275 Euro oder 294 Euro.

Wenn wir alle Ausprägungen miteinander kombinieren, dann ergibt das 162 Möglichkeiten. Nun müssen die Gründer die acht bis zehn interessantesten und sinnvollsten Möglichkeiten auswählen. Denn zum einen sind 162 Möglichkeiten natürlich zu viel, um sie den Kunden zur Auswahl vorzulegen. Zum anderen gibt es Kombinationen, die für das Unternehmen nicht interessant sind, zum Beispiel, dass die größtmögliche Leistung, die 24 – Stunden-Hotline, keine Selbstbeteiligung und unbegrenzte Deckungssumme zum niedrigsten Preis angeboten wird.

Welches der drei Angebote würden Sie bevorzugen, wenn sie sich *ausschließlich* in den angegebenen Merkmalen unterscheiden?

Merkmale	Angebot 1	Angebot 2	Angebot 3
Anbieter	LOGO Versicherer 1	LOGO Versicherer 2	LOGO Versicherer 3
Rechtsschutz-Leistungen	Privat + Beruf + Haus & Wohnung + Verkehr	Privat + Beruf + Haus & Wohnung	Privat + Beruf/Arbeit
24-Stunden Rechtsberatungs-Hotline	Ja	Nein	Ja
Selbstbeteiligung pro Rechtsfall	150 € pro Fall	Keine Selbstbeteiligung	300 € pro Fall
Deckungssumme pro Fall	350.000 €	unbegrenzt	250.000 €
Jahresbeitrag	294 €	275 €	110 €

Ich würde keines der drei Angebote kaufen

Abb. 23: Beispiel für eine Conjoint-Abfrage

Folgende Vorgehensweise ist zu empfehlen:

1. Produkt oder Dienstleistung festlegen,
2. Produktmerkmale ermitteln, im Beispiel Versicherungen: Leistungen, Hotline, Selbstbehalt und so weiter,
3. Ausprägungen festlegen, in dem Beispiel bei der Deckungssumme pro Fall: 250.000 Euro, 350.000 Euro oder unbegrenzt,
4. Fragebogen erstellen,
5. Befragung durchführen,
6. Interpretation und Anwendung der Ergebnisse.

Wer schon einmal eine Befragung durchgeführt hat, kennt das Problem: Für Kunden ist es schwierig zu beziffern, wie wichtig ihnen ein Produktmerkmal ist oder welchen Preis sie dafür zahlen würden. Bei der Conjoint-Analyse wird daher eine echte Kaufsituation nachgestellt, der Proband muss sich zwischen mehreren Produkten entscheiden. Die Analyse gibt es inzwischen in mehreren Varianten. Diese in aller Ausführlichkeit hier aufzuführen, würde den Rahmen des Buchs sprengen. Gerade für diese Methode empfehle ich die Zusammenarbeit mit Experten, sprich einer Agentur.

11.1.11 Methodenvergleich

Vergleichen wir, um ein Gefühl für Vor- und Nachteile zu entwickeln, die zuvor beschriebenen drei Methoden.

Van-Westendorp-Methode	Gabor-Granger-Methode	Conjoint-Analyse
• Ideal für ein Produkt, das nicht verändert werden soll und für das die Preisspanne nicht bekannt ist. • Die einfachste, schnellste und durch standardisierte Analyse auch kostengünstige Lösung. • Einfach für Probanden, allerdings müssen Probanden die Hintergründe zum Produkt kennen. Die Variante hat Schwachstellen vor allem bei teuren Produkten, sehr innovativen Angeboten und spitzen Zielgruppen sowie in Märkten mit vielen Wettbewerbern.	• Ideal für Produkte, für die eine Preisspanne bereits ermittelt wurde, der genaue Preis innerhalb der Spanne jedoch noch nicht. • Sehr schnell und einfach einsetzbar. • Durch Skalenfragen erhält das Unternehmen ohne großen Aufwand Informationen zur Preissensitivität von potenziellen Käufern. • Produkte, die bereits auf dem Markt sind und die Probanden kennen, beeinflussen die Antworten. • Die Mitbewerber werden nicht berücksichtigt. • Die Vorgabe von Preisen führt zu einem Preisankereffekt bei den Probanden.	• Ideal für Produkte, wenn verschiedene Varianten zur Auswahl stehen oder neben dem Preis weitere, produktspezifische Faktoren festgelegt werden sollen. • Komplexeste und aufwendigste Variante. Die Durchführung setzt detailreiche Kenntnisse in der Preisforschung sowie die Nutzung einer Analysesoftware voraus. • Die Preisbereitschaft wird indirekt gemessen, was ein wesentlicher Vorteil ist. • Preishöhen können in Relation zu anderen Produktmerkmalen gesetzt werden. So erhält das Unternehmen weitere Informationen zu anderen Eigenschaften des Produktes.

Unabhängig von der Methodenwahl könnt ihr folgende praktische Tipps berücksichtigen:

Tipp 1: Agentur beauftragen
Ihr findet im Internet eine Vielzahl von Agenturen, die sich auf die genannten Methoden spezialisiert haben. Diese Unternehmen haben einen Zugriff auf einen großen Probandenpool. So könnt ihr auf professionelle Unterstützung setzen, erhaltet eine detaillierte Auswertung und habt selbst wenig Arbeit. Dagegen stehen selbstverständlich die Kosten. Einen pauschalen Wert kann ich nicht nennen. Es gibt zu viele Komponenten, die den Preis für eine Umfrage beeinflussen. Solltet ihr euch für die

Conjoint-Analyse entscheiden, empfehle ich euch auf jeden Fall, einen professionellen Anbieter aus der Preisforschung hinzuzuziehen.

Tipp 2: Studie selbst durchführen
Wenn ihr euch entschließt, die Studie selbst durchzuführen, benötigt ihr Teilnehmer. Im Web findet ihr sogenannte Panelanbieter, die auf die Verwaltung und Pflege einer hohen Anzahl von Probanden spezialisiert sind (manche Panels enthalten mehrere hunderttausend). In den großen Datenbanken der Anbieter lassen sich Probanden mit spezifischen Charakteristika (Alter, Beruf, Einkommen, Wohnort, Autobesitz, Geschlecht, Herkunft) im erforderlichen Umfang finden. Die Preise der Panelanbieter richten sich nach Anzahl der Teilnehmer und den soziodemografischen Daten. Natürlich könnt ihr Teilnehmer auch in eurem Umfeld, an der Uni oder über Social Media finden. Das ist die günstigste Variante im Vergleich zur Durchführung einer Studie durch eine Agentur oder eine eigene Studie mit Hilfe von Teilnehmern aus einem Onlinepanel.

Tipp 3: Zielgruppe festlegen
Oft haben Gründer bereits eine Idee bzw. Erfahrungen und Erkenntnisse, welche Personen das Produkt oder die Dienstleistung kaufen sollen (potenzielle Käufer) oder dies bereits tun. Das sind die Zielgruppen, mit der die Studie durchgeführt wird.

Interessant können auch weitere Gruppen sein:

- Sollen Kunden mit einbezogen werden, die sich für Wettbewerbsprodukte entschieden haben? Das kann wichtige Erkenntnisse liefern, warum diese bislang das eigene Produkt nicht kaufen und welche Maßnahmen möglich wären, um das zu ändern.
- Wer wären neue Adressaten, die bisher nicht zur eigentlichen Zielgruppe gehören, weil sie keine Anwendungsmöglichkeit für das Produkt erkannt haben oder weil das Produkt neu gestaltet und damit genau auf diese neue Zielgruppe ausgerichtet sein soll?
- Für wen ist das Produkt (Kinder, Pflegebedürftige) und wer soll das Produkt kaufen (Eltern, Angehörige)?

Tipp 4: Auswahl der Probanden
Mit der Auswahl und Beschreibung der Zielgruppe wird festgelegt, wer an der Befragung teilnehmen sollte. Aus organisatorischen und finanziellen Gründen wird eine Stichprobe entnommen. Sie muss bei einer quantitativ angelegten Untersuchung ausreichend groß und repräsentativ sein, damit die Ergebnisse zuverlässig ausgewertet werden können. Eine qualitative Studie führt ihr durch, wenn ihr nach tiefergehendem Feedback, individuellen Meinungen und Produkthinweisen sucht. Dann ist der repräsentative Charakter zweitrangig.

11.2 Preiserhöhungen

Früher führten höhere Preise notwendigerweise zu einem niedrigeren Absatz. Inzwischen wissen wir, dass sich manche Produkte sogar besser verkaufen, wenn man den Preis erhöht – weil sie dann als höherwertiger empfunden werden.
Prof. Dr. Hermann Simon

Egal ob ihr den richtigen oder einen zu niedrigen Preis habt: An einer Preiserhöhung kommt ihr früher oder später nicht vorbei. Sei es, weil der Markt die Preise angehoben hat oder weil eure Produktionskosten gestiegen sind. Erfahrungsgemäß hat der Kunde dafür meist nur wenig Verständnis. Hier gilt es, euch genau zu überlegen, wie ihr die Preiserhöhung kommuniziert. Deshalb beleuchten wir auch diesen wichtigen Aspekt.

Mogeln ist keine Lösung
Fangen wir damit an, was ihr nicht tun solltet: die Leute täuschen! Das funktioniert selten. Am gängigsten ist dennoch die Methode, die Verpackungsgröße anzupassen und den Preis zu belassen.

Mogelpackungen

Ganz dreist war die Firma Seitenbacher mit ihrem Früchte-Müsli im November 2020. Die Füllmenge wurde von 1.000 Gramm auf 750 Gramm reduziert und gleichzeitig der Preis angehoben von 3,79 Euro auf 4,99 Euro. Das war eine satte Preiserhöhung von 75,5 Prozent! (vgl. https://www.vzhh.de/themen/mogelpackungen/mogelpackung-des-monats/frucht-muesli-von-seitenbacher-teuer-teuer-teuer, Abruf 28.04.2022.)

Ferrero hat bei seinen Schokoladenmarken Yogurette und Kinderschokolade die Füllmenge von 125 Gramm (zehn Riegel) auf 100 Gramm (acht Riegel) geschrumpft. Der Preis im Handel stieg unterm Strich damit um bis zu acht Prozent. Die Begründung wurde direkt mitgeliefert: »Bei Tafelschokolade hat sich gezeigt, dass die 100 – g-Packungsgröße von den Konsumenten als das klassische Tafelformat wahrgenommen und als solches auch erwartet wird. Dies bestätigen ebenfalls unsere Marktforschungen, die wir regelmäßig durchführen und auf deren Basis wir Sortimentsveränderungen und -anpassungen vornehmen. Ziel ist dabei stets, für möglichst viele Haushalte und Verwendungsanlässe die passende und gewünschte Packungsgröße anzubieten.«

Schaut euch die Liste der Verbraucherzentrale Hamburg (www.vzhh.de/mogelpackungsliste) an, die regelmäßig aktualisiert wird. Da sind viele namhafte Hersteller aufgelistet.

Clever dagegen ist der Trick der Automobilhersteller. Hier hat man die Anzahl der kostenlosen Lackierungen deutlich reduziert. Gab es den VW Golf im Jahr 1978 in sieben Farben ohne zusätzlichen Aufpreis, gibt es ihn seit Jahren nur noch in einer Farbe, dem nicht sehr beliebten Uranograu. Die Strategie ist also eine für den Kunden fast unumgängliche Preiserhöhung durch den Wegfall von kostenlosen Optionen.

SERIEN- UND SONDERFARBEN SEIT 1975: GROSSE AUSWAHL HEUTE NUR NOCH GEGEN AUFPREIS

Hersteller/ Modell	Baujahr	Uni-Lackierungen serienmäßig	Uni-Lackierungen als Extra		Metallic-Lackierungen* als Extra	
		Anzahl	Anzahl	Aufpreis	Anzahl	Aufpreis
Ford Fiesta	1978	5	-	-	5	127 €
	1995	2	1	102 €	8	276 €
	2005	2	1	130 €	11	375 €
	2015	1 (Blazer-Blau)	2	150 €/200 €	11	565 €-850 €
VW Golf	1978	7	3	51 €	5	138 €
	1995	3	2	102 €/174 €	9	320 €-353 €
	2005	2	2	121 €/205 €	10	430 €
	2015	1 (Uranograu)	3	141 €/250 €	7	535 €
BMW 3er	1975	10	-	-	8	291 €
	1995	7	-	-	7	542 €
	2005	3	-	-	9	700 €
	2015	2 (Schwarz, Alpinweiß)	-	-	9	840 €
Mercedes S-Klasse	1976	8	12	114 €	10	553 €
	1995	4	-	-	11	1029 €
	2005	2	-	-	9	1108 €
	2015	1 (Schwarz)	-	-	10	1178 €

* Metallic beziehungsweise Perleffekt; D-Mark-Preise wurden umgerechnet in Euro

FOTOS: HERSTELLER (5), GETTY IMAGES, S. HÄBERLAND, T. BADER

Abb. 24: Preiserhöhung durch Wegfall kostenloser Optionen (Quelle: Auto Bild, Ausgabe 21/2015)

12 Tipps, wie eine Preiserhöhung richtig geht

1. Eine Strategie für die Preiserhöhung festlegen

Zuerst einmal müsst ihr euch sorgfältig Gedanken über die richtige Strategie machen und folgende Fragen klären:

- Wie könnt ihr die Preiserhöhung kommunizieren, dass sie von den Kunden akzeptiert wird?
- Wie konkret könnt ihr die Preiserhöhung ankündigen?
- Welche Gründe könnt ihr anführen?
- Wie könnt ihr Preiserhöhungen durch rechtzeitige Ankündigung nutzen, um Umsatzsteigerungen zu erzielen?
- Wie ist euer Rhythmus bei Preiserhöhungen?
- Gibt es psychologische Preisgrenzen, die ihr beachten solltet?
- Wie sieht der Zeitplan aus?
- Wer muss von den Mitarbeitern wann in das Thema eingebunden werden?
- Wie ist die Umsetzung der Preiserhöhung geplant?
- Wie nehmen die Kunden eine (angekündigte) Preiserhöhung wahr?

2. Der Rhythmus der Preiserhöhungen

Es gibt zwei Möglichkeiten, die Preise anzuheben. Ihr macht es regelmäßig in kleinen, homöopathischen Schritten oder ihr erhöht in größeren Zeitabschnitten den Preis deutlich. Die meisten kleinen und mittelgroßen Betriebe ändern ihre Preise zum Teil über Jahre hinweg nicht – aber dann auf einen Schlag. Was kundenfreundlich klingt, ist dennoch für den Kunden schwieriger zu akzeptieren. Die Preiserhöhung in kleinen Schritten durchzuziehen, tut den Kunden nicht so weh und verringert das Risiko, dass der Kunde abspringt. Meine Erfahrung zeigt, dass größere Preiserhöhungen sehr schwer durchzusetzen sind. Oft kommt das Argument der Unternehmen, dass der Preis seit fünf Jahren nicht mehr erhöht wurde. Das interessiert den Kunden aber nicht. Er nimmt nur die aktuelle Preiserhöhung wahr. Wie ihr letztlich entscheidet, ist auch von eurem Produkt und der Branche abhängig, in der ihr unterwegs seid.

3. **Die Mitarbeiter vorbereiten**

Jeden im Unternehmen, der mit Kunden in Kontakt steht, müsst ihr entsprechend vorbereiten. Wenn Beschwerden oder Fragen aufkommen, müssen die Mitarbeiter überzeugende Argumente für die Preiserhöhung haben und diese erklären können. Gerade das Vertriebsteam an der Verkaufsfront mit persönlichem Kontakt muss hinter der Aktion stehen. Dazu gehört nicht nur, ihnen zu sagen, wie sie zu reagieren haben, sondern Maßnahmen gemeinsam mit ihnen zu entwickeln. Sie kennen die Kunden und können Reaktionen besser abschätzen. Eine Maßnahme bei einem wichtigen Kunden könnte zum Beispiel sein, dass die Preiserhöhung für ihn erst drei Monate später greift. Dann erfolgt die Erhöhung zwar dennoch, aber der Kunde hat gefühlt einen kleinen Sieg errungen.

4. **Preiserhöhungen rechtzeitig ankündigen**

Viele Unternehmer drücken sich davor, mit den schlechten Nachrichten früher also nötig rausrücken. Eine Preiserhöhung rechtzeitig anzukündigen, hat aber drei gute Gründe.

- Die Kunden können sich nicht nur auf die Preisänderung vorbereiten, sondern ihr könnt bis dahin zusätzliche Einnahmen tätigen: Kommuniziert, wie lange das Produkt noch zu dem alten, günstigeren Preis zu haben ist und bietet entsprechende Angebotspakete an. Viele Kunden werden die Gelegenheit nutzen, noch zu einem günstigeren Preis kaufen zu können.
- Außerdem verraucht nach einer gewissen Zeit der Ärger über die Preiserhöhung. Wenn sie dann tatsächlich kommt, hat der Kunde sie bereits verdaut.
- Drittens gebt ihr eurem Kunden die Möglichkeit, eure Preiserhöhung wiederum an seine Kunden weiterzugeben, für die er auch eine gewisse Vorbereitungszeit benötigt.

5. **Gründe für eine Preiserhöhung**

Kunden haben mehr Verständnis, wenn sie die Gründe für die Preiserhöhung erfahren. Bitte formuliert aber keine Standardsätze, sondern geht konkret auf das Informationsbedürfnis ein. Ein nachvollziehbarer Grund können beispielsweise die teurer werdenden Materialkosten sein. Das Wichtigste ist, dass ihr immer transparent und ehrlich seid. Zitiert auch Experten oder verweist auf Statistiken, wenn sie eure Argumentation stützen, beispielsweise: Wie Sie aus der Fachpresse und eigenen Erfahrungen wissen, sehen wir uns seit einiger Zeit mit einer dramatischen Preisentwicklung für Rohstoffe konfrontiert. Auch die Versorgungslage ist sehr angespannt. Seit Dezember 2020 kennen die Rohstoffpreise der von uns eingesetzten Materialien nur eine Richtung – steil nach oben.

Ideal ist natürlich, wenn ihr mit der Preisanhebung eine Verbesserung des Produktes verbinden könnt wie Erweiterung des Service, bessere Zahlungsbedingungen oder schnellere Lieferung. Oder ihr könnt auf einen klimaneutralen Versand umstellen. Dienstleister übernehmen den Transport und gleichen die transportbedingten CO_2-Emissionen eurer Sendungen aus. Mit jeder Sendung unterstützt ihr Klimaschutzprojekte und das für nur 0,03€ pro Sendung. Das ist gut für die Natur und ein gutes Argument für eine Preiserhöhung.

6. **Der Trick mit dem Durchschnitt**

Ihr habt mehrere Produkte und hebt die Preise unterschiedlich an? Dann solltet ihr mit dem Durchschnitt arbeiten. Clever macht es die Deutsche Bahn. Produkte, die viel genutzt werden, erfahren eine größere Preiserhöhung. Produkte, die seltener bestellt oder genutzt werden, werden geringer oder gar nicht im Preis erhöht. Dadurch könnt ihr als Unternehmen mit einer durchschnittlichen Preiserhöhung argumentieren. Und das hört sich meist besser an. »Die Deutsche Bahn erhöht die Fahrpreise im Fernverkehr. Sie steigen am 12. Dezember im Durchschnitt um 1,9 Prozent, wie das Unternehmen mitteilte. Tickets zum sogenannten Super-Sparpreis und Sparpreis soll es zwar unverändert ab 17,90 Euro beziehungsweise 21,50 Euro geben. Dafür steigen jedoch der Flexpreis und die Preise für Streckenzeitkarten um durchschnittlich 2,9 Prozent. Auch Bahncards werden 2,9 Prozent teurer.« (www.tagesschau.de/wirtschaft/unternehmen/bahn-preiserhoehung-103.html, Abruf 28.04.2022)

7. **Die Psychologie der Preiserhöhung**

Das Wording spielt eine große Rolle. Unternehmen sprechen daher häufig nicht von einer Preiserhöhung, sondern einer Preisanpassung oder -änderung.

Die Deutsche Post bringt bei Erhöhungen immer wieder zwei Argumente ins Feld. Zum einen der Vergleich mit den europäischen Anbietern. Zum anderen, und das finde ich sehr clever, ein Hinweis auf die Auswirkungen pro Haushalt: »Mit einem Porto von 85 Cent wird der Standardbrief in Deutschland damit auch weiterhin preislich im unteren Mittelfeld Europas rangieren.« Ohnehin seien die Ausgaben für Briefporto pro Haushalt überschaubar, laut Statistischem Bundesamt liegen sie bei 2,09 Euro pro Monat (Quelle: www.inside-digital.de/news/portoerhoehung-briefe-portoerhoehung). Wichtig ist, die Preiserhöhung aus Sicht des Kunden zu sehen, seine Gründe für eine Akzeptanz zu finden und diese entsprechend zu kommunizieren.

Bei den psychologischen Preisgrenzen geht es darum, die Kaufbereitschaft der Kunden optimal zu nutzen. So macht es für viele Kunden keinen großen Unterschied, ob sie für ein Produkt 17 oder 19 Euro zahlen. Kostet das Produkt jedoch 20 Euro, kann das für viele Kunden bereits zu teuer sein, da die Zahl Zwei vorne steht. Faktisch gesehen ist das nicht viel mehr als 19 Euro, in seiner (auch optischen) Wahrnehmung interpretiert der Kunde aber, dass es sich um eine größere Preissteigerung handeln muss. Ähnlich funktioniert das mit Preisen wie 9,50 Euro und 9,90 Euro. Versucht also, die Preisgrenzen weitestgehend auszureizen, ohne dabei zu große Sprünge zu machen.

8. **Kommuniziert euren USP**
Gerade für junge Gründer sind Gespräche über Preiserhöhungen neu und auch nicht immer angenehm, vor allem wenn der Verhandlungspartner ein erfahrener Geschäftsführer oder Einkäufer ist. Damit ihr gut vorbereitet seid, definiert euer Alleinstellungsmerkmal: Was macht ihr anders und besser als die Konkurrenz? Kommuniziert euren Kunden, ob Einzelkäufer oder Händler, warum euer Produkt teurer wird und warum es trotzdem besser ist als das der Wettbewerber.

9. **Die Argumentation am Markt orientieren**
2021 spielten die Rohstoffmärkte verrückt. Durch den Coronavirus, Lieferprobleme und eine extreme Nachfrage aus Asien und den Vereinigten Staaten gingen die Preise für Rohstoffe nur in eine Richtung: nach oben. Das Handelsblatt schrieb am 12.10.2021 (Seite 4) im Artikel »Preisrally hält bis 2022 an«: »Einige Firmen versuchten, mit Verweis auf die gestiegenen Rohstoffpreise ihre Produkte überproportional zu verteuern, um selbst höhere Margen durchzusetzen.« Es waren Firmen, die von dieser Preisentwicklung überhaupt nicht betroffen waren und die Situation schlicht ausgenutzt haben. Achtet daher immer darauf, ob der Markt euch nachvollziehbare Argumente gibt.

10. **Preiserhöhung nicht für alle Kunden bzw. alle Produkte**
Eine interessante Idee hatte das Unternehmen Netflix im Jahr 2017. Die Preise wurden erhöht, allerdings nur für Neukunden. Bestandskunden blieben davon ausgenommen. Zwei Jahre früher hatte die Brauerei Bitburger anstatt einer pauschalen Erhöhung die Preise nur in Randbereichen (z. B.: Kleingebinde 6 x 0,33 l) erhöht. Damit waren nicht alle Kunden betroffen, sondern eher die Privatkunden mit geringerem Bedarf.

11. **Preisanpassungsklausel**
Den Stress einer Diskussion bei einer Preiserhöhung können Unternehmen umgehen, und zwar mit der sogenannten Preisanpassungsklausel. Diese Klausel, in den Vertrag aufgenommen, räumt einem Unternehmen das Recht ein, Preise während der Vertragslaufzeit anzupassen, das heißt in der Regel zu erhöhen. Diese Klauseln sind bei Dauerschuldverhältnissen (zum Beispiel bei Strom, Gas, privater Krankenversicherung) grundsätzlich zulässig. Bei anderen Verträgen sind sie unwirksam, wenn die Ware innerhalb von vier Monaten geliefert bzw. die Leistung erbracht werden soll. Unternehmer sichern sich mit Preisanpassungsklauseln gegen mögliche Veränderungen eigener Kosten während der Vertragslaufzeit mit dem Kunden ab, etwa falls diese aufgrund höherer Rohstoffpreise steigen und deshalb auf den Kunden umgelegt werden sollen. Zu unterscheiden sind Preisänderungen vor und nach Vertragsschluss.

Vor Vertragsschluss können Reiseveranstalter eine Änderung des in einem Prospekt enthaltenen Preises erklären, falls sie sich diese Möglichkeit im Prospekt vorbehalten haben. Der Vorbehalt einer Preisanpassung ist insbesondere zulässig bei höheren Beförderungskosten, höheren Abgaben für bestimmte Leistungen wie Hafen- oder Flughafengebühren oder bei Änderung der für die betreffende Reise geltenden Wechselkurse nach Veröffentlichung des Prospektes.

12. **Wording**
Preiserhöhung hört sich böse an. Also seid kreativ und formuliert diplomatisch. Sprecht lieber von:
- Preisanpassung,
- neuen Preisen,
- Umstrukturierung der Preisliste,
- Preisveränderung.

Um euch zu zeigen, wie wichtig die richtige Strategie und auch der Rhythmus der Erhöhungen ist, hier ein Beispiel aus dem deutschen Lebensmittelmarkt. Das Handelsblatt schreibt in seiner Ausgabe vom 03.01.2022, Seite 19: »Viele Hersteller habe ihre Erfahrungen mit Auslistungen und Lieferstopps. Ab Sommer 2020 etwa suchten Kunden monatelang vergebens Haribo-Produkte in den Regalen von Lidl. Der Discounter wollte Preiserhöhungen nicht akzeptieren. Mehr als sieben Jahre hatte der Goldbären-Hersteller seine Preise nicht angehoben.«

11.3 Von Rabatten und Boni

Rabatt ist der nachträgliche Abzug auf einen Aufschlag.
[unbekannt]

Vor welcher Frage hat der Vertriebler am meisten Angst? Wenn der Kunde wissen will: »Was können wir am Preis machen?« Diese Frage kommt fast immer, gerade bei Start-ups. Wieso? Weil der Käufer ahnt, dass das Unternehmen den Auftrag dringend benötigt, der Preis noch nicht fix ist und das Start-up in Preisverhandlungen unerfahren ist. Das ist zugegeben kein einfaches Thema für Gründer, aber ein sehr wichtiges. Zur Veranschaulichung ein Rechenbeispiel: Wenn euer Unternehmen eine Marge von 25 Prozent hat (was nicht schlecht ist) und ihr nur fünf Prozent Nachlass gebt, dann habt ihr 20 Prozent weniger Gewinn!

Es lassen sich drei Arten von Rabatten unterscheiden:
1. geplante Rabatte,
2. erzwungene Rabatte,
3. versteckte Rabatte.

Rabatte kommen meist dann zum Einsatz, wenn es darum geht, den Kunden vom Produkt oder von der Dienstleistung zu überzeugen. Somit können wir festhalten, dass Rabatte grundsätzlich nicht gut oder schlecht sind. Die Frage ist, welche Funktion ein Preisnachlass haben soll. Er ist zum Beispiel dann sinnvoll, wenn er diejenigen Kunden zum Kauf oder Mehrkauf bewegt, die sonst gar nicht gekauft hätten. Nicht gut ist der Rabatt eingesetzt, wenn sich der Verkäufer nicht gut genug auskennt, um den Kunden fachlich von eurem Produkt oder Dienstleistung zu überzeugen und statt mit Kompetenz lieber mit einem Preisnachlass argumentiert. Auch ist es nicht ratsam, Rabatte zu geben, um einfach nur den Verkauf anzukurbeln.

Gehen wir auf den Rabatt als geplante Aktion ein. Ihr bewerbt ein Produkt oder euer gesamtes Sortiment mit einem Rabatt. Beispiel: »20 Prozent auf alles außer Tiernahrung.« Durch diese Rabattaktion ist die Baumarktkette Praktiker allerdings in enorme Schieflage geraten und musste 2013 Insolvenz anmelden. Und das, obwohl das Unternehmen mit rund 20.000 Mitarbeitern etwa drei Milliarden Euro Umsatz pro Jahr erwirtschaftete. Ihr seht also den Sprengstoff, den unüberlegte und nicht sorgfältig kalkulierte Rabattaktionen in sich bergen.

11.3.1 Die Gefahren von Rabatten

Gefahr #1: Verlagerter Umsatz

Oft höre ich von Unternehmern, dass sich die Rabattaktionen am Umsatz deutlich positiv bemerkbar machen, also einen deutlichen Effekt auf das Kaufverhalten der Kunden haben. Doch viele Gründer lassen sich täuschen: Steigt der Umsatz wirklich? Meist kriege ich zur Antwort: »Ja, die Zahlen lügen nicht.« Was aber übersehen wird, sind die Umsatzzahlen vor und nach der Aktion. Ganz gefährlich: Rabattaktionen, die vorhersehbar sind. Wenn der Kunde weiß, dass eine Rabattaktion kommt, stellt er sein Kaufverhalten darauf ein, Käufe werden in den Rabattzeitraum verlagert. Vor diesem Rabattzeitraum sinken die Umsätze. Und klar ist auch, dass Umsätze nach vorne, also in den Zeitraum mit dem Nachlass, verschoben werden. Somit sinkt der Umsatz vielleicht auch nach der Aktion. Es besteht also die Gefahr, dass kein Neu- oder Mehrumsatz generiert, sondern nur Marge vernichtet wird. Aus diesem Grund kann ich nur empfehlen, dass der Zeitpunkt des Rabattes für den Kunden unbekannt ist. Sehr kritisch ist es auch, wenn in den sozialen Medien nach Gutscheincodes gefragt wird (»Hallo an alle, ich hab jetzt schon ein paar Mal gelesen, dass es einen 20 – Prozent-Gutschein für den Shop geben soll. Kann eventuell jemand helfen?«) oder wenn eure Codes auf entsprechenden Portalen (z. B. www.mein-deal.com/rabatte/) angeboten werden.

Gefahr #2: Der Rabatt wird neuer Referenzpreis

Menschen nehmen Preise nicht absolut, sondern relativ wahr. Sie lassen sich durch Preisanker und Referenzpreise beeinflussen, haben also keine von sich aus gegebene Preisbereitschaft für ein bestimmtes Produkt. Versetzt euch in den Kunden: Wenn ein Unternehmen einen Rabatt ohne Grund gewährt, dann geht der Kunde davon aus, dass das Unternehmen immer noch ein gutes Geschäft gemacht hat. Was ihr vielleicht als einmalige Aktion geplant habt, wird aber von den Kunden als Standard wahrgenommen. Deshalb solltet ihr für eine Rabattaktion immer einen triftigen Grund haben wie die Geschäftseröffnung oder ein rundes Jubiläum.

Ihr müsst verstehen, welchen Effekt ein Rabatt preispsychologisch auslöst. Bei einem Nachlass, der nicht vernünftig begründet ist, besteht die Gefahr, dass sich ein neuer Referenzpreis im Kopf der Kunden festsetzt. Der Kunde wird, weil er den Grund für den Rabatt nicht kennt, dem Produkt einen niedrigeren Wert beimessen. Und er wird in Zukunft das Produkt nicht mehr zu dem ursprünglichen Preis kaufen, da er ihn als zu teuer empfindet. Auf den Punkt: Die Gefahr besteht darin, dass ein Rabatt ohne eine Begründung mit hoher Wahrscheinlichkeit den vom Kunden wahrgenommenen Produktwert senkt!

Gefahr #3: Kunden werden zu Schnäppchenjägern erzogen

Unternehmen gehen davon aus, dass alle Kunden preissensibel sind und auf Rabatte gleich reagieren. Das ist falsch. Daher seien die in Kapitel 7.3 vorgestellten Kundentypen noch einmal ins Gedächtnis gerufen, um aufzuzeigen, wann eine Rabattaktion überhaupt Sinn macht.

Der Gewohnheitskäufer ist markentreu, der Traumkunde für jedes Unternehmen. Wenn man ihn einmal gewonnen hat, bleibt er lange Zeit. Eine eigentliche Kaufentscheidung findet bei ihm nicht statt. Da der Preis bei seiner Entscheidung eher eine untergeordnete Rolle spielt, lässt er sich von Rabatten deshalb nicht leiten. Eine entsprechende Aktion wäre für euch also schlecht, da der Kunde sowieso kaufen würde. Eure Marge sinkt, ohne dass es dafür eine Veranlassung gibt.

Der Preisbereite gibt mehr Geld aus, da es ihm vielmehr um das Produkt als um den Preis geht. Auch hier haben wir den gleichen Effekt wie beim Gewohnheitskäufer: Durch den Rabatt geht euch Marge verloren.

Auch bei dem dritten Kundentyp geht die Rabattaktion ins Leere. Der Gleichgültige zeigt kaum Interesse an Preisen und Preisvergleichen. Er hält bei Rabattaktionen nicht nach Angeboten Ausschau, es sei denn, er benötigt dieses Produkt gerade.

Problematisch sind Rabattaktionen für den Verlustaversiven. Er ist vorsichtig und hinterfragt Angebote sehr kritisch. Durch Preisnachlässe wird er misstrauisch und vermutet, dass der normale Preis ohne Rabatt überhöht ist. Rabatte haben somit einen geringen oder keinen Effekt.

Es bleibt also nur ein Kundentyp übrig: der Schnäppchenjäger. Er ist stark auf Preise fokussiert und wird von Rabattaktionen erfolgreich angesprochen. Allerdings macht der Schnäppchenjäger nur einen kleinen Teil des Marktes aus.

Eine Rabattaktion spricht also immer nur einen bestimmten Teil der Kunden an. Das wäre auch kein Problem, wenn nicht auch die anderen das mitbekommen würden. Gerade wenn Rabattaktionen mit einem hohen Marketingaufwand beworben werden, besteht die Gefahr, dass ihr euch die Kunden zu Schnäppchenjäger erzieht. Oder wie es so schön heißt: »Rabattierte Preise bringen rabattierte Kunden.«

11.3.2 Geplante Rabatte

Es gibt einige gute Gründe für Rabatte und die möchte ich auch nicht verschweigen. Sie werden von Unternehmen gezielt eingesetzt, um den Umsatz zu steigern oder Kunden zu binden. Der Unterschied zu erzwungenen Rabatten (Kapitel 10.3.3) liegt darin, dass diese Rabatte bewusst und zu bestimmten Zeiten, zu bestimmten Bedingungen oder für bestimmte Kundengruppen eingesetzt werden und nicht auf Druck des Kunden.

- **Mengenrabatt:** Hier wird die geringere Handelsspanne durch den geringeren Aufwand bei Akquise, Verpackung und Versand ausgeglichen. Oft bieten Unternehmen einen Staffelrabatt an, etwa fünf Prozent Rabatt bei zehn Stück, sechs Prozent bei 20 Stück. Damit werden Großabnehmer zum Kauf von höheren Stückzahlen animiert.
- **Treuerabatt:** Er wird bei langfristigen Geschäftsbeziehungen gewährt, wenn Stammkunden die Ware überwiegend oder ausschließlich von einem einzigen Lieferanten beziehen.
- **Abholrabatt:** Der Preis wird gesenkt durch eine Reduzierung der Zusatzleistungen.
- **Barzahlungsrabatt:** Hier wird die geringere Handelsspanne durch die Zinsen ausgeglichen, die durch das früher verfügbare Geld entstehen und auch für die entfallenden Kreditkartenkosten, die der Händler zu tragen hat.
- **Naturalrabatt:** Anstelle eines Preisnachlasses werden Waren kostenlos verkauft: »Kaufe drei, zahle zwei.«
- **Sonderrabatt:** Beispielsweise der Schadensfreiheitsrabatt bei der Autoversicherung: Hier wird der Kunde für seine Schadensfreiheit durch Verminderung der Versicherungsprämie belohnt.
- Auch der **Personalrabatt** für Betriebsangehörige gehört in diese Kategorie. Hier nur der Hinweis, dass dieser Rabatt eventuell versteuert werden muss (geldwerter Vorteil).
- **Frühbucherrabatt:** Bei frühzeitiger Buchung gibt es eine Ermäßigung auf die Reisekatalogpreise von Reiseveranstaltern bei frühzeitiger Reisebuchung.
- **Last-Minute-Rabatt:** Rabatte für kurzentschlossene Reisende.

- **Absatzfunktionsrabatte**: Übernahme der Lagerhaltung, Abholung der Waren, Übernahme des Kundendienstes.
- **Einführungsrabatt** bei der Markteinführung neuer Produkte/Dienstleistungen.
- **Auslaufrabatt** am Ende des Produktlebenszyklus.

11.3.3 Erzwungene Rabatte

Wir brauchen unseren Preis – und der Kunde braucht seinen Sieg.
Erich-Norbert Detroy, Preisexperte

Kommen wir zur zweiten Version der Rabatte. Der Kunde stellt in der Verhandlung zu einem Nachlass die allseits gefürchtete Frage: »Was können wir denn noch am Preis machen?« Ich war selbst häufig mit Gründern bei den Kunden und kenne die Situation. Klar ist auch, dass Start-ups in der frühen Phase jeden Umsatz brauchen. Aber denkt dran: nicht um jeden Preis. Wenn ihr überzeugende, einzigartige Argumente für euer Produkt oder eure Dienstleistung habt, dann ist eure Situation im Gespräch deutlich besser. Vielleicht ist euer Angebot schlicht unschlagbar. Wenn ihr hingegen in einem »normalen« Konkurrenzkampf seid, dann solltet ihr folgende Tipps beherzigen.

Tipp 1: Gebt keine Nachlässe, sondern Zusätze
Das Problem haben wir eben besprochen. Nachlässe machen sich direkt im Umsatz bemerkbar. Etwas anderes ist es dagegen mit Zusatzleistungen. Diese wirken sich nicht so stark bzw. negativ auf den Gewinn aus. Mit etwas Geschick könnt ihr das sogar kostenneutral lösen. Das kann eine verlängerte Garantie, ein VIP-Support oder ein weiteres Feature oder Zubehörteil sein. Letzteres beispielsweise hat für den Kunden einen anderen Wert als für euch als Unternehmen. Der Kunde rechnet mit dem Wert aus der Preisliste, ihr könnt mit dem Einkaufswert rechnen. Also versucht, mehr mit »Naturalien« zu arbeiten.

Tipp 2: Spielt den Ball zurück
In Gesprächen erlebe ich oft, dass Gründer oder Vertriebler sehr schnell Nachlässe gewähren: »Wir können zehn Prozent machen.« Und das ist schon der erste Fehler. Fragt doch erst einmal den Kunden: »Was müssen wir denn machen, damit wir zusammenkommen?« Und schon liegt der Ball beim Kunden, was ungewohnt und überraschend für ihn ist. Meist fühlt sich der Kunde damit nicht wohl – und was passiert? Er nennt einen niedrigeren Prozentsatz, als ihr ihm anbieten würdet. Wenn der Wert okay ist, dann holt euch am besten noch am selben Tag die Auftragsbestätigung.

Tipp 3: Bietet niemals einen glatten Prozentwert an
Gehen wir erneut von dem Satz aus: »Wir können zehn Prozent anbieten.« Was denkt der Kunde? Das kam ja sehr schnell, vielleicht gehen auch 15 Prozent. Mein Tipp: Nehmt

euren Laptop, macht eine Excelliste auf und tippt ein paar Zahlen in eine Tabelle. Dann schaut ihr hoch und sagt: »Ich kann 5,75 Prozent anbieten, mehr geht leider nicht.« Wie ist nun die Wirkung? Zum einen sieht der Kunde, dass ihr euch mit der Kalkulation beschäftigt, mit dem spitzen Bleistift gerechnet habt. Zum zweiten diskutiert kein Kunde mehr über den Prozentsatz. Er hat einfach das Gefühl, dass die Sache jetzt ausgereizt ist. Noch ein Tipp eines erfahrenen Vertrieblers: Hier müsst ihr etwas Show machen.

Tipp 4: Lasst den Kunden sich als Sieger fühlen

Vielleicht treibt ihr in eurer Freizeit Sport, vielleicht auch im Wettkampf. Wenn ihr euch an Spiele und Wettkämpfe mit anderen erinnert: Was waren die schönsten Siege? Ich bin sicher, es waren diejenigen, in denen ihr so richtig kämpfen musstet und erst am Ende klar war, dass ihr gewonnen habt. So ein Sieg schüttet ordentlich Glückshormone aus. Seht eine Preisverhandlung auch als einen solchen Wett- oder besser Showkampf an. Der Kunde ist dabei der gefühlte Sieger, aber ihr nehmt den Auftrag mit nach Hause. Wie sieht das aus? Der Kunde möchte einen Rabatt. Natürlich dürft ihr den bis zu einem bestimmten Wert selbst bewilligen. Ihr sagt aber, dass ihr das nicht entscheiden könnt und ruft euren Co-Founder, Chef oder Buchhalter an, stellt am Telefon die Situation dar und beendet das Gespräch, da der Kollege nun erst einmal kalkulieren muss. Nach einigen Minuten meldet er sich und gibt einen Nachlass durch. Wichtig: Der Prozentsatz muss ein krummer Wert sein, zum Beispiel 6,25 Prozent, damit der Kunde das Gefühl hat, dass er einen hart erkämpften Sieg errungen hat.

Tipp 5: Geben und Nehmen gehen Hand in Hand

Hier kommt eine alte Kaufmannsregel ins Spiel: »Du willst etwas von mir, dann möchte ich etwas von dir.« Was will ich damit sagen? Ihr gebt einen Nachlass und holt im Gegenzug vom Kunden die Erlaubnis, ihn in eurer Kommunikation als Referenz beispielsweise auf eurer Webseite oder in Werbeunterlagen zu nennen. Für den Kunden ist das kein Problem, da es keine Kosten und nur ein wenig Abstimmungsaufwand verursacht. Für euch als Start-up sind Referenzen hingegen sehr wertvoll, denn sie schaffen Vertrauen in eure Kompetenz.

Tipp 6: Beteiligt den Mitarbeiter an den Nachlässen

Vielleicht habt ihr einen Außendienstmitarbeiter, der für euch tätig ist. Leider machen viele junge Unternehmen bei den Arbeitsverträgen den gleichen Fehler. Der Mitarbeiter erhält eine fixen und einen variablen Anteil, der meist an den Umsatz gebunden ist. Doch dadurch wird der Vertriebler falsch incentiviert, denn er hat an der Verkaufsfront keinen Nachteil, wenn er Nachlässe gibt. Er hat nur das Ziel, den Auftrag schnellstmöglich abzuschließen und gibt daher willkürlich Rabatte. Meine Empfehlung: Bezieht den Vertrieb auch in die Rabattvergabe ein. Ein Beispiel zur Verdeutlichung: Das Gehalt des Vertriebsmitarbeiters besteht aus einem fixen Anteil und einem variablen Anteil von zehn Prozent für jeden Auftrag. Die Geschäftsführung erlaubt dem Mitarbeiter bis zu 20 Prozent Rabatt. Erhält er den Auftrag, ohne einen Nachlass zu geben, erhält er den kompletten variablen Anteil. Vergibt er aber den Auftrag mit den vollen 20 Prozent Nachlass, dann erhält er nur die Hälfte der Provision, also fünf Prozent. Alles, was dazwischen ist, wird in Schritten reduziert. Also für jeden Prozentpunkt Rabatt werden 0,25 Prozent der Provision abgezogen. Das gemeinsame Ziel soll sein, dass der Mitarbeiter im Sinne eures Unternehmens aktiv nachdenkt und mitrechnet. Dann haben alle etwas davon und auch der Kunde ist zufrieden.

Tipp 7: Bonus – Die Alternative zum Rabatt
Eine gute Alternative zum Rabatt ist der Bonus. Ihr verabredet mit eurem Kunden einen bestimmten Zielumsatz oder eine bestimmte Absatzmenge. Wenn dieses Ziel erreicht wird, wird dem Kunden der Bonus ausgezahlt. Das hat verschiedene Vorteile: Ihr bindet den Kunden an euch, denn schließlich will er am Ende des Vertragsjahres den Bonus haben. Ein gewisser Umsatz ist euch also sicher. Berücksichtigt hier bitte, dass der geschätzte Umsatz des Kunden meist höher ist als der reale. Ein weiterer Vorteil ist, dass ihr erst am Ende des Vertragsjahres eine Rückzahlung an den Kunden leisten müsst (die müsst ihr allerdings einplanen!). Bei der Rabattvergabe habt ihr bei jeder einzelnen Bestellung weniger Euro in der Kasse. Also bedeutet ein Bonus einen deutlichen Liquiditätsvorteil, der gerade für junge Unternehmen sehr wichtig sein kann.

Noch ein Tipp: Bietet dem Kunden eine Staffel mit drei oder vier Stufen an. Dann sind die Bonusziele für ihn leichter zu erreichen. Ein weiteres, individuelles Vorgehen setzt einer meiner Kunden erfolgreich ein: Der Bonus wird am Anfang des Jahres für das abgelaufene Jahr berechnet, allerdings nicht an den Kunden ausgezahlt, sondern auf die nächste Bestellung verrechnet – ein Bonussystem plus Kundenbindung also. Vermarktet eure Strategie aktiv und wenn der Kunde nach einem Rabatt fragt, verweist ihn auf das Bonussystem.

11.3.4 Versteckte Rabatte

Versteckte Rabatte? Ja, auch die gibt es – und sie machen euch die Marge kaputt. Also ist es wichtig, dass wir darauf eingehen. Aus meiner Workshoperfahrung heraus helfen konkrete Beispiele zur Erläuterung am besten.

- **Skonto:** Kunden nehmen Skonto – also einen Nachlass auf den Kaufpreis bei Zahlung innerhalb einer vereinbarten Zahlungsfrist – in Anspruch, obwohl sie die Fristen dann nicht einhalten.
- **Fristen:** Ein Auftrag wird auf Bitte des Kunden hin innerhalb von wenigen Tagen ausgeführt, obwohl dies Mehraufwand in der Produktion erzeugt.
- **Mindestbestellmenge:** Die kleinste, ursprünglich kalkulierte Bestellmenge wird unterschritten. Das ist selten wirtschaftlich.

- **Teillieferung:** Kunden lassen sich Aufträge in Teillieferungen zustellen, was zu logistischen Mehrkosten führt, ohne dass dies vertraglich vereinbart wäre. Solche Bitten des Kunden werden von den Mitarbeitern häufig akzeptiert. Hier gilt es, das eigene Personal zu schulen.
- **Bonus:** Obwohl ich den Tipp gab, Boni zu gewähren, müsst ihr folgendes Verhalten berücksichtigen: Kunden nehmen Bonusvereinbarungen in Anspruch, obwohl sie die vereinbarten Jahresmengen bzw. Mengensteigerungen nicht erreicht haben.

Ein Beispiel

Ein Anzeigenkunde plant für ein Jahr die wöchentliche Schaltung von Anzeigen, insgesamt also 52. Der Verlag hat eine in der Branche übliche Mengenstaffel. Bei 24 Anzeigen im Jahr erhält der Kunde einen Nachlass von 15 Prozent. Schaltet er 48 Anzeigen und mehr, werden 20 Prozent abgezogen. Nun war es oft der Fall, dass Kunden die 48 Anzeigen im Jahr nicht erreicht haben. Sehen wir uns also einen typischen Fall an. Damit wird deutlich, welche Auswirkungen eine Nachberechnung hat. Gehen wir davon aus, dass der Kunde nur 45 Anzeigen geschaltet hat. Gehen wir weiter davon aus, dass jede Anzeige 250 Euro kosten würde. Nun wurde zum Beginn des Vertragsjahres ein Nachlass von 20 Prozent vereinbart. Somit liegt der Anzeigenpreis bei 200 Euro (250 Euro minus 50 Euro). Die Umsatzsteuer habe ich der Einfachheit halber nicht berücksichtigt, da sie bei einem Gewerbekunden keine Auswirkungen hat. Nun hat der Kunde aber statt der vereinbarten 48 Anzeigen nur 45 Anzeigen geschaltet. Das würde nach der Mengenstaffel bedeuten, dass ihm nur 15 Prozent Nachlass zustehen. Die Nachberechnung lautet also: Umsatz im Vertragsjahr 45 Anzeigen a 250 Euro ergeben 11.250 Euro. Davon wurde ein Nachlass von 20 Prozent abgezogen, nach Adam Riese also 2.250 Euro. Somit hat der Kunde insgesamt 9.000 Euro gezahlt. Richtig wäre also folgende Berechnung: Anzeigenrechnungen in Höhe von 11.250 Euro. Berechtigt wäre der Kunde nur zu einem Nachlass von 15 Prozent. Das sind bei dem vorgenannten Betrag 1.687,50 Euro. Also nicht mehr und nicht weniger als 562,50 Euro. Und das bei einem einzigen Kunden.

Geschaltete Anzeigen		45
Preis pro Anzeige		250 €
Gesamtumsatz		11.250 €
vereinbarter Nachlass (48 Anzeigen)	20 %	2.250 €
berechtigter Nachlass (45 Anzeigen)	15 %	1.688 €
zu viel gewährter Nachlass		563 €

- **Muster**: Kunden fordern laufend hochwertige Produktmuster an.
- **Tests**: Kunden erwarten, dass umfangreiche Produkttests durchgeführt werden.
- **Sonderanfertigung**: Kunden wollen Sonderanfertigungen und Produktmodifikationen, und zwar zum Preis der Standardprodukte bzw. zu einem deutlich zu geringen Aufpreis.
- **Machbarkeitsanalyse**: Es werden für den Kunden aufwendige technische Machbarkeitsanalysen erstellt, ohne dass diese in Rechnung gestellt werden.
- **Projektskizze**: Kunden lassen sich sehr ausführliche, kostenlose technische Projektskizzen anfertigen, ohne dass es später zum Auftrag kommt.

Damit ihr diesen verstecken Rabatten nicht in die Falle geht, betrachten wir sie näher.

Ursachen versteckter Rabatte

Auch wenn sich in der Fachliteratur zu den Ursachen kaum Hinweise finden, zeigt sich aus meiner Erfahrung ganz deutlich: Mitarbeiter im Unternehmen sind für versteckte Rabatte schlicht nicht sensibilisiert. Wenn ihnen diese allerdings an Beispielen mit Zahlen deutlich gemacht werden, öffnet es die Augen merklich und ein Bewusstsein kann entstehen. Mitarbeiter müssen am besten bildlich oder in Zahlen erkennen, dass sie Leistungen des eigenen Unternehmens verschenken und damit unnötige Kosten entstehen. Diese Leistungen haben für die Kunden oft einen beachtlichen Wert. Nun muss ich aber die Mitarbeiter in Schutz nehmen. In der Regel kennen sie nicht den Gesamtumfang der kostenlos erbrachten bzw. nicht fakturierten Produkte und Leistungen. Dann darf sich die Führungsregie nicht wundern, dass Mitarbeiter nicht sensibel sind. In Gesprächen mit den Mitarbeitern stellt sich in vielen Fällen heraus, dass man Stress und Diskussionen mit den Kunden vermeiden will. Und wenn der Kunde mit Abwandern droht, knicken die meisten Bearbeiter ein.

Oft sind Kunden der Meinung, dass bestimmte Leistungen kostenlos sein müssen. Aus diesem Grund ist es wichtig, dass ihr alle Leistungen mit einem Preis verseht. Selbst wenn ihr nun eine bestimmte Leistung kostenlos erbringen müsst (weil es vielleicht ein Großkunde ist), dann gibt es zwei Möglichkeiten. Die erste ist, ihr erwähnt diese Position nicht. Das ist die schlechte Alternative. Besser ist es, dem Kunden deutlich zu machen, dass er eine normalerweise kostenpflichtige Leistung ohne Berechnung erhält. Also schreibt ihm eine Rechnung mit der Leistung und versteht diese mit einem Rabatt von 100 Prozent. Nur so hat der Kunde die Leistung und auch den normalen Preis im Kopf.

Das Beispiel und die Berechnung der Mengenstaffel aus dem Verlag habe ich oben aufgeführt. Gegen diese Nachberechnung haben sich viele Mitarbeiter im Unternehmen, besonders der Außendienst gewehrt. Begründet wurde diese Abwehr mit der Angst, dass der Kunde durch die Nachberechnung zum Mitbewerber abwandern würde. Eine

Nachberechnung hat aber etwas mit einer klaren Kommunikation im Vorfeld zu tun. Wenn 48 Anzeigen geschaltet werden, dann werden 20 Prozent Nachlass fällig. Wenn der Wert nicht erreicht wird, dann gibt es eine Nachberechnung.

11.3.5 Darstellung von Rabatten

Wenn ihr einen Rabatt auszeichnen müsst, zum Beispiel in eurem Onlineshop, achtet auf eine überzeugende Darstellung. Es gibt grundsätzlich zwei Möglichkeiten: ihr nennt einen Eurobetrag oder einen Prozentwert.

- Ist der Preis niedrig, solltet ihr den Prozentwert nehmen. Angenommen, ihr habt einen Artikel für 0,99 Euro und wollt ihn im Rahmen einer Aktion für 0,89 Euro anbieten: Das sind 0,10 Euro oder 10 Prozent – und die hören sich doch besser an.
- Liegt der Rabatt hingegen in einem höheren Eurobereich, dann solltet ihr auch ihn in der Werbung anführen. Ein Rabatt von 1.000 Euro liest sich stärker als einer von zehn Prozent.

11.3.6 Preissenkung

Es gibt zahlreiche Gründe, die für eine Preissenkung sprechen. Eure Marktanteile gehen zurück, ihr wollt weitere Anteile gewinnen, ihr liegt hinter den Umsatzerwartungen, ihr benötigt Liquidität, ihr wollt alte, schwächere Marktbegleiter aus dem Markt drängen oder neue Wettbewerber kommen auf den Markt. Aber Achtung: Preissenkungen solltet ihr nur vornehmen, wenn ihr auch eure Kosten reduziert. Was zeigt die Erfahrung? Konkurrenten reagieren sehr empfindlich auf Preisnachlässe, meist mit eigenen und stärkeren Preissenkungen. Der Grund liegt darin, dass Mitbewerber sich von Preissenkungen stärker bedroht fühlen als von nichtpreislichen Maßnahmen. Prüft intensiv, ob es nicht besser ist, die Leistung eures Angebots zu verbessern, also nichtpreisliche Maßnahmen anzugehen, bevor ihr unüberlegt einfach günstiger werdet.

11.4 Dynamische Preise (Dynamic Pricing)

Wenn ich auf einer Strecke 2.000 Kunden habe und 400 verschiedene Preise, dann habe ich offensichtlich 1.600 Preise zu wenig.
Robert L. Crandell, CEO American Airlines 1985 – 1998

Dynamische Preisänderungen basieren auf objektiven Gegebenheiten und sind marktüblich. Bei einer dynamischen Preisdifferenzierung oder auch zeitlichen Preissetzung ändern sich Preise im Zeitverlauf. Für ein- und dasselbe Produkt zeigt ein Anbieter offline oder online zu verschiedenen Uhrzeiten oder an verschiedenen Tagen unterschiedliche Beträge an. Gründe für solch schnelle Anpassungen können zum Beispiel die aktuelle Nachfrage oder die Wetterdaten sein.

Gerade für verderbliche Ware ist diese Preismethode interessant. Damit sind Hotelbetten oder Sitze im Flugzeug gemeint. Wenn der Flieger abhebt, ist der leere Sitz nichts mehr wert. Deshalb ist es besser, ihn günstiger zu verkaufen, als die Ware verkommen zu lassen. Aber Achtung: Auch Kunden haben das System verstanden. Die Gefahr besteht immer darin, dass Kunden bis auf den letzten Drücker warten und die günstigen Last-Minute-Angebote buchen. Damit kannibalisieren Unternehmen ihr eigenes Preissystem. Manche Anbieter verzichten auf diese Last-Minute-Umsätze, um dem Problem gänzlich aus dem Weg zu gehen. Einfach ausgedrückt ist die dynamische Preisgestaltung eine flexible Strategie, um die Preise für Produkte auf der Grundlage einer Vielzahl von Faktoren wie Marktanforderungen, Preisgrenzen und Saisonabhängigkeit festzulegen. Eine gute dynamische Preisstrategie ermöglicht eine schnelle Preisanpassung in der richtigen Größenordnung und hat massive Auswirkungen auf die Rentabilität. Autofahrer kennen es zur Genüge: Der Spritpreis an der Tankstelle ändert sich mehrfach täglich. Dahinter verbirgt sich ein Werkzeug. Dynamische – also bewegliche und flexibel an die jeweilige Marktsituation anpassbare – Preise dienen dazu, den Absatz von Produkten und Dienstleistungen zu steuern.

Dank der Digitalisierung eröffnen sich auch für das Dynamic Pricing erheblich größere Möglichkeiten, Daten heißt das Zauberwort. Folgende Informationen können zur Anwendung kommen:

- historische Daten zu Verkäufen,
- Lagerbestände,
- Produktmerkmale,
- saisonale Veränderungen,
- Marketingkampagnen,
- Wetterbindungen.

Start-ups sind hier etwas im Nachteil, da sie im Gegensatz zu bereits länger bestehenden Konkurrenten nur über wenige historische Daten verfügen. Aber anhand der aktuellen Verkaufszahlen lässt sich beispielsweise ablesen, welche Produkte gerade beliebt sind und bevorzugt gekauft werden. Je nach Strategie steigt dann womöglich auch der Preis, um den Gewinn zu maximieren. Im Hintergrund steht dabei stets die Frage: Wie hoch ist die Preisbereitschaft des Kunden zum jeweiligen Zeitpunkt? Big Data liefert Anhaltspunkte, aus denen sich Antworten auf diese Frage ableiten lassen.

Dynamisches Pricing gibt es schon lange. Früher wurde die Preise eher intuitiv, aus dem Bauch heraus verändert. Dann wurden bestimmte Regeln festgelegt, die starr waren. Hier wurde immer noch Marge verschwendet. Durch den Einsatz moderner Tools können Unternehmen dies mittlerweile optimieren und automatisieren. Anbieter sind zum Beispiel die Unternehmen Price Intelligence (www.priceintelligence.net) und ChannelPilot (www.channelpilot.com).

Digitale Preisschilder

Eine spannende Technik sind digitale Preisschilder, Electronic Shelf Labels (ESL). Mit ihrer Hilfe lassen sich Preisänderungen ganz bequem am Computer vornehmen. Ein Klick genügt und umgehend werden die aktuellen Preise per Funk übertragen und vor Ort am Produktdisplay sichtbar. Das mühsame und zeitraubende manuelle Austauschen von gedruckten Etiketten wird überflüssig. Preise werden auf Knopfdruck gesenkt oder erhöht. Wer sich kurz vor Anpfiff eines großen Fußballspiels noch in letzter Minute Bier und Chips sichern möchte, wird mehr bezahlen als ein Kunde, der die gleichen Artikel bereits am Morgen einkaufen konnte. Aber digitale Preisschilder können auch zum Vorteil des Kunden genutzt werden, wenn beispielsweise Produkte zu bestimmten Uhrzeiten günstiger verkaufen werden, etwa leicht verderbliches Obst und Gemüse kurz vor Ladenschluss. Gründer, die sich im Einzelhandel ansiedeln wollen, sollten direkt über ein Investment in digitale Preisschilder nachdenken. Die flexible und kurzfristige Preisgestaltung wird sich über kurz oder lang rentieren.

11.5 Repricing

Repricing, die automatische Anpassung der Preise, ist ein Onlinemodell, mit dem Händler auf die Preise der Konkurrenz reagieren und die eigenen automatisiert anpassen. Je mehr Produkte und Plattformen im Spiel sind, desto schwerer ist es, den Überblick zu behalten und sinnvolle Preisanpassungen vorzunehmen. Aus diesem Grund gibt es Tools, die euch bei dieser Arbeit entlasten. Allerdings ist Repricing kein Allheilmittel für mehr Umsatz. Darauf komme ich gleich zurück.

Der Preis ist gerade bei homogenen Produkten ein wichtiges Entscheidungskriterium für oder gegen den Kauf. Auf Onlinemarktplätzen werden die Produkte von den Interessenten häufig aufsteigend nach dem Preis geordnet. Wer ganz oben steht, wird also zuerst wahrgenommen. Es ist daher für viele Händler wichtig, den Preis zeitnah an die Konkurrenz anpassen zu können – gleich hoch oder niedriger. Dafür gibt es sogenannte Repricing Software oder Repricing Tools.

Repricing Tools

Repricing Tools sorgen für eine automatisierte Anpassung der Preise für ausgewählte Produkte. Bei einem Großteil der Software können entsprechende Kriterien eingestellt sowie Parameter angegeben werden, die von dem Programm eingehalten werden sollen:

- Mindestpreis,
- Maximalpreis,
- zu berücksichtigende bzw. zu ignorierende Wettbewerber,

- Preisabstand zu Wettbewerbern,
- Produkte, für die der Preis angepasst werden soll,
- Verfügbarkeit der Produkte beim Mitbewerber.

Beim Repricing ist der wichtigste Wert die Preisuntergrenze, die nicht unterschritten werden darf, da ihr sonst ein Verlustgeschäft macht. Idealerweise setzt ihr auch eine Preisobergrenze, damit nicht durch einen Fehler zu hohe Preise festgelegt werden.

Sind solche Repricing Tools allerdings der Stein der Weisen? Nein, sie sind kein Allheilmittel für mehr Umsatz. Den eins ist weiterhin klar: Der Preis ist wichtig, aber er ist nicht der einzige Verkaufsgrund. Glaubwürdige positive Bewertungen, Gütesiegel wie zum Beispiel vom Unternehmen Trusted Shops, schnelle Lieferzeiten, qualitativ hochwertige Produktfotos und eine aussagekräftige Beschreibung eures Angebots beeinflussen die Entscheidung mindestens ebenso sehr.

Wann also lohnt sich der Einsatz von Repricing Software? Nun, sie kostet Zeit und sie spart Zeit. Ein Widerspruch? Nein, denn zum einen ist die Einrichtung eurer Regeln zeitaufwendig. Dies gilt besonders dann, wenn für viele Produkte unterschiedliche Regeln erstellt werden sollen. Zum anderen sparen die Tools Zeit, denn sie machen es euch durch die Automatisierung leicht, die Preise anzupassen. Gerade bei einem großen Sortiment ist dies mittelfristig eine deutliche Zeitersparnis, wenn sich die Preise häufig ändern. Der Einsatz lohnt sich daher für Produkte, für die mehrere bis viele Konkurrenten vorhanden sind und bei denen der Preis regelmäßig schwankt. Zwei Anbieter von Repricing-Tools sind Shop Tracker (www.shoptracker.de) und Minderest (www.minderest.com).

Wie oft sollten Preise angepasst werden?
Auf diese Frage gibt es leider keine Standardantwort. Händler, die das gleiche Produkt mehrmals am Tag verkaufen, dürften mit einer nur täglich erfolgenden Anpassung nicht auskommen. Das wiederum betrifft insbesondere das letzte Quartal des Jahres, wenn die Schlacht um die Weihnachtsgeschenke eröffnet ist. Bei vielen Repricing-Tool-Anbietern gibt es eine kostenlose Testphase. Nutzt das Angebot und fragt die Anbieter, wie oft ihr die Preise anpassen sollt. Sie haben sicherlich die größte Expertise.

11.6 Personalisierte Preise

Eine Frage, die viele Konsumenten und Verbraucherschützer beschäftigt: Werden Shoppern im Onlinehandel individuelle Preise angezeigt? Gibt es damit Preisdiskriminierung im E-Commerce? Sieht Frau Meier in demselben Shop einen anderen Preis für das gleiche Produkt wie Herr Müller? Wenn dem so wäre, müssten wir die Frage nach Preisdiskriminierung mit ja beantworten. Mythos oder Wahrheit?

Das Bundesministerium der Justiz und für Verbraucherschutz (BMJ) hat dazu 2020 eine Forschung in Auftrag gegeben. Die zentralen Fragen lauteten: Wird im Markt personalisierte Preisgestaltung verwendet? Falls ja: Von welchen Kriterien hängt sie ab? Welches Ausmaß haben ihre Auswirkungen? Das Forschungsinstitut Ibi Research an der Universität Regensburg und das Beratungsunternehmen Trinnovative sind diesen Fragen in einer aufwendigen Untersuchung nachgegangen. Über einen Zeitraum von drei Monaten wurden die Preise erhoben, die auf unterschiedlichen Anbieter- und Preisvergleichsseiten für jeweils das gleiche Produkt zum jeweils gleichen Zeitpunkt verlangt wurden. Dabei wurden insbesondere die umsatzstärksten Onlineshops und Plattformen im deutschen E-Commerce sowie die beliebtesten Preisvergleichsportale berücksichtigt. Ihr Bericht »Empirie zu personalisierten Preisen im E-Commerce«, veröffentlicht auf der Webseite des Bundesministeriums der Justiz und für Verbraucherschutz (www.bmjv.de/SharedDocs/Downloads/DE/Service/Fachpublikationen/Schlussbericht_Empirie.pdf?__blob=publicationFile&v=1), kommt zu folgendem Ergebnis: Individuelle, sprich personalisierte Preise, gibt es in Deutschland im Onlinehandel nicht. Eine Preisdiskriminierung konnte nicht aufgedeckt werden.

11.7 Die Nebenkosten

Kein Kunde kauft jemals ein Erzeugnis. Er kauft immer das,
was das Erzeugnis für ihn leistet.
Peter F. Drucker

In diesem Kapitel möchte ich über eine Form des Umsatzes sprechen, die kaum ein Start-up im Auge hat. Es geht um die Nebenkosten, also die Kosten, für die eine enge sachliche Verknüpfung zu einer bestimmten, betragsmäßig zumeist weit bedeutsameren Kostenart besteht. Das beginnt bei A wie Abholkosten und endet bei Z wie Zahlungsarten. Ich möchte euch für die Nebenkosten sensibilisieren, denn auch hier versteckt sich Marge für euch. Und meist werden diese Positionen klaglos von den Kunden akzeptiert.

Überführungs-/Abholkosten
Die Kosten für die Logistik steigen regelmäßig und belasten die Bilanzen. Deshalb ist es normal, Transport- oder Überführungskosten zu berechnen. Denkt daran, nicht nur die externen Kosten weiter zu berechnen, sondern auch interne wie zum Beispiel für Personal. Im Bereich der Automobilindustrie wird selbst die Abholung im Werk bepreist.

Produktion Overnight
Euer Kunde benötigt kurzfristig etwas, das ihr aber noch produzieren müsst. Selbstverständlich könnt ihr einen Sonderposten auf der Rechnung einführen. Schließlich

müsst ihr eure Produktion umplanen und außerdem helft ihr dem Kunden aus einer Notlage. Ein Beispiel der Firma Flyeralarm (www.flyeralarm.com): 1.000 Flyer (A4, 135 gr. Bilderdruck, 4/4 farbig) kosten bei der Standardproduktion (Lieferzeit 5 bis 6 Werktage) 42,78 Euro, Express (Lieferzeit: 2 Werktage) 54,28 Euro und Overnight (1 Werktag) bereits 71,78 Euro (alle Preise netto). Flyeralarm lässt sich also diesen Service mit 29 Euro bzw. 68 Prozent Zuschlag vergüten.

Versandkosten

Habt ihr euch schon einmal gefragt, wieso viele Unternehmen Versandkosten verlangen und nicht Portokosten? Bei Letzteren dürft ihr nur die Kosten des Versandunternehmens weiterberechnen. Zum Versand hingegen gehören auch die Verpackung und das entsprechende Personal. Ihr könnt hier also eine Marge einrechnen. Ein Tipp, wenn ihr eure Produkte auf Plattformen vertreibt: Dort werden die Preise oft aufsteigend angezeigt, das günstigste Produkt zuerst. Beobachtet die Mitbewerber und setzt euch mit eurem Preis knapp darunter. Dafür erhöht ihr die Versandkosten um den gleichen Betrag. Aber nicht übertreiben: Die Stiftung Warentest berichtet von einem Fall, in dem ein Spielzeug für Kinder auf Amazon 0,01 Euro gekostet hat, die Versandkosten hingegen bei stolzen 21,98 Euro lagen (www.test.de/test-warnt-Viel-zu-hohe-Versandkosten-5717843-0/, Abruf 05.05.2022). Dass das nicht lange funktioniert, dürfte jedem schnell klar sein.

Expressversand

Euer Kunde benötigt die Ware schneller als im normalen Ablauf geplant. Ihr wollt diesen Wunsch natürlich bedienen, allerdings bringt die Expresslieferung eure Abläufe durcheinander. Daher dürft ihr auch ein extra Entgelt berechnen.

Minder-/Sondermengen

Kunden, die weniger als angeboten abnehmen oder Sondermengen bestellen, müssen dafür auch zahlen. Ich stelle in der Praxis immer wieder fest, dass Unternehmer diese Sonderkosten nicht berechnen. Damit erzieht ihr die Kunden zu »falschen« Mengen, stört euren Lieferprozess und verursacht interne Kosten. Der Grund ist meist, dass Mitarbeiter für dieses Thema nicht sensibilisiert werden. Erklärt ihnen die internen Kosten, die bei Minder- und Sondermengen entstehen. Oftmals ist das falsch verstandener Kundenservice. Gebt den Kollegen Argumente an die Hand, damit sie den Kunden das Problem verständlich näherbringen.

Zahlungsarten

Unterschiedliche Zahlungsarten verursachen unterschiedliche Kosten. Teilweise könnt ihr die Kosten eures Zahlungsanbieters an die Kunden weiterleiten. Tipp: Bietet eine Zahlungsart ohne zusätzliche Kosten an und belegt weitere wie die Kreditkarte mit einer kleinen Gebühr. Händler dürfen von den Kunden Gebühren für die Nutzung von PayPal oder Sofortüberweisung erheben, müssen aber auch ein kostenfreies

Zahlungsmittel anbieten. Für Zahlungen per SEPA-Überweisung oder Lastschrift darf keine Gebühr verlangt werden, so steht es in Paragraf 270a des Bürgerlichen Gesetzbuchs. Beispiel Ryanair: Bei den Zahlungsarten PayPal oder Kreditkarte wird ein Aufpreis von zwei Prozent fällig (www.travelox.de/schnappchen-tipps/fluege/ryanair-ohne-gebuhren-buchen-und-statt-kreditkarte-per-bankeinzug-zahlen-die-anleitung/). Da sich hier aber die Rechtsprechung ändern kann, solltet ihr einen Fachmann dazu befragen. Dies waren nur einige Beispiele für Nebenkosten. Schaut euch euren internen Bestell- und Versandablauf genau an. Vielleicht schlummert noch die eine oder andere Möglichkeit für weitere Erlöse darin.

11.8 Preispsychologie

Bei der Preispsychologie handelt es sich im Groben um die Wahrnehmung und das Verhalten der Menschen in Bezug auf Preisentscheidungen. Wie entscheiden sie, ob das Produkt bzw. die Dienstleistung gekauft wird oder nicht? Wo befindet sich die psychologische Preisschwelle, ob jemand die Entscheidung zum Kauf trifft oder nicht? Es geht darum, wie ihr die meist unterbewussten Denk- und vor allem Entscheidungsmuster der Kunden gezielt zur Steigerung eurer Umsätze und Renditen nutzen könnt.

Ich kann und möchte nicht in die wissenschaftliche Betrachtung einsteigen, dazu gibt es ausreichend Fachliteratur. Hingegen stelle ich im Folgenden viele konkrete Modelle vor, die zum Verständnis, wie wir ticken, und zur Anwendung inspirieren sollen.

11.8.1 Der Referenzpreis-Effekt

»Wie verkauft man am besten eine 2.000-Dollar-Uhr? – Direkt neben einer 10.000-Dollar-Uhr!«

Die Geschichte kommt aus den USA und wurde von dem bekannten US-amerikanischen Psychologen Robert Beno Cialdini in seinem Buch »Influence: Science and Practice« beschrieben. Ich erzähle sie immer wieder gerne.

> **Beispiel Referenzpreis**
>
> Das Brüderpaar Sid und Harry betrieb in den 1930er-Jahren ein Kleidergeschäft in New York. Sid war der Verkäufer, während Harry der Schneider war. Wenn nun ein Kunde in den Laden kam und sich für einen Anzug interessierte, stellte

> sich Sid etwas schwerhörig. Wenn der Kunde dann fragte, was der Anzug kostet, drehte Sid sich um und rief nach hinten in die Schneiderwerkstatt: »Harry, was kostet dieser Anzug?« Und Harry rief zurück: »Dieser schöne Anzug? Der kostet 42 Dollar.« Sid, der ja den Schwerhörigen spielte, fragte noch einmal nach. Und Harry antwortet wieder: »42 Dollar.« Sid drehte sich zum Kunden um und sagte: »22 Dollar.« Der Kunde überlegte keinen Moment, legte die 22 Dollar auf den Tisch, nahm den Anzug, verschwand und freute sich über das vermeintlich gute Geschäft.

Was war passiert? Die Wahrnehmung von Preisen erfolgt nie losgelöst vom Kaufumfeld eines Kunden, sondern immer in Relation zu einem Referenzmaßstab. Und die 42 Dollar, die Harry aus der Schneiderwerkstatt rief, waren der Referenzpreis. Somit waren die 22 Dollar aus Sicht des Kunden ein wahres Schnäppchen.

Solche Referenzpreise, auch Ankerpreise genannt, werden von Unternehmen häufig bei Aktionen genutzt. Ein Beispiel ist die Auszeichnung einer unverbindlichen Preisempfehlung. Ein gutes Beispiel kommt aus dem Autohandel. Beim Kauf eines Fahrzeuges nimmt der Käufer die zusätzliche Sonderausstattung immer in Relation zum Fahrzeugpreis wahr. Obwohl es hier oft um einige tausend Euro geht, erhöht die Zusatzausstattung den Gesamtpreis der Anschaffung nur um einige Prozent. Werden dagegen weitere Artikel, zum Beispiel Winterreifen, später gekauft, ist der Referenzpreis verschwunden. Der Kunde hat dann eine erhöhte Preissensitivität.

Diese Taktik wird oft auch in Restaurants angewendet, wo teure Gerichte auf der Speisekarte oder hochpreisige Getränke auf der Weinkarte besonders in Szene gesetzt werden, sodass die anderen Angebote deutlich günstiger wirken.

11.8.2 Der Decoy-Effekt

Wieder kann ich von einer spannenden Geschichte aus den USA berichten. In diesem Fall geht es um ein Experiment des amerikanischen Wissenschaftlers Dan Ariely (Ariely, 2015). Das Experiment zeigte, dass durch eine unbedeutende Preisalternative der Abschluss eines Abonnements und damit der Umsatz um 43 Prozent dramatisch anstieg. Diese Vorgehensweise wird Decoy-Effekt (engl. decoy, Köder) oder asymmetrischer Dominanz-Effekt genannt.

Der Decoy-Effekt

In dem Experiment von Ariely ging es um die Zeitschrift »The Economist«, die als Print- und als Onlineausgabe angeboten wurde. Den zwei teilnehmenden Testgruppen wurde jeweils ein anderes Angebot gemacht. Die erste Gruppe hatte die Wahl zwischen dem Onlineabonnement für 59 US-Dollar und einem Kombiangebot (Print + Online) für 125 US-Dollar. Was passierte? 68 Prozent der Kunden entschieden sich für Lösung 1, also das Onlineangebot für 59 US-Dollar, 32 Prozent wählten das Kombiangebot für 125 US-Dollar. Der durchschnittliche Umsatz betrug pro Kunde 80,12 US-Dollar.

Die zweite Gruppe erhielt dasselbe Angebot, allerdings mit einer zusätzlichen Alternative: Ein reines Printabonnement kostete ebenfalls 125 US-Dollar und somit genauso viel wie das Kombiangebot. Und dieses Printangebot war der Köder. Haben die Kunden den Köder geschluckt? Ja, das haben sie. Und hier die überraschenden Zahlen: Das Onlineangebot nahmen nur noch 16 Prozent an, das reine Printangebot keiner und das Kombiangebot wurde nun von 84 Prozent der Kunden wahrgenommen. Aus einem durchschnittlichen Umsatz von 80,12 US-Dollar pro Abonnement wurde durch die Hereinnahme einer unbedeutenden Alternative (dem Köder) ein Umsatz von satten 114,44 US-Dollar.

Was ist hier passiert? Eine unattraktive Preisoption, das Printabonnement für 125 US-Dollar, ließ die hochpreisige Option des Kombipakets aus Print und Online mit ebenfalls 125 US-Dollar auf einmal günstiger aussehen. Dieses Beispiel zeigt, dass durch das Ergänzen einer preispsychologischen Alternative die Wahrnehmung und damit das Verhalten des Kunden verändert wird, was zu deutlichen Umsatzsteigerungen führen kann.

11.8.3 Der Kompromiss-Effekt

Leider sehe ich es immer wieder, dass Unternehmen ihren potenziellen Kunden maximal zwei Angebotsvarianten anbieten. Der Kompromiss-Effekt zeigt aber eindeutig, wie auch schon der Decoy-Effekt, dass es einer dritten Alternative bedarf.

Dabei sollte das mittlere Angebot von der Leistung und dem Preis zwischen den beiden anderen Varianten liegen. Der Grund liegt auf der Hand: Kunden tendieren in ihrer Preiswahrnehmung im Zweifel dazu, die Mitte zu wählen. Warum ist das so? Wenn Kunden nicht genau wissen, was ein Produkt kosten darf, dann entscheiden sie sich für die Mitte. Dies stellt das geringste Risiko dar. Dieses Denkmuster, das als Magie der Mitte bezeichnet wird, unterstreicht, welch starken Einfluss die Anzahl der angebotenen Alternativen auf das Kaufverhalten haben kann.

Abb. 25: Der Kompromiss-Effekt – Die Magie der Mitte

11.8.4 Der Odd-Price-Effekt

Bei dieser psychologischen Preisstrategie – darunter fassen wir alle Maßnahmen zusammen, die geeignet sind, Preise für Produkte oder Dienstleistungen für den Käufer oder die Käuferin günstiger erscheinen zu lassen, als sie in Wirklichkeit sind – geht es um den ungeraden Preis, also den Preis, der mit einer Neun endet. Eigentlich ist es unerheblich, ob der Kunde 9,99 Euro oder 10,00 Euro zahlt. Tatsächlich ist es aber so, dass wir von links nach rechts lesen und so die 9,99 Euro im Bereich von noch neun Euro und nicht bereits zehn wahrnehmen. Angeblich enden 50 Prozent der Preise mit einer Neun.

11.8.5 Der Framing-Effekt

Der Framing-Effekt wird auch als Eckartikel-Effekt bezeichnet. Kein Kunde kennt alle Preise bzw. häufig nur die von wenigen Artikeln. Wenn nun das Unternehmen genau bei diesen Eckartikeln günstig ist, geht der Kunde davon aus, dass auch das übrige Angebot bei diesem Händler günstig ist. Ein gutes Beispiel findet sich erneut im Büromaterialsegment. Große Händler bieten dort Eckartikel wie Kopierpapier, Ordner und Textmarker günstig an. Diese Preise kennt der Kunde auch. Viele weitere aber eben nicht mehr – und ein Händler für Bürobedarf hat im Schnitt 25.000 Artikel im Sortiment. Hier nun kann der Händler seine Marge ziehen, das heißt, hier kann er deutlich höhere Preise verlangen und davon ausgehen, dass die Kunden diese akzeptieren.

11.8.6 Der Endowment-Effekt

Wer sich darüber Gedanken gemacht hat, wieso in einem Autohaus immer nur Vorführwagen mit allen Extras ausgestellt sind, bekommt nun die Antwort: Es handelt sich dabei um den Endowment- oder Besitztums-Effekt (engl. endowment, Anfangsausstattung). Der Kunde sieht sich im Autohaus ein Auto an und entscheidet sich für den Kauf. In seinem Kopf besitzt er das Auto schon. Nun geht es aber an den Preis und da müsste er eigentlich einige Sonderausstattungen streichen. Das aber bereitet dem Kunden fast schon körperliche Schmerzen, denn es gehört doch eigentlich alles schon ihm. Die Hypothese dahinter: Menschen tendieren dazu, ein Produkt wertvoller einzuschätzen, wenn sie es besitzen. Wenn ihr euren Kunden also eine Testversion eures Produktes gebt, dann stattet es mit allen Extras und Features aus. Das erhöht die Chancen, dass er sich auch das gesamte Paket leisten möchte.

11.8.7 Der Separations-Effekt

Dieser Effekt beschreibt die Trennung zwischen Zahlung und Nutzung. Kunden haben eine Präferenz für Preismodelle, die ihnen von Anfang an das Gefühl vermitteln, die Kosten im Griff zu haben und somit eine Kostenkontrolle »garantieren«.

Dieser Effekt wird z. B. bei Telefonie-Flatrates oder All-inclusive-Angeboten im Hotel eingesetzt. Selbst wenn die Buchung und Abrechnung einzelner Leistungen für den Kunden günstiger wäre, ziehen die meisten ein Flatrate-Angebot vor. Solche Lösungen erscheinen reizvoll, da man sich keine Gedanken über einzelne Kosten machen muss.

11.8.8 Das Paradox of Choice

Die Ökonomin und Psychologin Sheena Iyengar von der Columbia University in New York führte zusammen mit ihrem Kollegen Mark Lepper im Jahr 2000 in einem kalifornischen Supermarkt einen Test mit Marmeladensorten durch. An zwei Samstagen stellten sie Probiertische mit Marmelade auf, die die Kunden kaufen sollten. Auf einem Tisch waren 24 Sorten zur Auswahl, auf dem anderen sechs. Das Ergebnis: An dem Tisch mit den 24 Marmeladensorten probierten 60 Prozent der Kunden mindestens eine Sorte, an dem Tisch mit der kleineren Auswahl nur 40 Prozent der Kunden. Das war wahrscheinlich zu erwarten. Je größer die Auswahl, desto mehr Kunden probieren. Die Überraschung: Am Tisch mit den 24 Marmeladensorten testeten 60 Prozent der Kunden, aber nur drei Prozent der Probetester kauften eine Marmelade. Ganz anders an dem Tisch mit den sechs Marmeladen: Hier probierten nur 40 Prozent der Kunden, aber 30 Prozent kauften anschließend.

Fazit: Je größer die Auswahl für den Kunden ist, desto attraktiver wirkt das Angebot auf ihn. Gleichzeitig: Je kleiner die Auswahl, desto leichter fällt die Entscheidung zwischen den Produkten und damit die Kaufentscheidung.

11.8.9 Der Placebo-Effekt

Den Placebo-Effekt gibt es doch nur in der Medizin, oder? Nein, zu meiner eigenen Überraschung gibt es ihn auch beim Preis. In einem Test, allerdings doch im medizinischen Bereich, hat man Patienten in zwei Gruppen eingeteilt. Beiden wurde gesagt, dass sie ein Schmerzmittel erhalten würden, und bei beiden Gruppen war auf der Verpackung ein Preis aufgedruckt: in der ersten Gruppe ein höherer, in der zweiten Gruppe ein niedrigerer. In der Gruppe mit dem höheren Preis sagten alle (!), dass das Mittel sehr wirksam sein. In der Gruppe mit dem niedrigen Preis berichtete nur die Hälfte der Probanden von der gleichen Wirkung. Tatsächlich haben beide Gruppen ein Vitamin-C-Placebo erhalten. Es waren also die gleichen Bedingungen, allein das Preisschild beeinflusste die (subjektive) Wirkung für die Patienten. (Simon, 2013, S. 88)

11.8.10 Prinzip der Knappheit

Ein beliebtes Mittel, um höhere Preise durchzusetzen, ist es, Knappheit zu kommunizieren. Ein sehr typisches Beispiel sind Hotelbuchungen: »Nur noch ein Zimmer verfügbar, zwölf Kunden sehen sich die Seite gerade an.« Hier wird also mit der Knappheit geworben. Mir hat ein Seminarteilnehmer von einem Start-up erzählt, das einen Webshop für Kosmetikartikel eröffnete. Allerdings waren am Anfang die Gelder knapp, sodass die Produktion nur langsam anlief. Aus diesem Grund wurde der Onlineshop nur für einen Tag im Monat geöffnet. Die Bestellungen wurden angenommen, bearbeitet und der Shop wieder geschlossen. Erst im nächsten Monat konnten die Kunden wieder bestellen. Das Ergebnis: Die Kunden waren heiß auf die Produkte, weil sie etwas Besonderes waren.

Aber bringt Knappheit wirklich einen Mehrumsatz? Ein Experiment aus den Vereinigten Staaten bringt den Nachweis. Dort hat ein Unternehmen zwei Gruppen Fertigsuppen angeboten. Einmal versehen mit dem Hinweis »Limit of 12 per Person«, bei der zweiten gab es den Hinweis »No Limit per Person«. In der ersten Gruppe wurden im Schnitt sieben Dosen gekauft, in der zweiten Gruppe nur die Hälfte. Wir treffen hier auf zwei Effekte: Zum einen wird mit der Zahl Zwölf suggeriert, dass es normal ist, so viele Dosen zu kaufen. Gleichzeitig wird dem Kunden klargemacht, dass das Angebot knapp ist und er nun zugreifen muss. (Simon, 2013,S. 94) Meine Einschätzung: Wenn ein Produkt knapp ist, dann solltet ihr es auch kommunizieren. Wenn die Lager aber voll sind, dann solltet ihr von dieser Aktion die Finger lassen.

11.8.11 Neue Berechnungsgrundlage

Abb. 26: Neue Berechnungsgrundlage am Beispiel »Datensensation« von ALDI

Manchmal kann es sinnvoll sein, die alte Berechnungsgrundlage zu ändern und zum Beispiel die Zeit als Basis zu nehmen. Die Idee ist, dass der Kunde eine andere Einheit im Kopf hat. Ein interessantes Beispiel kommt vom Discounter ALDI. Das Unternehmen hatte 2019 lautstark einen Mobilfunkvertrag beworben (www.presseportal.de/pm/112096/4264556, Abruf 14.03.2022).

Was ist daran nun besonders? Schauen wir uns das erste Angebot für 7,99 Euro an. Es galt nicht für einen Monat, sondern für vier Wochen. Das ist ein kleiner, sehr feiner Unterschied. Wenn ihr in eurem Freundeskreis nachfragt, wie viele Wochen ein Monat hat, dann werdet ihr die Antwort »vier« erhalten. Allerdings stimmt das nicht. Ein Monat hat genau (im Schnitt auf alle 12 Monate) 4,34 Wochen und ein Jahr (wir lassen das Schaltjahr aus) hat 52,14 Wochen. Ihr seht den Unterschied. Die meisten Kunden gehen davon aus, dass sie in einem Jahr zwölfmal die 7,99 Euro bezahlen. Tatsächlich sind es aber dreizehn Abrechnungen. Ein Unterschied im Preis von 7,99 Euro oder 8,33 Prozent.

Ein anderes Beispiel kommt von Parkhausbetreibern. Früher war es normal, dass die Parkzeit pro Stunde berechnet wurde. Inzwischen ist man dort sehr kreativ geworden. So hat ein Parkhaus in meiner Nähe eine Taktung von 40 Minuten. Gehen wir davon aus, dass der alte Preis für die Stunde Parkzeit 1,20 Euro betrug. Ohne dass der Betreiber die Preise erhöht, ändert er den Berechnungszeitraum. Das wären bei 40 Minuten also 0,80 Euro. Also doch kein Problem, oder? Oh, doch. Das Interessante ist nun, dass die Berechnung ja pro angefangene Zeiteinheit läuft. Wenn der Kunde also 50 Minuten parkt, dann hat er nach dem alten System 1,20 Euro bezahlt. Nach dem neuen Preissystem ist der Kunde bereits in der zweiten Einheit, muss also zweimal 0,80 Euro zahlen und kommt auf einen neuen Gesamtpreis von 1,60 Euro – mehr Umsatz, ohne die Preise zu erhöhen!

Ein weiteres Beispiel kommt aus der Autovermietung: Gelernt und gezahlt haben wir über viele Jahre einen fixen Tagessatz mit Kilometerbegrenzung oder ohne. Findige Carsharing-Anbieter haben inzwischen die Grundlage der Berechnung geändert. Es wird nun nach Minuten abgerechnet und damit liegt der angezeigte Preis im Bereich von wenigen Cent. Und das wird anders, nämlich günstiger, wahrgenommen als der klassische Tagespreis (zwei- bis dreistellige Eurobeträge) vieler Autovermieter – ein Modell, das in die Kategorie Pay-per-Use gehört. Ich führe es deshalb auf, weil hier zum ersten Mal in einer alten Branche, der Autovermietung, die Berechnungsgrundlage geändert wurde. Damit machen für die Kunden nun auch sehr kurze Mietzeiten im Minutenbereich Sinn.

11.8.12 Der Cashback-Trick

Der Nobelpreisträger für Wirtschaft, Daniel Kahneman, hat festgestellt: Die emotionale Reaktion auf einen Verlust – etwa die Zahlung eines Geldbetrags – kann viel stärker sein als die Reaktionen auf einen Gewinn, also zum Beispiel die Freude über das Auto, das man für das Geld bekommt. Und das erklärt ein Preismodell, das auf den ersten Blick absurd erscheint – wie etwa die in den USA verbreiteten Cashbacks beim Autokauf: Man erwirbt einen Wagen für 30.000 Dollar und erhält 2.000 Dollar zurück (www.manager-magazin.de/unternehmen/artikel/cashback-ankerpreis-und-listenpreis-verfuehren-kunden-zum-kauf-a-933164.html, Abruf 05.05.2022). Verrückt, die Amis! Wer das denkt, den verweise ich auf die Aktion der Deutschen Telekom: »Bei Neuabschluss eines berechtigten MagentaMobil-Tarifes erhalten Kunden 240 € Cashback. Bei Neuabschluss einer Family Card oder einer Vertragsverlängerung in einen höherwertigen Tarif erhalten Family-Card- bzw. MagentaMobil-Kunden 120 € Cashback. Bei Neuabschluss eines Daten-Tarifes über die Hotline erhalten Kunden 50 € Cashback.« (www.telekom.de/unterwegs/cashback/cashback-einloesen, Abruf 14.03.2022). Und das sehr einfach: Kunden schließen den Wunschtarif ab, fordern das Cashback an und innerhalb von acht Tagen ist das Geld auf dem Konto. Inzwischen gibt es eine Vielzahl von Cashback-Anbietern, die sich auf die Dienstleistung (einkaufen und Geld zurück) spezialisiert haben: Shoop (www.shoop.de), shopmate (www.shopmate.eu), GETMORE (www.getmore.de) oder aklamio (www.aklamio.com). Für junge Unternehmen kann es eine interessante Option sein, sich einem dieser Anbieter anzuschließen.

11.8.13 Der Kreditkarten-Trick

Die Kaufbereitschaft des Kunden steigt, wenn er mit Kreditkarte anstatt mit Bargeld bezahlen kann. Eine GfK-Studie von 2019 zeigt: 92 Prozent aller Befragten wünschen sich die Möglichkeit, im stationären Handel mit Karte zu zahlen. Mit der Akzeptanz von EC- und Kreditkarte als Zahlungsmittel erleichtern Unternehmen ihren Kunden das Einkaufen und Verbessern somit das Shoppingerlebnis. Zufriedene Kunden sind die Folge. Ein Großeinkauf geht Kunden leichter von der Hand, wenn die Kaufsumme abstrakt bleibt und nicht Schein für Schein auf den Tisch geblättert werden muss – ein Vorgang, den Menschen viel stärker als Verlust empfinden als die Buchung über die Kreditkarte. Nicht nur für Großeinkäufer, auch für Laufkundschaft wie Touristen ist die Möglichkeit der Kartenzahlung oft ein entscheidendes Kriterium bei der Kaufentscheidung. Denn wer nicht genug Bargeld bei sich hat, kann es auch nicht ausgeben. Zwar muss der Shopbetreiber für den Eingang der Zahlung eine Gebühr zahlen. Es kann sich aber trotzdem lohnen, wenn dadurch der Warenkorb steigt.

11.8.14 Der kleine Preis

Man muss Preise nicht reduzieren, damit diese als geringer wahrgenommen werden. Die Preispsychologie hält dafür andere Möglichkeiten bereit. Zum Beispiel könnt ihr die Preise herunterbrechen, indem ihr die Abrechnungseinheiten niedrig haltet, und diese so kleiner erscheinen lassen, als sie tatsächlich sind. So könnt ihr die Preise

- pro Tag, Woche, Monate berechnen,
- pro Nutzungsdauer oder bei einem Kleidungsstück pro jedes Mal getragen,
- pro Leistung (Quadrat- oder Kubikmeter, Kilometer),
- auf die Lebenszeit und Nutzungsjahre kalkulieren.

11.8.15 Der Mehrwertsteuer-Trick

»Wir schenken ihnen die 19 % Mehrwertsteuer.« Wenn der Händler damit wirbt, gehen viele davon aus, 19 Prozent Rabatt auf den Endpreis (Bruttopreis) zu bekommen. Das ist aber falsch. Denn als Mehrwertsteuer werden 19 Prozent auf den Nettopreis eines Produkts hinzugerechnet. Würde man von dem so entstehenden Bruttopreis wieder 19 Prozent abziehen, wäre der Nettopreis niedriger als ursprünglich. Zur Veranschaulichung: 100 Euro netto plus 19 Prozent = 119 Euro – 119 Euro brutto minus 19 Prozent = 96,39 Euro.

Daher muss der Weg zurück vom Brutto- zum Nettopreis mit einem geringeren Prozentsatz gerechnet werden. Um von 119 Euro wieder auf 100 Euro zu kommen, muss man 15,966 Prozent abziehen. Das ist dann in der Regel der Rabatt, den Händler bei ihren Mehrwertsteueraktionen auf den Bruttopreis der Produkte gewähren. Fazit: Die Kunden glauben an einen Rabatt von 19 Prozent, tatsächlich sind es knapp 16 Prozent.

Beispiel: Der Mehrwertsteuer-Trick	
Kaufpreis netto	100,00 €
19 % Umsatzsteuer	19,00 €
Verkaufspreis brutto	119,00 €
Aktion: »Wir schenken Ihnen die 19 % Mehrwertsteuer!«	
Kunde erhält das Produkt für	100,00 €
Berechnung:	
Abzug von	19,00 €
bei einem Verkaufspreis von	119,00 €
ergeben einen Nachlass von	15,966 %

Wer meinen Rechenkünsten nicht glaubt, kann es bei der Verbraucherzentrale Nordrhein-Westfalen nachlesen: www.verbraucherzentrale.nrw/wissen/vertraege-reklamation/kundenrechte/mehrwertsteuer-geschenkt-das-sollten-sie-zur-rabattaktion-wissen-49090, Abruf 16.04.2022.

11.8.16 Preisbarrieren

Für bestimmte Produkte oder Dienstleistungen existieren vergleichsweise feste Preisvorstellungen in den Köpfen der Verbraucher. Also recherchiert und passt auf, wenn der Preis durch eine Erhöhung über eine bestimmte Schwelle springt. Das kann kurzfristig zu deutlichen Verkaufsrückgängen führen. Preisschwellen liegen nach meiner Erfahrung bei 50,70, 100, 150 und 200 Euro. Geht der Preis bei bestimmten Produkten über diese Schwelle, kann das zu Umsatzrückgängen führen. Zur Verdeutlichung: Eine Preiserhöhung von 189 Euro auf 199 Euro ist deutlich weniger ein Problem als eine Erhöhung von 199 Euro auf 209 Euro. Dabei handelt es sich um den gleichen Betrag von zehn Euro. In Kapitel 4 (Positionierung) habe ich das Beispiel des Tiefkühlpizzamarktes aufgeführt. Die Marktführer sind lange Zeit an der Preisbarriere von drei Euro gescheitert. Diese Preisbarrieren gelten aber nicht für höherpreisige Artikel. Ab 250 Euro nimmt die Problematik ab.

Kleines Resümee
Über viele Jahrzehnte gingen Wissenschaftler davon aus, dass Menschen als Homo oeconomicus rationale Wesen sind, die vernünftige, begründete Entscheidungen treffen. Vereinfacht gesagt würde das bei der Preisgestaltung heißen: je niedriger der Preis, desto höher die Absatzmenge – je höher der Preis, desto niedriger die Absatzmenge.

Aber in den letzten 40 Jahren hat die Forschung, besonders im Bereich des Neuropricing, einem jungen Teilbereich des Neuromarketing, bedeutende Fortschritte gemacht. Die Preispsychologie ist einer der von Experten meistgeforschten Bereiche im Kontext von Preis- und Marketingstrategien. Das zeigt die Bedeutung des Themas. Einige Ideen, die sich oft schnell umsetzen lassen, habe ich aufgeführt. Beschäftigt euch mit den Beispielen und überlegt, ob sie für eure Geschäftsidee Anwendung finden können.

11.9 Loyalty-Programme

Treue Kunden kommen nicht einfach nur wieder, sie empfehlen Sie nicht einfach weiter, sie bestehen darauf, dass ihre Freunde zu Ihnen kommen.
Chip Bell, Autor

Zur Preisgestaltung gehören auch Loyalty-Programme, Kundenbindungsprogramme. Bevor wir in das Thema einsteigen, möchte ich von zwei Unterhaltungen berichten.

Vor einiger Zeit traf ich einen Bekannten. Er hat sich von seiner Lebensgefährtin getrennt. Anscheinend gab es etwas Stress, da der Auszug aus der gemeinsamen Wohnung innerhalb weniger Stunden vollzogen wurde. Auf meine Frage, wie es ihm nach der Trennung geht, meinte er: »Alles okay. Darüber komme ich weg. Aber sie hat das Konto leergeräumt.« Darüber war mein Bekannter wohl am meisten enttäuscht. Als ich nachfragte, ob denn viel Geld auf dem Konto war, schaute er mich überrascht an. »Nein, nicht das Girokonto. Das Payback-Konto. Sie hat alle Punkte abgeräumt.«

Und auch die zweite Begegnung war interessant. Eine Bekannte verweigert die Nutzung von Google und allen sozialen Medien. Die Begründung scheint einleuchtend: Sie möchte keine Daten von sich preisgeben. Vor Kurzem traf ich sie in einem Supermarkt. Ich stand hinter ihr an der Kasse, wir unterhielten uns während der Wartezeit. Schließlich war sie an der Reihe und als die Kassiererin nach der Payback-Karte fragte, zückte sie diese zu meinem Erstaunen sofort.

Was ich mit beiden Geschichten sagen möchte: Kundenbindungsprogramme können eine sehr interessante und langfristige Unterstützung für euren Umsatz sein. Die gefühlten Vorteile gehen meist nicht mit dem realen Wert einher, aber der Kunde empfindet diese erhaltenen Bonuspunkte oder ähnliches als sehr wertvoll.

Was ist ein Loyalty-Programm?

Ein Loyalty-Programm ist eine Marketingstrategie, mit der Unternehmen den Kunden bei wiederholtem Einkauf Vergünstigungen anbieten. Es gibt nur eine Bedingung: Sie müssen Mitglied werden und gewisse Daten an das Unternehmen übergeben. Dadurch sollen Kunden dazu motiviert werden, öfter bei eben jenem Anbieter einzukaufen und ihn künftig der Konkurrenz vorzuziehen. Die mit Abstand am häufigsten anzutreffende Form des Loyalty-Programms ist die Kundenkarte. Marktführer in diesem Bereich ist die Payback GmbH, die seit 2011 zur American-Express-Gruppe gehört und deutschlandweit mehr als 30 Millionen aktive Kunden hat und 2019 in Deutschland und Österreich einen Umsatz von rund 312,55 Millionen Euro erwirtschaftete.

Ziel eines Loyalty-Programms ist die mittel- bis langfristige Kundenbindung. Und die hat für Händler erhebliche Vorteile: Erstens wird sie in der Kasse sehr schnell sichtbar. Gut gemachte Programme erhöhen den Umsatz. Und zweitens lassen sich bei der unternehmerischen Planung künftige Einnahmen präziser voraussagen, wenn die Loyalität der Kunden besonders ausgeprägt ist. Eine sehr interessante Studie findet ihr beim britischen Markt- und Meinungsforschungsinstitut YouGov: www.business.yougov.com/de/sektoren/fmcg/framework-markentreue.

Kundenkarte

Die Kundenkarte wird direkt vom Unternehmen an den Kunden herausgegeben. Dies ist die effektivste Methode, an die Daten der Kunden zu kommen, diese zu analysieren und vor allem mit ihnen zu kommunizieren. Mit ihr können Kunden bei jedem Einkauf Punkte sammeln, die später gegen Rabattgutscheine oder Produkte eingetauscht werden können.

Bekannte Beispiele sind die Aktion Miles & More der Lufthansa (mit mehr als 30 Millionen Teilnehmern das größte Vielflieger- und Prämienprogramm in Europa) und die Bahncard der Deutschen Bahn. Beide Programme sind für Vielreisende gedacht. Besonders interessant ist, dass Vielreisende oft Geschäftsleute oder Mitarbeiter sind. Der Reisende kommt also in Vorzüge, obwohl jemand anderes, das Unternehmen, die Reise bezahlt. Ein Beispiel: Ein Mitarbeiter soll einen Lieferanten in Madrid besuchen. Nun bieten mehrere Fluglinien den Flug in die spanische Hauptstadt an. Allerdings wird der Reisende jetzt nicht mehr nur auf die Abflugzeiten oder den Preis achten. Seine Entscheidung wird auch dadurch beeinflusst, dass es für einen bestimmten Flug Meilen für sein Konto gibt.

Folgende Loyalty-Modelle möchte ich vorstellen:

Prämien

Kunden sammeln bei jedem Kauf oder jeder Buchung Punkte und können diese später in eine Prämie (z. B. Küchenutensilien) umtauschen. Das Problem bei diesem System ist, dass Kunden oftmals mit den angebotenen Prämien nichts anfangen können und die Motivation daher nicht besonders hoch ist. Wichtig ist also, dass ihr die Wünsche eurer Kunden kennt, um entsprechend attraktive Prämien anzubieten. Denn genau das ist die Voraussetzung dafür, dass die Kunden auch motiviert sind, Punkte bei euch zu sammeln.

Rabatt
Kunden erhalten beim Einkauf mit ihrer Kundenkarte einen Rabatt auf den Gesamtwert. Hier gibt es wiederum verschiedene Varianten:

- pauschale Discounts auf den Einkauf,
- Discounts je nach Höhe des Einkaufs,
- Discounts bei einem Mindesteinkaufswert,
- Punkte sammeln, die bei Erreichen einer bestimmten Höhe Discounts bringen.

Das Prämienmodell ist aufwendiger und komplexer als das Rabattmodell, sowohl für den Kunden als auch für euch als Anbieter. Zwar umgeht ihr damit direkte Rabatte, zahlt andererseits aber mehr für Logistik und Verwaltung. Gleichzeitig könnt ihr mit wirklich besonderen Prämien und kreativen Ideen ein Alleinstellungsmerkmal schaffen und eure Kunden langfristig begeistern.

Das Rabattmodell ist unkompliziert und bringt in der Regel einen direkten Mehrwert für den Kunden. Allerdings ist es eher langweilig und für ein Start-up nicht sonderlich kreativ. Aus der Masse der Anbieter könnt ihr euch damit nur schwer abheben. Außerdem solltet ihr vorsichtig dabei sein, zu viele Bedingungen an Rabatte zu knüpfen. Sonst ist die Verärgerung bei den Kunden groß.

Zehn Tipps für den erfolgreichen Einsatz von Loyalty-Programmen

Damit euer Kundenbindungsprogramm nachhaltig Früchte trägt, setzt euch mit folgenden Aspekten intensiv auseinander:

1. **Ziele setzen.** Die erste Frage, die ihr euch stellen müsst: Welche Ziele wollt ihr erreichen? Denn ein Loyalty-Programm kostet Geld, ist aber, richtig gemacht, eine Investition in die Zukunft eures Unternehmens. Allerdings müsst ihr hier beachten, dass ihr das Programm nicht einfach einstellen solltet, wenn Tests nicht den gewünschten Erfolg zeigen. Ein abruptes Beenden bringt euch mit hoher Wahrscheinlichkeit Ärger mit euren Kunden ein. Denn wer Punkte gesammelt hat, damit zu den loyalen Kunden gehört und dann enttäuscht wird, der wird euch womöglich für immer den Rücken kehren. Wenn ihr nach einer gewissen Testphase das Programm einstellt, dann müsst ihr unbedingt zwei Dinge tun: erstens mit den Kunden offen die Gründe kommunizieren und zweitens den Kunden mit Punkten einen Ausgleich geben, zum Beispiel einen Rabatt auf den nächsten Einkauf.
2. **Budget planen.** Da wir von einer Investition in die Zukunft sprechen, müsst ihr ausreichendes Budget einplanen – und zwar sowohl für die Einmalkosten für Aufbau und Installation des Systems als auch für die laufenden Kosten. Für ein junges Unternehmen ist diese Kalkulation sicherlich nicht einfach. Wie viele Kunden nutzen das Programm? Wie intensiv ist die Nutzung? Welche Aufwendungen entstehen? Sehr hilfreich ist die Unterstützung von externen Dienstleistern (siehe dazu Punkt 9).

3. **Macht es den Kunden leicht.** Vielleicht der wichtigste Punkt beim Einsatz eines solchen Programms: Je umständlicher oder aufwendiger die Nutzung, desto frustrierter sind die Kunden und desto seltener werden die Programme genutzt. Schon das Mitbringen der Kundenkarte kann zur Hürde werden, vergisst man sie doch einmal. Eine gute Möglichkeit ist daher, das Loyalty-Programm auch per App nutzbar zu machen. Egal aber, wie ihr die Gestaltung plant: Bei den Belohnungen müsst ihr auf einfache Abläufe achten. Verhindert auf jeden Fall Frust durch zusätzliche Hürden beispielsweise durch einen Mindestumsatz zur Einlösung der Prämien.
4. **Mehrwert für den Kunden schaffen.** Die Prämie bzw. der Rabatt ist für den Kunden naturgemäß der entscheidende Faktor dafür, ob er sich für die Teilnahme an dem Loyalty-Programm entscheidet oder nicht. Gerade Start-ups können hier kreativ werden und neue Ideen anbringen. Ein Wow-Effekt, ein attraktiver Mehrwert für eure Kunden, der gleichzeitig eure Kosten niedrig hält, kann euer Image spürbar aufwerten.
5. **Regelmäßige Interaktion zwischen Kunde und Loyalty-Programm.** Auch wenn ihr das beste Loyalty-Programm aufbaut: Ihr konkurriert mit zahlreichen Programmen anderer Unternehmen. Ihr müsst also laufend mit den Kunden kommunizieren und euch in Erinnerung rufen. Denn sobald das Bonusprogramm in Vergessenheit gerät oder unattraktiv wird, geht der Nutzer andere Wege. Also bemüht euch im wahren Sinne um eine konstante Interaktion. Das können Extrapunkte für bestimmte Aktionen sein oder eine kleine Umfrage sein, die zeigt, dass die Meinung eurer Adressaten euch wirklich wichtig ist.
6. **Erwartungen der Zielgruppen kennen und umsetzen.** Viele Geschäftsführer denken bei Kundenbindungsprogramme vorwiegend an Prämien – und seltsamerweise oft an Küchenutensilien. Ist das (auf Dauer) spannend? Beschäftigt euch bitte auch in diesem Kontext mit eurer Zielgruppe. Ihr müsst die Erwartungshaltung der Kunden kennen und (über-)treffen. Was passt zu ihnen, was könnte ihnen gefallen, von dem sie selbst noch nicht wissen, dass es so ist. Ein nicht ganz neuer Ansatz, der aber viel Spielraum bietet: Vielen Kunden, besonders die jüngeren, legen Wert darauf, dass Unternehmen klimafreundlich handeln und unterstützen das auch. So können beispielsweise von den gesammelten Punkten ein bestimmter Betrag an wohltätige Organisationen gespendet werden.
7. **Startguthaben und Anreize für Loyalität schaffen.** Unternehmen sollten von Anfang an dafür sorgen, dass der Kunde motiviert teilnimmt. Das heißt: Kunden, die sich registrieren, sollten kein leeres Punktekonto vorfinden. Ein Startguthaben oder die Aussicht auf doppelte Punktezahl beim ersten Einkauf sind beispielsweise attraktive Anreize. Wenn die versprochenen Prämien gänzlich außer Reichweite erscheinen, ist die Wahrscheinlichkeit hoch, dass neu registrierte Nutzer schnell die Lust verlieren bzw. erst gar keine Bindung aufbauen. Nehmt den Nutzer bereits im Rahmen der Registrierung an die Hand und gebt ihm das Gefühl, dass es sich wahrlich lohnt, euch treu zu bleiben. Eine kostenfreie Hotline für Nachfragen oder eine Chatoption können eine gute Unterstützung zum Loyalty-Programm sein.

8. **Verantwortlichkeiten klären.** In Start-ups und jungen Unternehmen gibt es sehr, sehr viel zu tun und es kommen immer neue Aufgaben hinzu. Daher ist eine klare Zuständigkeit auch für diesen Bereich unabdingbar. Idealerweise ist diese Aufgabe im Marketing angesiedelt.
9. **Kundenbindungssysteme laufend prüfen.** Ein Loyalty-Programm ist schnell installiert, die Begeisterung im Unternehmen ist groß. Aber diese Programme verursachen eben nicht nur Kosten für das Installieren und den Start des Programms. Auch laufende Ausgaben schlagen zu Buche. Ihr müsst also parallel prüfen und nebeneinanderhalten, welchen Ertrag ihr erzielt und welche Kosten entstehen. Falls ein Ungleichgewicht zu euren Ungunsten entsteht, müsst ihr die Ursachen prüfen und gegensteuern.
10. **Unterstützung durch externe Dienstleister.** Unterschätzt den zeitlichen Aufwand für ein solches Programm nicht. Kunden haben den Zugang zu ihrem Konto nicht mehr, fragen nach dem Punktestand, möchten Punkte nachgetragen haben oder eine Prämie umtauschen, die Prämie ist nicht angekommen und so weiter. Auch die Auswahl und der Einkauf von Prämien sowie die logistische Handhabung sind sehr zeitaufwendig. Deshalb empfehle ich die Zusammenarbeit mit externen Dienstleistern.

Kleines Resümee

Bevor ihr mit einem Kundenbindungsprogramm an den Start geht, müsst ihr eine gründliche Kosten-Nutzen-Rechnung durchführen. Startet lieber klein und baut das System nach und nach aus, bevor euch die Kosten aus dem Ruder laufen. Wenn ihr es mit geringem Aufwand schafft, die Kundenbindung signifikant zu erhöhen, lohnt sich die Einführung eines Loyalty-Programms auf jeden Fall. Wichtig für eure Beurteilung ist auch die Frage: Welche Daten wollt ihr von den Kunden sammeln und wie sollen diese für Vertrieb und Marketing genutzt werden?

12 Baustein 8: Zahlungsarten

Die Fähigkeit, auf welche die Menschen den meisten Wert legen, ist die Zahlungsfähigkeit.
Oskar Blumenthal, deutscher Schriftsteller

Wenn wir über das Pricing sprechen, dann müssen wir auch über die Arten der Bezahlung reden. Sie ist der finale Schritt im Kaufprozess – und den solltet ihr so attraktiv und kundenfreundlich gestalten wie eure vorherigen Entscheidungen. Einer der häufigsten Störfaktoren beim Bestellprozess ist ein Mangel an Zahlungsmethoden. Kunden erwarten von einem Unternehmen, dass verschiedene Zahlungsformen zur Verfügung stehen. Je mehr zur Auswahl stehen bzw. – weit wichtiger – je besser die Zahlungsarten auf die Zielgruppen zugeschnitten und je intuitiver sie zu handhaben sind, desto bereitwilliger gehen eure Kunden auch diesen entscheidenden Schritt. Welche Zahlungsart das ist, ist zum einen abhängig vom Preis des Produktes und zum anderen von der Branche. Je höher die Kosten und je wertvoller die Ware, desto sicherer sollte auch die Bezahlmethode sein. Aber ist es für ein Start-up überhaupt möglich, viele Zahlungsarten anzubieten? Ja, indem ihr mit Dienstleistern wie Ayden (www.adyen.com) oder Mollie (www.mollie.com) zusammenarbeitet. Diese bieten alle gängigen Zahlungsarten an und übernehmen die komplette Abwicklung. Für Gründer, die an eine Internationalisierung denken, ist die Zusammenarbeit mit einem der Dienstleister besonders sinnvoll – ein Knopfdruck und der Zahlungsanbieter schaltet weitere Länder frei.

Die wichtigsten Zahlungsarten im Überblick

Elektronische Zahlungen. PayPal hat sich in den letzten Jahren als größter Anbieter von elektronischen Zahlungen etabliert. Für Kunden bedeutet diese Zahlungsmethode Sicherheit und Verkäufer können durch den PayPal-Käuferschutz darauf vertrauen, dass die Kunden die bezahlte Ware auch erhalten. Des Weiteren ist die Erstellung eines PayPal-Kontos sehr kundenfreundlich und einfach. Verschiedene Bankkonten können mit dem Konto verknüpft und auf diversen Onlineshops genutzt werden, ohne dem jeweiligen Betreiber die persönlichen Daten übermitteln zu müssen.

- Die Kosten bzw. der Verdienst für PayPal: ca. 1,9 % der Kaufsumme + 0,35 € als Servicegebühr für Transaktionen innerhalb des europäischen Wirtschaftsraumes. Gezahlt werden diese Beträge vom Online-Shopbetreiber (Quelle: Trusted Shops).

Rechnung. Für den Kunden ist der Kauf auf Rechnung die sicherste Form des Onlineeinkaufs. Der Kunde begutachtet die Ware zuhause und bezahlt nur die Artikel, die tatsächlich behalten werden. Für viele Händler ist diese Zahlungsart jedoch die riskanteste und wird nur ungern akzeptiert. Manche Unternehmen wie Zalando beispielsweise arbeiten mit einem Drittanbieter zusammen, um die Bonität der Kunden zu prüfen. Ist ein Kunde so eingestuft, dass er häufiger zu spät zahlt oder die Gesamtbestellmenge zu hoch ist, wird ihm der Kauf auf Rechnung im Check-out nicht mehr angeboten.

Lastschrift. Ähnlich wie die Zahlung per Rechnung gehört die Zahlung per Lastschrift zu den wohl beliebtesten Zahlungsarten im E-Commerce. Das Lastschriftverfahren läuft im Grundsatz spiegelbildlich zur Überweisung ab. Der Zahlungsempfänger beauftragt seine Bank, den Rechnungsbetrag vom Konto des Zahlungspflichtigen abzubuchen. Für Kunden ist die Lastschrift sehr bequem, für den Verkäufer bedeutet sie ein mittleres Zahlungsausfallsrisiko durch mangelnde Kontodeckung oder Insolvenz. Bei einer Zahlung mit der Kreditkarte oder der Vorauszahlung besteht kein Risiko, bei der Rechnung ein relativ hohes Risiko für das Unternehmen.

- Kosten: Bei der Zahlung per Lastschrift werden ca. 0,28 € pro Transaktionsanfrage für den Onlinehändler als Servicegebühr fällig (Quelle: Trusted Shops).

Kreditkarte. Diese Art der Bezahlung zählt zu den ältesten Zahlungsarten im Internet. Gerne wird der Kauf per Kreditkarte beglichen, da die Zahlung sehr schnell erfolgen kann. Bei Kunden ist die Kreditkarte beliebt und wird sehr häufig benutzt. Bei kleinen Onlineshops ist diese Zahlart hingegen nicht gerne gesehen, da neben der monatlichen Gebühr noch Gebühren pro Buchung anfallen, welche der Onlineshop-Betreiber begleichen muss. Das Risiko für den Onlinehändler ist mit diesem bargeldlosen Online-Payment allerdings gering.

- Kosten: Wer die Zahlung mit der Kreditkarte in seinem Onlineshop anbietet, muss mit einer Servicegebühr von ca. 2,95 % + 0,25 € pro Transaktionsanfrage rechnen (Quelle: Trusted Shops).

Zahlung per Vorkasse. Die Zahlung per Vorkasse ist grundsätzlich die händlerfreundlichste Zahlungsart, da sie einerseits keine direkten Kosten verursacht und nahezu risikolos ist. Jeder Händler ist daran interessiert, die Rechnungssumme auf seinem Konto zu erhalten, bevor die Ware versandt wird. Doch genau dieses Prinzip kommt bei dem Käufer nicht gut an, da das Produkt nicht inspiziert werden kann und im Vorhinein der gesamte Betrag bezahlt werden muss. In Deutschland wird diese Zahlungsart bei freier Wahl sehr selten genutzt.

Sofortüberweisung. Bei der Sofortüberweisung handelt es sich um eine andere Form der Vorkasse, ein bekannter Anbieter ist die Sofort GmbH. Die Rechnungssumme wird per Onlinebanking vom Kunden schnell überwiesen und der Empfänger erhält sofort eine Bestätigung. Für den Kunden bietet diese Form Sicherheit für all seine Daten und der Händler freut sich über eine schnelle Abwicklung.

- Kosten: Als Servicegebühr müssen Onlinehändler mit ca. 1,45 % + 0,15 € pro Transaktionsanfrage rechnen (Quelle: Trusted Shops).

Finanzierung bzw. Ratenkauf. Der Kauf in Raten entspricht dem modernen Kaufverhalten: sofort nutzen, später zahlen. Eine ibi-research-Studie hat ergeben, dass 70 Prozent aller Händler ihre Umsätze durch das Anbieten der Ratenzahlung steigern konnten. Lohnen wird sich das Implementieren des Ratenkaufs vor allem für Shopbetreiber, die unter anderem Möbel, elektronische Produkte oder hochwertige Mode anbieten.

Amazon Payments. Diese Zahlungsmöglichkeit ist eine von vielen, die sich in einen Check-out implementieren lassen. Durch die Bekanntheit von Amazon können Shops höhere Kaufabschlussraten erzielen und der Verbraucher muss nicht auf eine andere Zahlungsart ausweichen.

- Kosten: Amazon nimmt 1,9 % der Kaufsumme + 0,35 € als Servicegebühr für Transaktionen innerhalb des europäischen Wirtschaftsraumes (Quelle: Trusted Shops).

Auswahl der geeigneten Zahlungsart

Jeder Shopbetreiber muss sich individuell Gedanken machen, welche Zahlungsarten im eigenen Onlineshop angeboten werden sollen. Für die Entscheidung hilft es, euch an den Vor- und Nachteilen zu orientieren. Folgende Faktoren sollten immer beachtet werden:

- Höhe des Risikos,
- Kundenakzeptanz,
- fixe und variable Kosten,
- Integrationskosten,
- Zielgruppe (Welche Zahlungsart passt zu der Zielgruppe? So setzen Kunden ab 55 Jahren auf traditionelle Zahlungsarten und halten eher Abstand zu Amazon Pay, PayPal und Co. Dagegen ist PayPal für jüngere Menschen eine der beliebtesten Formen),
- Produktsortiment.

Alternative Zahlungsarten

Gehen wir noch auf einige weitere Zahlungsarten ein, denn auch sie können ein wichtiges Argument für die Kauentscheidung des Kunden sein.

Finanzierung zum Nulltarif. Heute kaufen, morgen bezahlen: Die Kunden kaufen ein Produkt und zahlen den regulären Kaufpreis ein halbes Jahr später – vermeintlich erhalten sie das Produkt also ohne Finanzierungskosten. Diese müsst ihr in den Produktpreis einrechnen, da ihr den Kunden ja nicht tatsächlich einen kostenlosen Kredit gewähren wollt. Finanzierungsmodelle zum Nulltarif finden sich beispielsweise bei Optiker- oder Elektronikketten. Das fördert den Umsatz, belastet aber die Liquidität. Dazu müssen Zahlungsausfälle eingepreist werden.

Leasing. Dabei denkt man automatisch an den Automarkt, doch weit gefehlt. Leasinggesellschaften verleasen inzwischen alles: Produktionsanlagen, Werkzeugmaschinen,

IT-Anlagen, Nutzfahrzeuge, Druckmaschinen, Baumaschinen, Lagerausrüstungen, Busse und Bahnen, Betriebsvorrichtungen, immaterielle Anlagegüter (z. B. Software) und Immobilien. Prinzipiell können Investitionen jeglicher Größenordnung durch Leasing finanziert werden. Entscheidend ist die Bonität des Kunden, was nichts anderes bedeutet, als dass die Leasinggesellschaft sicher sein muss, dass der Leasingnehmer, also der Kunde, die Raten zahlen kann. Die Vorteile für den Leasingnehmer: steuerliche Gründe (Raten sind als Betriebsausgaben absetzbar), Bilanzneutralität (erscheinen nicht in der Bilanz), eine bessere Kalkulationsgrundlage (monatliche Leasingrate) und vor allem das Bewahren der Liquidität. Viele KMUs (kleine und mittlere Unternehmen) nutzen diese Möglichkeit noch nicht. Daraus kann ein Wettbewerbsvorteil für euch entstehen. Ich sehe darin ein großes Potenzial. Wer sich für dieses Modell interessiert, sollte sich mit einer Leasinggesellschaft in Verbindung setzen und über die Möglichkeiten aufklären lassen. Informationen und Adressen findet ihr beim Bundesverband Deutscher Leasingunternehmen (www.bdl.leasingverband.de).

Ein Rechenbeispiel

Ihr habt ein Unternehmen, das spezielle Lagerausrüstungen konzipiert und baut. Für einen Kunden erstellt ihr ein Angebot mit allem Schnick und Schnack – Endpreis: 240.000 Euro. Da schluckt der Kunde erst einmal. Nun zieht ihr euer Leasingass aus dem Ärmel, denn ihr habt eine Kooperation mit einem Leasingunternehmen vereinbart. Gehen wir davon aus, dass der Kunde eine ausreichende Bonität hat. Nun bietet ihr ihm an, nicht 240.000 Euro auf den Tisch zu legen, sondern 48 Monate lang je 5.000 Euro. Wenn der Kunde zustimmt, überweist euch die Leasinggesellschaft sofort 240.000 Euro und kümmert sich um das Inkasso für die nächsten 48 Monate. Die Gebühr für die Leasinggesellschaft habe ich in diesem Beispiel nicht aufgeführt. Sie ist von der aktuellen Zinssituation, dem Risiko, dem Kunden und dem Leasinggegenstand abhängig. Hier heißt es für euch, verschiedene Angebote einzuholen.

13 Baustein 9: Preiskommunikation

Produkte oder Dienstleistungen muss man verkaufen. Preise aber auch!
Klaus Wächter

Vielleicht ist es euch auch schon einmal aufgefallen: Häufig wird ein anderes Wort für Preis oder Rechnung eingesetzt, denn beide Wörter haben für uns einen negativen Beigeschmack. Sie bedeuten nichts anderes, als dass wir uns von etwas liebgewonnenem, nämlich vom Geld, trennen müssen.

Einige Branchen sind da sehr kreativ, teilweise seit Jahrzehnten. So zahlen wir eine Versicherungsprämie. »Prämie (lat. praemium, Auszeichnung, Belohnung, Preis) ist ein Allgemeinbegriff für jeden geldlichen oder nicht finanziellen Anreiz, mit dem Erfolg oder Leistung belohnt werden soll oder als Gegenleistung für eine erbrachte Leistung erforderlich ist.« (https://de.wikipedia.org/wiki/Pr%C3%A4mie, Abruf 11.05.2022) Die Versicherungsbranche nutzt also dieses positiv besetzte Wort, anstatt vom Preis für die Versicherungsleistung zu reden. Der Preis für eine Wohnung heißt Miete oder im gewerblichen Bereich Pacht. Bei der Bank zahlen wir Gebühren oder Zinsen. Zinsen sind eigentlich nichts anderes als der Preis, den wir zahlen, wenn wir uns Geld leihen. Ganz spannend: Der Preis, den wir für den öffentlich-rechtlichen Rundfunk (früher GEZ) zahlen, wird als Beitrag definiert. Einen Beitrag zahle ich per Definition für einen Verein, in dem ich Mitglied bin, und zwar freiwillig. Beim öffentlich-rechtlichen Rundfunk handelt es sich folglich um einen Zwangsbeitrag – aber die meisten von uns akzeptieren ihn.

Auch ich empfehle Gründern, die Wörter Preis, Kosten oder Rechnung in Verhandlungen oder im Angebot zu vermeiden. Besser klingen doch:

- »Ihre Investition in den neuen Webshop beträgt 12.000 Euro.«
- »Für die Anschaffung der neuen Software können Sie 15.000 Euro in Ihrer Kalkulation einplanen.«

In einer Studie der Carnegie Mellon University stiegen die Testkäufe für ein DVD-Abonnement um 20 Prozent, als der Text von »eine Gebühr von fünf Dollar« zu »eine geringe Gebühr von fünf Dollar« geändert wurde. Ob ihr eher an den Nutzen oder das Vergnügen appelliert, hängt von euren Adressaten ab. Bei konservativen Käufern empfiehlt sich eine Werbebotschaft, die sich auf den Nutzen fokussiert: »Diese Rückenmassage kann Rückenschmerzen lindern.« Liberale Käufer werden eher vom Angenehmen überzeugt: »Diese Rückenmassage wird Ihnen helfen zu entspannen.«

Mein Lieblingsbeispiel eines Verkäufers – für mich einer der Besten: Bei einer Präsentation edler Weine erhob der Winzer sein Glas und sprach: »Wenn Sie diesen Wein erwerben, haben Sie keine Ausgaben. Sie schichten nur Ihr Kapital vom Sparbuch in Ihren Weinkeller um.« Dann roch er am Wein, nahm einen Schluck und genoss den Tropfen. Nach einer Pause beendete er seine Ausführung mit dem Satz: »Meine Damen und Herren, das Leben ist zu kurz für einen schlechten Wein.«

Ein spannendes Model hat ein Berliner Start-up entwickelt. Das Unternehmen produziert nachhaltig hergestellte Bekleidung. Wichtig ist dem Unternehmen, dass die Löhne in den Produktionsländern fair sind. Aus diesem Grund veröffentlicht das Start-up auch die Kostenuhr. Jeder Kunde kann zu jedem (!) Produkt sehen, wie sich die Kosten und auch der Gewinn aufteilen. Mehr Transparenz geht nicht!

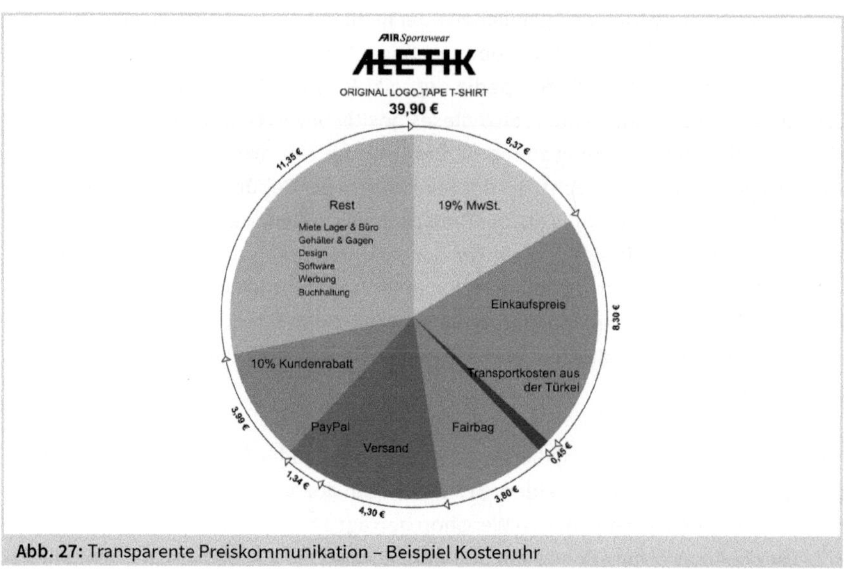

Abb. 27: Transparente Preiskommunikation – Beispiel Kostenuhr

Dieses Modell ist interessant für Unternehmen, die nachhaltig produzieren oder faire Löhne zahlen. Eine sehr mutige Idee.

Ein weiterer guter Ansatz kommt aus einer eher verschwiegenen Branche, in der Preistransparenz unüblich ist. Die Rechtsanwaltskanzlei trustberg veröffentlicht nicht nur die Preisliste mit den entsprechenden Stundensätzen. Kunden können auch direkt in der Liste die Preise für die Dienstleistung sehen. So kostet beispielsweise das GmbH-Gründungpaket mit Satzung, Geschäftsführer-Anstellungsvertrag sowie der Geschäftsordnung 2.500 Euro, ein Influencer-Vertrag 2.750 Euro. Das hilft dem Kunden bei seiner Planung und nimmt ihm durch die transparente Kommunikation eine klare Hürde. (Quelle: www.trustberg.com/pricelist)

Vor Kurzem fand ich auf Facebook folgenden Beitrag eines Kunden: »Wenn man die Preise bei Starbucks so sieht, könnte man meinen, man kauft eine Aktie und bekommt einen Kaffee dazu.« Starbucks ist hochpreisig, keine Frage. Allerdings schafft es das Unternehmen, allein über das Wording neue Wege zu gehen und eine eigene Welt zu schaffen. Während der Kunde bei anderen Anbietern beim Kaffee zwischen klein, mittel oder groß wählt, bietet Starbucks die Größen Short, Tall, Grande und Venti an. Und auch die Produkte werden mit wohlklingenden Namen wie Caffè Americano, Caffè Misto Macciato oder Frappuccino angeboten. Starbucks löste somit die Kunden sehr erfolgreich vom früheren Imageanker und schaffte es gleichzeitig, sie offen für den neuen Preisanker zu machen.

Der Einsatz der Sprache

Achtet bei der Präsentation der Produkte auf die Wortwahl. In vielen Shops fassen die Händler direkt neben dem Preis noch einmal die Vorteile des Produkts zusammen. Auch hier spielt die Wahl der Wörter eine deutliche Rolle. »Hohe Verfügbarkeit« liest sich erst einmal flott. Allerdings ist die Wahrnehmung in diesem Kontext keine positive, denn im Umfeld des Preises wirkt »hoch« eben nicht vorteilhaft. »Geringste Ausfallquoten« implizieren dagegen einen attraktiveren Preis.

Hier noch einige weitere Beispiele für das richtige Wording:

- Autos: geringer Verbrauch, sparsam, spritsparend,
- Berater: kurzfristige Terminvereinbarung möglich,
- Elektrogeräte: niedriger Stromverbrauch, stromsparend,
- Fenster: niedrige Wärmeabgabe,
- Gebrauchtwagen: nur wenige Kilometer gefahren,
- Gebrauchtwaren: wenig benutzt, wenig getragen,
- Immobilien: wenige Meter zur U-Bahn,
- Kleidung: auch kleine Größen erhältlich,
- Restaurants: direkt in Ihrer Nähe,
- Seminare: auch für kleinste Gruppen möglich,
- Speisen oder Getränke: wenig Kalorien,
- Versicherungen oder Kapitalanlagen: geringe Gebühren,
- Rabatte: Rabatte auf 100 % der Flüge und Unterkünfte,
- branchenunabhängig: 100 % Nachlass.

Das Angebot

Ein ganz zentraler Aspekt für euch: Das Angebot gehört zu einer transparenten, kundenorientierten Kommunikation! Wie oft erlebe ich, dass der Kunde in einem (fortgeschrittenen) Verkaufsgespräch bereits kurz vor dem Vertragsabschluss ist und dann erst die Bitte folgt: »Schicken Sie mir noch ein schriftliches Angebot zu. Dann lege ich das der Geschäftsführung vor.« Und was passiert? Es wird hektisch ein unprofessionelles Angebot erstellt. Das wird nicht funktionieren! Versetzt euch in die Lage: Ihr wollt auch sehen, was euch angeboten wird, was nicht ins Angebot gehört und zu welchen Bedingungen und

Konditionen. Nehmt euch die Zeit, denn das Angebot ist ein immanent wichtiges Aushängeschild. Das können mehrere Seiten sein, professionell in Word oder PowerPoint erstellt, die ihr als PDF verschickt. Auf der vorletzten Seite wird der Preis präsentiert. Der Lohn eurer Mühen: Aus mehr als 90 Prozent sorgfältig erstellter Angebote werden nach meiner Erfahrung auch Aufträge. Verfallt also nicht dem Irrglauben vieler Gründer, dass der Auftrag bereits in der Tasche ist, wenn der Kunde ein Angebot anfordert. Gebt dem Kunden am Ende des Verkaufsprozesses in Form eines sauberen, verständlichen, auch grafisch professionell aufbereiteten Dokuments das gute Gefühl, dass er richtig entscheidet.

Abschließend möchte ich noch zwei interessante Beispiele aus der Hotelbranche nennen.

- Die Erfahrung im Bereich der Hotelbuchungen zeigt, dass Kunden sich häufig zunächst die Webseite des Hotels ansehen und anschließend entsprechende Portale (Booking.com, HRS.de, expedia.de usw.) besuchen, ob es vielleicht für das Hotel noch einen günstigeren Preis gibt. Ist der Preis günstiger oder gleich, wird über das Portal gebucht. Nachteil für den Hotelbetreiber ist, dass nun eine Provision zwischen zwölf und 15 Prozent fällig ist. Ein Hotelier aus dem Hunsrück-Hochwald zeigt diesen Vergleich zwischen seinem Preis und den Preisen der Portale direkt auf seiner Homepage. Damit verhindert er, dass Kunden auf Portale abwandern in der Hoffnung auf günstigere Preise. Der Lohn: eine deutlich bessere Marge.

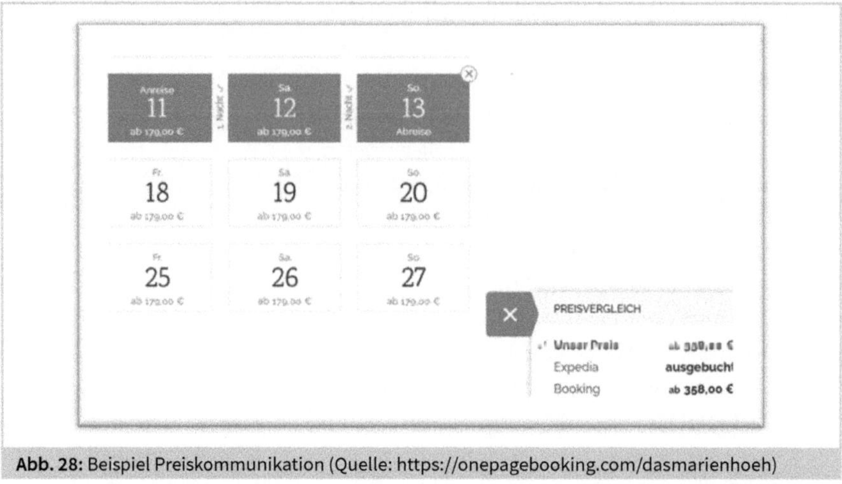

Abb. 28: Beispiel Preiskommunikation (Quelle: https://onepagebooking.com/dasmarienhoeh)

- Was ärgert einen Hotelgast wahrscheinlich am meisten? Wenn er von anderen Gästen erfährt, dass diese den Hotelaufenthalt günstiger gebucht haben als er. Ein Hotel in Nürnberg verspricht selbstbewusst: »Wir garantieren Ihnen, dass niemand unsere Gastfreundschaft zu einem anderen Preis erhält als Sie!« (www.schindlerhof.de/, Abruf: 28.04.2022). Was ein Statement!

14 Baustein 10: Ausführung

Kunde: »Was kann man noch am Preis machen?« – Verkäufer: »Ich kann die Nullen ausmalen.«

Nach einer erfolgreich durchdachten und formulierten Preisstrategie geht es an die Umsetzung. Dabei müsst ihr erneut sehr sorgfältig vorgehen. Und je besser die Vorarbeit, desto einfacher wird es, auch in der Praxis erfolgreich zu sein.

Folgende Checkliste hilft euch dabei:

1. **Zuständigkeit.** Benennt einen Verantwortlichen, der für das Pricing zuständig ist. Idealerweise gehört die Person zum Gründerteam. Falls nicht, ist es direkt der Geschäftsführung unterstellt. Gerne könnt ihr ihm auch den Titel »Pricing Manager« geben. Das zeigt allen Mitarbeitern, welche Bedeutung das Thema in eurer Firma hat.
2. **Schulung der Mitarbeiter.** Ein Teil der Mitarbeiter hat vielleicht bei der Preisstrategie mitgearbeitet, aber voraussichtlich nicht alle. Schult eure Leute intensiv. Erklärt ihnen die Bedeutung eurer Positionierung, der Preisstrategie und erklärt auch den Wert eurer Produkte oder Dienstleistungen für den Kunden. Oft setzen Mitarbeiter den Preis für das Produkt mit ihrem Gehalt ins Verhältnis und haben nicht den Mut, höherpreisige Produkte anzubieten. Auch müsst ihr eure Leute von innovativen Preismodellen überzeugen. Die Schulung der Mitarbeiter ist der Schlüssel zu einer erfolgreichen Umsetzung der Preisstrategie.
3. **Arbeitsmaterialien.** Nichts ist schlimmer für einen Mitarbeiter als alte oder falsche Unterlagen. Das fängt beim Kundengespräch an und geht weiter bei der Webseite, bei Preislisten und Angeboten bis zu Preisen auf Portalen und Marktplätzen. Vielleicht habt ihr euch für ein Preismodell entschieden, das für eure Branche neu ist. Dann müsst ihr es ausreichend erklären und die Vorteile des Modells überzeugend begründen.
4. **Rabattregelung.** Eine entsprechende Regelung muss schriftlich fixiert werden. Welcher Mitarbeiter darf Rabatte auf welche Produkte in welcher Höhe geben? Rabatte oberhalb dieser Grenzen dürfen nur vom Pricing Manager oder von der Geschäftsführung freigegeben werden.
5. **Incentivierung.** Rabatte müssen wehtun. Wenn ein Vertriebsmitarbeiter Rabatte gibt, dann muss er es am eigenen Geldbeutel spüren, soll heißen, sein variabler Provisionsanteil sinkt. Aber selbstverständlich geht es auch andersrum. Für Zusatzumsätze (Cross- oder Upselling) kann man die Mitarbeiter auch finanziell belohnen.

6. **Wettbewerbsbeobachtung** gehört auf jeden Fall dazu. Welche Aktionen plant der Wettbewerb? Könnt oder müsst ihr darauf reagieren? Gibt es Preisaktionen? Erhöht der Wettbewerb die Preise, müsst ihr prüfen, ob ihr mitzieht oder aus welchen Gründen gegebenenfalls nicht.

Nun steht der Umsetzung eurer Preisstrategie nichts mehr im Wege. Ob ihr dabei im ökonomischen Sinn auch richtig vorgeht, zeigt das Preiscontrolling

15 Baustein 11: Preiscontrolling

Wenn man den Preis einer Nespresso-Kapsel aufs Kilo hochrechnet, müsste das Pulver eigentlich weiß sein.
unbekannt

Unter Controlling versteht man die gesamte zielgerichtete Planung, Steuerung und Kontrolle aller Bereiche eines Unternehmens. Dazu gehört unter anderem das Vertriebscontrolling, dem wiederum das Preiscontrolling zuzuordnen ist. Letzteres betrachten wir genauer, denn ihr müsst euch mit der Überprüfung und Steuerung des Umsatzes, der Absatzmenge und der Marge unter Berücksichtigung des Preises beschäftigen.

Leider muss ich immer wieder feststellen, dass Controlling in vielen Start-ups nicht stattfindet. In den ersten Monaten, teilweise Jahren, liegt der Fokus der Gründer auf dem Produkt und dem Markt – die einzig relevante Finanzkennzahl ist die Liquidität. Spätestens, wenn Investorenkapital gesucht wird oder das Unternehmen sehr schnell wächst, führt an einem organisierten Controlling kein Weg mehr vorbei.

Wichtige Voraussetzung für ein vernünftiges Preiscontrolling ist, dass eure Pricing-Pläne und Preisziele quantitativ und messbar formuliert sind. Ihr müsst Antworten haben auf die Fragen: Was wollen wir erreichen? Haben wir es erreicht? Falls nein, um wie viel Prozent ist das Ziel verfehlt und aus welchen Gründen? Ob ihr diese wichtige Aufgabe selbst übernehmt oder auf professionelle Unterstützung setzt, solltet ihr rechtzeitig entscheiden. Wenn ihr eine sorgfältige Analyse ernst nehmt, werdet ihr entscheidende Erkenntnisse gewinnen, die euch helfen, die richtigen Entscheidungen für euer Unternehmen zu treffen. Denn mit dem Controlling habt ihr ein vollständigeres Bild eures Unternehmens (Innensicht) sowie vom Markt und den Wettbewerbern (Außensicht). Damit könnt ihr schneller auf Veränderungen reagieren – und das mit detailliertem Zahlenmaterial.

- Analysiert, wie die Position eurer Produkte im Vergleich zu konkurrierenden Geschäften oder Marken ist.
- Bewertet, ob euer Unternehmen für diese Branche oder Zielgruppe wettbewerbsfähig ist, anhand von Kennzahlen, den sogenannten KPIs. Dazu kommen wir gleich.
- Bewegt ihr euch in der richtigen Branche (Angebot/Nachfrage) und wenn ja, sprecht ihr die richtige Zielgruppe an?
- Erkennt die Möglichkeiten zur Steigerung eurer Gewinnmargen.
- Ihr könnt Preisentscheidungen treffen, die sich besser an die tatsächliche Marktlage anpassen.
- Die Kosten für die Akquisition können optimiert und reduziert werden.
- Ihr seht, welche Verbesserungen und Steigerungen eurer Umsätze möglich sind.
- Durch das Controlling erhaltet ihr einen umfassenden Überblick der Märkte auf nationaler und internationaler Ebene.

Wie ihr euer Preiscontrolling aufbaut, hängt sehr stark von eurem Geschäftsmodell ab. Verkauft ihr Waren im Shop oder arbeitet ihr projekt- oder auftragsbezogen? Jedes Modell verlangt andere Kennzahlen und bringt andere Daten hervor. Pauschal lässt sich der Aufbau des Controlling nicht beantworten. Mein Tipp: Startet mit den ersten Kennzahlen und wertet sie aus. Ein Controlling-System muss leben und sich entwickeln. Wenn der Anfang gemacht ist, dann ist der schwerste Teil geschafft.

Leistungskennzahlen (KPIs)

Entscheidend für ein aufschlussreiches Controlling sind die Daten. Hier gilt es, frühzeitig die benötigten Parameter beziehungsweise Leistungskennzahlen, Key Performance Indicators (KPIs), festzulegen, im Unternehmen zu implementieren und regelmäßig zu analysieren.

- Können durch die Preise und die Preismodelle die Unternehmensziele erreicht werden?
- Haben die Preise ihre gewünschte Wirkung auf Kunden (sie haben gekauft) und Wettbewerber (Gewinnung von Kunden/Marktanteilen) erreicht?
- Werden die geplanten Gewinne und Absatzmengen realisiert?
- Wie groß ist die Preislücke zum Zielpreis?
- Erfolgt die Umsetzung eurer Preisstrategie nach vorgegebenen Regeln?
- Werden die Spielräume bei den Preisverhandlungen vom Vertrieb eingehalten?
- Welche Kunden haben welche Preise zu welchen Konditionen erhalten?
- Wie haben sich die Preise entwickelt?
- Wie groß ist der durchschnittliche Warenkorb?
- Zu welchem Grad werden Freiräume in der Preisumsetzung ausgenutzt und wo werden Preiskompetenzen überschritten?
- Gibt es im Unternehmen versteckte Rabatte?

Idealerweise baut ihr ein Kennzahlensystem auf und betrachtet eure Fokus-KPIs mindestens monatlich. Durch die kontinuierliche, regelmäßige Analyse erkennt ihr Fehlentwicklungen rechtzeitig und könnt schnell handeln. Ebenso dienen sie als solide Basis für Gespräche mit Geldgebern oder zur internen Argumentation. Hier einige KPI-Vorschläge ohne jeglichen Anspruch auf Vollständigkeit:

Average Order Value

Diese Kennzahl misst die Höhe des durchschnittlichen Bestell- oder Auftragswertes – oder wie man im E-Commerce sagt des Warenkorbs.

Monthly Recurring Revenue (MRR)

Häufig haben Start-ups Geschäftsmodelle, die auf monatlich wiederkehrende Erträge abzielen, zum Beispiel SaaS-Vertragsmodelle oder Abonnements. Für diese Unternehmen ist der Monthly Recurring Revenue bedeutsam. Er erfasst regelmäßige Zahlungen (aus Vertragsbindung) und ist die Summe aller wiederkehrenden Umsätze, umgelegt auf einen Monat.

Abweichung Ist-Preis und Listenpreis

Planzahlen, die Listenpreise, sind eine Sache. Aber wie sind die Ist-Zahlen, also die tatsächlich fakturierten Preise? Wie hoch ist die Abweichung vom Preis laut Preisliste pro Produkt/Produktgruppe und auch nach Mitarbeiter bzw. pro Entscheider. Manchmal stellt sich heraus, dass einzelne Produkte große Abweichungen zwischen den geplanten und den erzielten Preisen haben. Ein Grund kann sein, dass die Mengenstaffeln zu großzügig gestaffelt sind. Auch gibt es Mitarbeiter, die großzügiger mit Rabatten umgehen als andere im Unternehmen. In der betriebswirtschaftlichen Auswertung (BWA) fallen solche Fälle nicht auf, da hier nur der Gesamtumsatz ausgewiesen wird.

Verkaufsbundles

Wie hoch ist der Umsatz mit Bundles? Die Idee, mehrerer Produkte in einem Angebot zu bündeln, habe ich in Kapitel 9.1.7 vorgestellt. Lohnt sich der Werbeaufwand für Bundles? Haben sie Auswirkungen auf andere Produkte? Müssen sie eventuell neu konfiguriert werden? Ganz wichtig aber: Welchen Einfluss haben die Bundles auf den Verkauf der Produkte, die in diesem Paket zusammengefasst sind? Verändert sich der Umsatz oder geht er eventuell zurück? Bleibt der Verkauf des Heros, des wichtigsten Produkts im Bundle, gleich, würde es bedeuten, dass ihr mit jedem verkauften Bundle neue Kunden gewonnen habt. Das wäre der Idealzustand. Ist die addierte Verkaufszahl von Bundle und Hero gleich, würde es bedeuten, dass ihr alte Hero-Kunden vom Kauf des Bundles überzeugt habt und damit einen Mehrumsatz erzielt. Aber achtet auch auf die Verkaufszahlen anderer Produkte – nicht, dass dort die Verkaufszahlen sinken, weil Kunden zum Bundle abwandern.

Preise im Vergleich zum Mitbewerber

Der wichtigste Punkt bei der Überwachung der Preise der Mitbewerber liegt darin, deren Strategie und Aktionen zu erkennen. Im Idealfall könnt ihr darauf reagieren und euer Vorgehen anpassen. Wie oft ändern die Wettbewerber die Preise? Für alle Produkte oder nur für bestimmte Kategorien? Mit welchem Preismodell arbeitet der Wettbewerber? Gibt es ein bestimmtes Muster bei den Preisänderungen, zum Beispiel saisonal? Wie ist die Rabattpolitik und wie sind die Zahlungsbedingungen? Haben sich Marktanteile verändert? Sind neue Mitbewerber auf dem Markt? Je mehr Produkte es gibt, desto eher empfiehlt sich eine professionelle Software. Hierbei geht es hauptsächlich darum, dass ihr umgehend informiert seid, wenn der Mitbewerber seine Preisstrategie ändert. Ihr solltet aber nicht auf jede kleine Preisänderung reagieren.

Loyalty-Programm

Die Einführung bzw. vor allem die Betreuung eines Loyalitätsprogramms bringt meist hohe Investitionskosten mit sich. Aus diesem Grund ist die Frage nach der Effektivität (Wirksamkeit) und Effizienz (Wirtschaftlichkeit) des Instruments für euer Unternehmen von höchster Bedeutung. Zur Bewertung der Programmeffizienz müssen neben einer detaillierten Aufstellung anfallender Kosten mögliche Umsatz- und Profitabilitätsauswirkungen geschätzt werden. Dabei stellt die konkrete Zuordnung von Kosten und Umsätzen zum Loyalitätsprogramm eine große Herausforderung dar. Folgende Möglichkeiten möchte ich euch an die Hand geben: Vergleicht den durchschnittlichen Einkauf (Warenkorb) der Kunden im Loyalty-Programm mit dem Einkauf von Kunden, die nicht am Programm teilnehmen. Hier sollte der Einkauf bei den Kunden mit Treueprogramm höher liegen als in der anderen Gruppe. Das würde auf einen Mehrumsatz durch das Programm hindeuten. Als zweite Kennzahl dienen die Kundengewinnungskosten (Customer Acquisition Costs). Diese geben an, wie viel Geld ihr ausgeben habt, um einen Kunden zu generieren und ihn vom Kauf eueres Produkts zu überzeugen. Ziel muss es sein, dass dieser Wert sehr niedrig ist. Je niedriger, desto mehr Kunden habt ihr im Verhältnis zu den Kosten gewonnen.

Rabattaktionen
Haben Rabattaktionen den gewünschten Effekt? Welche Kunden nutzen die Aktionen? Werden aus neu gewonnen Kunden Stammkunden? Werden von Kunden vielleicht geplante Umsätze in den Rabattzeitraum gelegt? Rechnet sich die Rabattaktion (Abverkauf, Umsatz, Neukunden)?

Rabatte/Nachlässe
Wie hoch sind die Nachlässe, die ihr den Kunden gebt? Wer sind die Spitzenreiter mit den höchsten Rabatten bei den Kunden und auch bei den Mitarbeitern? Sind die Rabatte berechtigt und nachvollziehbar?

Up- and-Cross-Selling-Rate
Wie hoch sind die Umsätze im Up- und Cross-Selling? Wie ist der prozentuale Anteil im Verhältnis zum Gesamtumsatz? Welche Produkte laufen gut, welche schlecht? Wie sind die Umsätze der einzelnen Mitarbeiter?

Incentives
Beliebte Incentives im Vertrieb sind Reisen, Events, Gutscheine, Mitgliedschaften in Clubs sowie Sachprämien aller Art. Setzt ihr Incentives ein, um den Vertrieb zu motivieren? Dann solltet ihr auch hier ein Kontrollinstrument einbauen. Bringen Incentives den gewünschten Effekt? Ein Fehler, den auch große Unternehmen machen, ist, dass bestimmte Produkte gepusht werden sollen. Also werden Prämien für bestimmte Verkaufszahlen für diese Produkte ausgelobt. Das Problem kann dann sein, dass sich Mitarbeiter nur noch auf den Verkauf der promoteten Produkte konzentrieren und die Verkaufszahlen anderer Artikel zurückgehen. Idealerweise wird ein Incentive an die Bedingung geknüpft, dass die anderen Verkaufszahlen mindestens gehalten werden.

Zwei Aspekte möchte ich noch erwähnen. Versteckte Rabatte und eine falsche Kalkulation können fatale Auswirkungen auf die Marge haben. Und beide Punkte gehören ganz klar in das Controlling.

Versteckte Rabatte

Zuerst einmal müssen die versteckten Rabatte aufgedeckt werden: Welche für den Kunden kostenlosen Leistungen werden erbracht? In Kapitel 10.3 habe ich einige Beispiele aufgeführt. Fragt aber auch eure Leute im Innendienst (falls vorhanden), welche Wünsche von den Kunden kommen. Sobald ihr diese Liste erstellt habt, müssen die einzelnen Positionen monetär bewertet werden. Bei dem Beispiel aus dem Verlag (Mengenstaffel) ist die Berechnung vergleichsweise einfach. Was ist aber zum Beispiel, wenn der Kunde eine Projektskizze verlangt, für die eure Mitarbeiter zwei oder drei Tage benötigen? Oder der Kunde wünscht eine sehr schnelle Lieferung, sodass der Ablauf der Produktion umgestellt werden muss. All dies verursacht interne Kosten, die ihr weiterberechnen müsst! Der Vorteil für euch als junges Unternehmen ist, dass ihr direkt bei der Gründung die Regeln festlegen könnt. Also kalkuliert alle Leistungen ein – sonst zahlt ihr einen hohen Preis.

Nachkalkulation

Auch die ungeliebte Nachkalkulation gehört zum Controlling. Sie ist eine Kontrollrechnung, die sich auf einen Auftrag bezieht. Dabei werden die Ist-Kosten, die tatsächlich für den Auftrag angefallen sind, erfasst. Ein Beispiel: Ihr sollt für den Kunden eine Software programmieren und im Unternehmen einführen. Geplant habt ihr dafür 400 Stunden. Die Software wird entwickelt und installiert, alle sind zufrieden. Aber habt ihr auch Geld mit dem Auftrag verdient? Ich habe schon oft in Unternehmen festgestellt, dass deutlich mehr Stunden für den Auftrag benötigt wurden, aus den 400 Stunden wurden schnell weitere 50 und mehr. Der Verdienst ist damit futsch. Wenn solche Projekte in euerem Unternehmen Alltag sind, müsst ihr ein entsprechendes System erstellen. Alle Kosten und Stunden, die einem Projekt zuzuordnen sind, müssen auch darauf erfasst werden. Tipp aus der Praxis: Lasst die Nachkalkulation eine andere Person übernehmen als die, die das Angebot erstellt hat. Keiner will selbst feststellen, dass er sich verkalkuliert hat. Da werden dann mal schnell ein paar Positionen vergessen, damit die Nachkalkulation passt. Das Problem bei der Berechnung ist, dass der Auftrag dann bereits zu Verlusten geführt hat. Aus diesem Grund sollten Projekte während der Laufzeit geprüft werden, um bei Abweichungen von den Planzahlen zeitnah gegenzusteuern.

Das Preismonitoring

Zum Preiscontrolling gehört auch das Monitoring, die Preisbeobachtung. Oberstes Ziel ist es, dass ihr zeitnah auf die Preisstruktur des Marktes reagieren und eure Strategie anpassen könnt.

Voraussetzungen für ein vernünftiges Preismonitoring:

- **Zuständigkeit.** Wer ist in eurem Unternehmen für das Preismonitoring zuständig? Wie oft berichtet die Person an die Geschäftsführung? Je weniger Mitarbeiter ein Unternehmen hat, desto eher ist die Aufgabe bei den Gründern angesiedelt. Beim

Berichtswesen empfehle ich Start-ups, dieses Thema monatlich mit allen anderen kaufmännischen Zahlen zu behandeln. So stellt ihr einen direkten Zusammenhang her und macht es zur Routine.

- **Ziele.** Setzt die Ziele für euer Preismonitoring. Was wollt ihr erreichen? Wieviel Manpower und Geld stehen euch zur Verfügung? Wie könnt ihr es optimal, effizient und kostengünstig aufbauen? Pauschale Antworten gibt es auch hier nicht. Es kommt immer auf die Branche, die Mitbewerber, eure Positionierung, das Preismodell und einiges mehr an.
- **Antworten.** Welche Fragen wollt ihr mit dem Preismonitoring beantworten?
- **Software.** Plant ihr den Einsatz einer Software für das Preismonitoring? Meine klare Empfehlung: Fangt nicht an, selbst zu programmieren. Es gibt auf dem Markt viele gute Lösungen in jeder Preisklasse für die unterschiedlichsten Anforderungen. Preismonitoring-Tools bieten eine automatisierte Datenerhebung und Preisanpassung auf Basis von Marktgegebenheiten. Lasst euch am besten eine Demo oder eine kostenlose Testversion von mehreren Anbietern geben.
- **Mitbewerber.** Erstellt eine Liste mit euren Mitbewerbern, allerdings mit maximal zehn Unternehmen, sonst wird es unübersichtlich. Schaut euch immer wieder den Markt an. Vielleicht tauchen neue Mitbewerber auf, die mit neuen, innovativen Preismodellen den Markt aufmischen.
- **Lieferung/Lagerbestand.** Nicht nur der Preis ist entscheidend! Ihr solltet auch die Lieferfähigkeit und den Bestand der Mitbewerber im Auge behalten. Denn wer mit kürzeren Lieferzeiten und einem höheren Lagerbestand beim Kunden punkten kann, sitzt langfristig am längeren Hebel. Könnt ihr Ware liefern, während der Wettbewerber ausverkauft ist, müsst ihr nicht der günstigste Händler sein, um Umsatz zu generieren. Dynamic Pricing oder dynamisches Preismanagement ist nicht neu, auch nicht für eure Mitbewerber. Ihr müsst also immer auf dem Laufenden sein – und am besten einen Schritt voraus. Veraltete Daten und Marktkenntnisse sind nichts wert.

16 Baustein 12: Eure Preisstrategie

Die Zeit ist reif für die erfolgreiche Umsetzung eurer Preisstrategie!
Klaus Wächter

Nun habt ihr es geschafft. Wenn ihr die Bausteine richtig durchgearbeitet habt, dann liegt mit Baustein 12 jetzt eure fertige, nein, eine solide, realistische Preisstrategie vor euch. Fertig ist falsch, da es auch bei ihr keinen Stillstand gibt.

Was haben wir in den vorangegangenen Kapiteln erarbeitet? Gestartet sind wir mit der Positionierung (Baustein 1). Entweder ihr positioniert euch oder die Kunden positionieren euch. Vielleicht der wichtigste Punkt beim Unternehmensstart.

Anschließend geht es in die Recherche (Baustein 2). Wie agieren die Mitbewerber? Mit welchem Preismodell, Preisen und Zahlungsbedingungen sind diese auf dem Markt?

Die Kosten (Baustein 3) haben mit dem Preis nichts zu tun. Trotzdem müsst ihr die Kosten im Auge behalten. Unter Preis verkaufen ist nicht sinnvoll.

In Baustein 4 haben wir über den Kunden gesprochen. Findet die erfolgversprechendste Zielgruppe, erstellt Buyer Personas und analysiert die Kunden nach den Kundengruppen. Wenn ihr an den Kunden denkt, denkt immer an den Stuhl von Amazon-Gründer Jeff Bezos.

Welche Ziele wollt ihr euch setzen? Wollt ihr schnell Marktanteile gewinnen oder steht die Liquidität im Vordergrund? Alles das haben wir in Baustein 5 (Zielsetzung) erarbeitet. Die Zielsetzung kann sich bei Start-ups in den ersten zwei bis drei Jahren öfter ändern.

Der Einstieg ins Pricing beginnt mit Baustein 6, dem Preismodell für euer Unternehmen. Denkt dran: Das Preismodell kann ein Alleinstellungsmerkmal sein. Aus diesem Grund müsst ihr euch frühzeitig um das richtige Preismodell kümmern. Eventuell muss das Produkt daran angepasst werden. Die vorgestellte Auswahl an Preismodellen ist riesengroß. Schaut auch in anderen Branchen, welche Modelle zu euch passen könnten.

In Baustein 7 habe ich euch verschiedene Methoden vorgestellt, wie ihr den richtigen Preis finden könnt. Besprochen haben wir auch, ob es den einen Preis gibt oder mehrere. Dazu gab es Anregungen aus der Preispsychologie sowie Hinweise zu Rabatten, Preiserhöhungen, Repricing und dynamischen Preisen.

Habt ihr den Kunde bis dahin überzeugt und er hat bestellt oder den Vertrag unterschrieben, geht es an das Bezahlen. In Baustein 8 haben wir die Bedeutung der Zahlungsarten erörtert und eine Auswahl vorgestellt.

Zentral: Preise müssen transparent kommuniziert werden. Das fängt mit dem Wording an und geht über Preislisten bis zum schriftlichen Angebot, was Baustein 9 aufzeigt.

Die viele Arbeit, die ihr euch gemacht hat, findet mit Baustein 10 nun endlich ihren Weg in die Ausführung. Nun könnt ihr ausprobieren, wie wertvoll eure Strategie in der Praxis ist.

Die sehr wichtige Analyse und Kontrolle der Ausführung und damit die Basis für all eure weiteren Entscheidungen ist das Preiscontrolling und gleichzeitig der vorletzte Baustein 11.

Wir wissen es alle: Märkte ändern sich, neue Wettbewerber kommen auf den Markt, andere verschwinden. Die Anforderungen der Kunden ändern sich und neue Preismodelle werden entwickelt. Also seid auch ihr gefragt, eure Preisstrategie laufend kritisch zu beobachten und zu optimieren. Nehmt auf dem ganzen Weg eure Mitarbeiter mit – ob es anfänglich nur einer ist oder bereits eine größere Mannschaft. Denn nur gemeinsam werdet ihr die richtigen Entscheidungen treffen, da jede und jeder einen wertvollen Beitrag zum Durchstarten eures jungen Unternehmens leistet.

17 Die Fehler anderer – Vier Beispiele, wie ihr es nicht machen solltet

Das Wissen, was Kunden letztendlich für einzelne Produkte oder Dienstleistungen zu bezahlen bereit sind, gehört zu den wertvollsten Informationen im Pricing.
Dr. Hans-Christian Rieckhof, Marketingprofessor

Fehler gehören zum Unternehmertum. Sie sind menschlich und wir können sie nicht vermeiden. Das Gute: Aus jedem Fehler kann man lernen. Die besten Irrtümer sind allerdings die, die andere begangen haben. Daher möchte ich zum Ende des Buches von vier großen Unternehmen berichten, bei denen Fehler teilweise dramatische Konsequenzen hatten: von der Kündigung des CEO für eine Äußerung zu einem neuen Preismodell bis hin zur Insolvenz. Das soll kein Anprangern sein, sondern durch die Drastik aufzeigen, was ihr gar nicht erst falsch machen müsst.

17.1 Der Fall Praktiker

Abb. 29: Der Fall Praktiker – Insolvenz durch fatale Rabattstrategie

Ein immer noch prominentes Beispiel ist die deutsche Baumarktkette Praktiker, die 2013 in der Insolvenz endete. Hauptgrund für den Niedergang war die fehlgeschlagene Rabattstrategie. Sie verpasste dem Unternehmen ein Billigimage, beschädigte die Marke und fraß schließlich die Gewinne auf.

Alles begann 2003 mit der Aktion »20 Prozent auf alles – außer Tiernahrung«, mit dem die Baumarktkette Praktiker (immerhin!) acht Jahre lang warb. Der Satz war erfolgreich, denn er brannte sich in die Köpfe der Kunden ein. Doch er war für Praktiker kein Segen, sondern wurde zum Fluch. Mitte der Nullerjahre boten viele Baumarktketten Supersonderaktionen, um sich im harten Konkurrenzkampf durchzusetzen. Aber irgendwann zogen Hornbach, Obi und Co. die Handbremse und änderten ihre Strategie, da der Preiskampf ruinös war. Die Wettbewerber von Praktiker positionierten sich fortan als Spezialisten für Hochwertiges. Praktiker machte weiter wie bisher mit der 20 – Prozent-auf-alles-Aktion. »Praktiker wollte der Billigste sein, hatte aber nicht die niedrigsten Kosten«, formulierte es Thomas Roeb, Handelsexperte und Professor an der Hochschule Bonn-Rhein-Sieg (www.spiegel.de/wirtschaft/unternehmen/baumarktkette-praktiker-mit-billig-image-in-die-insolvenz-a-910641.html), Abruf 11.05.2022. Dabei gebe es im Handel eine einfache Regel: Wer Preisführer sein will, sollte langfristig auch Kostenführer sein. Obwohl der Slogan 2011 aus der Marketingstrategie verbannt wurde, prägt er das Billigimage der Kette, die schließlich im Juli 2013 Insolvenz beantragen musste. Wenn auch das Unternehmen Praktiker in einigen Jahren vergessen sein sollte: Der Slogan wird weiterleben und immer spöttisch für eine ruinöse Kampagne stehen.

17.2 Der Kaffeekrieg

Bei einem Kaffeekrieg mag man umgehend an Nicaragua oder Guatemala denken, aber weit gefehlt. Es geht in diesem Beispiel um Deutschland, ein neues Röstverfahren, das Pfund und eine Preisschwelle. Das Beispiel ist 40 Jahre alt, aber ich bemühe es gerne, weil es einen groben Fehler deutlich macht. Was war passiert?

1982 haben sich die Kaffeeverkäufer allesamt mit einem besonders sensiblen Wesen angelegt – dem deutschen Kaffeetrinker. Das ging gründlich schief und kostete die Kaffeebranche rund 200 Millionen Mark. Begonnen hatte die verunglückte Revolution im September 1982. Damals führte Jacobs zunächst probeweise ein neues Röstverfahren ein: Statt sechs Minuten im herkömmlichen Trommelofen benötigen die grünen Kaffeebohnen in einem Heißluftstrahl nur 90 Sekunden, um braun zu werden. Doch das Bemerkenswerte daran war nicht nur der Zeitgewinn. Der Heißluftstrahl (220 Grad Celsius) trieb die Bohnen wie Popcorn auf und steigerte die Ergiebigkeit. Statt 70 Tassen ließen sich aus einem Pfund Kaffee fast 80 Tassen filtern. Die Kaffeefirmen zeigten sich innovativ und gaben dem Röstverfahren einen neuen Namen: High Yield, was so viel wie hohe Ausbeute bedeutet. Das Problem der Kaffeeröster: Der Preis für das Pfund Kaffee lag damals wieder knapp über zehn Mark – eine Preisschwelle, die sehr viele Kaffeetrinker nicht bereit waren zu überschreiten. Da die Gewinne der Röster durch steigende Dollarkurse und hohe Rohkaffeepreise ohnehin abgemagert waren, handelte Jacobs rasch. Die Technik des Verkaufs schien einfach: Man brauchte nur die Packung von 500 auf 400 Gramm zu verringern. Da die kurzgerösteten Bohnen voluminöser als andere waren, fiel die geschrumpfte Menge auch äußerlich erst einmal nicht auf.

Dann machten die Jacobs-Manager einen entscheidenden Fehler. Weil die meisten Konkurrenten schneller nachziehen konnten, als die Jacobs-Leute gehofft hatten, verknüpften sie die bundesweite Einführung der neuen Packungen mit einer Preiserhöhung. Und dann passierte, was passieren muss. Die deutschen Kaffeetrinker wurden misstrauisch. Das neue Röstverfahren, so argwöhnte die Kundschaft, war nur eine schlaue Methode der Kaffeefirmen, mehr Geld zu verdienen. Bei kritischen Kunden wurden die krummen Gewichte als Mogelpackungen eingestuft. Nur zwei Firmen profitierten von den Turbulenzen in der Branche: Der Bremer Tchibo-Konkurrent Eduscho und die Essener Discount-Kette ALDI, die über eigene Röstereien verfügten. Beide Firmen konnten oder wollten ihre Maschinen nicht so schnell umstellen und verkauften weiterhin die üblichen Sorten in gewohnten Packungen. Am schnellsten reagierte Tchibo auf den Reinfall. Mitte März, nur neun Wochen nach der lautstarken Einführung der krummen Gewichte, teilte die Firma der versprengten Kundschaft in großformatigen Plakaten mit: »Ihr Pfund ist wieder da.«

17.3 Die Bankenkrise und der Automarkt in den USA

Was hat die Bankenkrise um die Lehmann-Brothers mit dem amerikanischen Automarkt zu tun? Nun, im September 2008 ging die Investmentbank Lehman Brothers Pleite und löste eine fatale Kettenreaktion an den Finanzmärkten aus. Der US-Leitindex Dow Jones verzeichnete den stärksten Tagesverlust seit den Terrorattacken am 11. September 2001, weltweit gingen Aktienkurse in die Knie, allein an den Börsen wurden in wenigen Stunden Börsenwerte in Billionenhöhe vernichtet. Die unglaublichen Dimensionen wurden wenige Tage nach der Lehman-Pleite ansatzweise klar: Die US-amerikanische Regierung kündigte ein Rettungspaket für die Finanzbranche mit einem Volumen von fast 800 Milliarden Dollar an. Die enorme Krise hatte auch massive Auswirkungen auf die Arbeitsplätze. Viele Amerikaner wurden arbeitslos und viele bangten täglich um ihre Jobs.

Aus dieser Angst wiederum entstand natürlich keine Kaufkraft, denn wer plant in einer solchen Situation den Kauf eines Neuwagens? Folglich fielen die Verkaufszahlen in der Automobilbranche dramatisch: bei General Motors um 53 Prozent, bei Ford um 48 Prozent, bei Chrysler um 44 Prozent im Vergleich zum Vorjahresmonat. Da konnten auch riesige Preisnachlässe, durchschnittlich 3.000 US-Dollar pro Wagen, nicht helfen. Alle Hersteller arbeiteten mit sehr hohen Rabatten und alle verkauften weniger als in den Vormonaten.

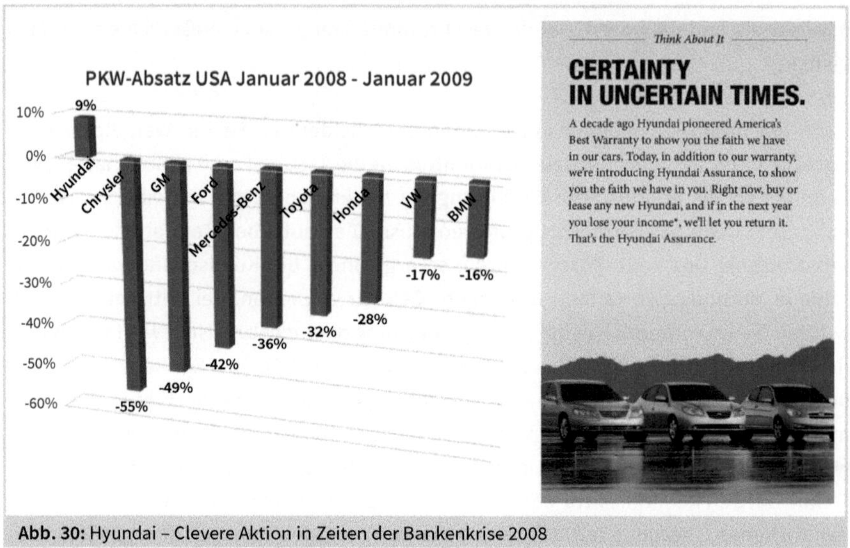

Abb. 30: Hyundai – Clevere Aktion in Zeiten der Bankenkrise 2008

Nur ein Hersteller, Hyundai, verkauft mehr Neuwagen. Gab der südkoreanische Hersteller höhere Nachlässe? Nein. Hyundai erkannte, dass der Preis nicht das Problem der Verbraucher war. Wenn Kunden Angst um ihren Job haben, dann ist es egal, ob die monatliche Rate 1.300 Dollar oder 1.000 Dollar beträgt. Sie sparen. Hyundai dagegen verzichtete auf Rabatte. Das Management erkannte das Problem der Kunden – Angst vor dem Verlust der Arbeit – und startete das Programm »Certainty in uncertain times«. Hyundai gab den Kunden die Sicherheit, dass sie bei Arbeitslosigkeit das Auto einfach zurückgeben konnten. Damit konnte das Unternehmen die Absatzzahlen sogar noch steigern. Die anderen Hersteller mussten nicht nur den Rückgang der Verkaufszahlen vermelden, sie litten auch noch Jahre später unter den hohen Nachlässen. Kunden hatten die hohen Rabatte im Kopf gespeichert und forderten diese auch noch Jahre später. Die Hersteller hatten den Grund für die Verkaufsrückgänge falsch bewertet.

17.4 Coca-Cola, Uber und die unfairen Preise

Kunden reagieren auf Preiserhöhungen, die als unfair empfunden, sehr allergisch. Diese Erfahrung mussten zwei US-Konzerne schmerzhaft erfahren. Der Softgetränke-Gigant Coca-Cola hatte für den japanischen Markt die Idee, dass die Preise nach Temperatur differenzieren: Je höher die Temperaturen, desto teurer eine Dose Coca-Cola. Eigentlich logisch und technisch sehr einfach, einen Getränkeautomaten darauf zu programmieren. Nach einem Sturm der Entrüstung musste das Unternehmen zurückrudern und von dem Konzept Abstand nehmen. Ich bin ein großer Freund innovativer Preismodelle. Aber entscheiden wird am Ende immer der Kunde.

Auch dem Fahrdienst Uber wurden unfaire Preise vorgeworfen. Im Dezember 2013 fegte ein Schneesturm über New York. In dieser Chaosnacht verlangte Uber das 7,7 – Fache des Normalpreises. Ein Kunde postete eine Uber-Rechnung über 94 Dollar für eine Fahrt von 3,2 Kilometer. Uber verteidigt sich damit, dass die höheren Preise mehr Fahrer auf die Straßen bringen und außerdem der Kunde bei der Buchung darauf hingewiesen werde. Aber der Shitstorm war dem Unternehmen sicher.

Diese beiden Beispiele sollen euch klar machen: Veräppelt eure Kunden nicht und nutzt schon gar nicht eine Notlage aus! Kein Kunde kann etwas für die Temperatur oder einen Schneesturm – also lasst ihn um Himmels Willen nicht dafür zahlen! Ihr wollt Vertrauen aufbauen und es nicht mit einer falschen Entscheidung für immer verlieren.

18 Preismanagement in der Krise

Der Wettbewerb der Werte ist wichtiger als der Wettbewerb der Preise!
Mirjam Hauser, Senior Research Manager bei der GIM Suisse AG

Dieses Buch habe ich während der Coronapandemie geschrieben und es wird veröffentlicht, während in Europa ein verdammt unnötiger Krieg der Russen gegen die Ukraine stattfindet. Da verschieben sich Relationen: Was ist in dieser Welt los und was ist noch wirklich wichtig?

Dennoch möchte ich auch über Krisen im Preismanagement schreiben. Denn wir alle hoffen, dass diese extremen Situationen aufhören und das Leben weitergeht. Mit Krisen meine ich solche, die alle betreffen. Sei es eine Bankenkrise, eine Wirtschaftskrise, ein Virus, ein Krieg oder ein sonstiges überregionales Ereignis. Krisen, die ein Unternehmen intern hat, sind nicht damit gemeint. Da müssen die Verantwortlichen die Situation analysieren und geeignete Gegenmaßnahmen ergreifen.

Was machen Unternehmen in genannten Krisen? Sie reagieren oft hektisch und kurzsichtig. Was kommt dabei häufig heraus? Ebenso hektische, unüberlegte Rabattaktionen. Wenn eine Krise kommt oder bereits da ist, hilft es nur, einen kühlen Kopf zu bewahren. Die erste wichtige Erkenntnis ist, dass es in Krisen Verlierer und auch Gewinner gibt. In der Coronapandemie gab es selbstverständlich und sehr zum Bedauern vieler auch junger, innovativer Gründer zu viele (häufig nicht selbst verschuldete!) Niederlagen. Aber es gab auch Gewinner wie Anbieter von Videokonferenzen und Online-Lieferdiensten. Aber wie reagiert man nun am besten auf eine Krise, in unserem Beispiel die Coronapandemie und die mehr als deutlich zurückgegangen Reisebuchungen?

Dazu möchte ich ein Negativbeispiel heranziehen.
Das Unternehmen alltours warb mit einem Frühbucherrabatt von bis zu 45 Prozent. Clever? Meines Erachtens nicht. Zwei Gründe sprechen dagegen.

1. Löst der Nachlass das Problem des Kunden? Eher nein. Wieso haben die Menschen während der Coronapandemie keinen Urlaub gebucht? Weil kein Geld da war? Nein. Der Rabatt war nicht interessant. Für die Kunden war in diesen Tagen nur das Rücktrittsrecht von Interesse. Was passiert, wenn das Urlaubsland plötzlich für meine Reise gesperrt wird? Kann ich umbuchen oder kriege ich mein Geld zurück? Kunden wollten in diesen Tagen nur diese Sicherheit, keine Rabatte.

Abb. 31: Umgang mit Krisen – Negativbeispiel alltours

2. Nun hat Alltours mit einem Frühbucher-Rabatt von bis zu 45 Prozent geworben. Wie will das Unternehmen in den nächsten Jahren von diesem Wert herunterkommen? Kunden haben den Wert im Kopf, das Thema Preisanker haben wir beschrieben. Und welchen Wert hat ein Produkt, wenn ich 45 Prozent Rabatt geben kann? Kein Kunde ist mehr bereit, den vollen Preis zu zahlen.

Ich kenne keine Zahlen von alltours. Aber das war meiner Meinung nach ein grobes Eigentor und ist daher als Beispiel gut geeignet.

Die oberste Priorität in einer Krise, und das gilt für Start-ups ganz besonders, ist die Liquidität. Investoren und Banken werden in Krisenzeiten nervös und halten ihr Geld zusammen.

Welche Maßnahmen sind sinnvoll, um effektiv einer Krise zu begegnen?

- **Umsatzsicherung:** Investiert nur Zeit in die Kunden, die sich für euch lohnen. Sind es aktuell lukrative Kunden oder können es solche werden? Wie ist der Deckungsbeitrag beziehungsweise das Potenzial? Opfert keine Zeit für Kunden, die euch keinen Umsatz bringen.
- **Motivation:** Gerade für junge Unternehmen ist der Vertrieb ein hartes Brot. In Krisenzeiten ist es noch einmal schwerer für all jene an der Vertriebsfront. Dafür gibt es zwei Gründe. Zum einen gibt es logischerweise eine Kaufzurückhaltung. Dies betrifft dann die ganze Branche. Zum zweiten, und das ist ein Problem für Start-ups: Kunden greifen in Krisenzeiten gerne auf sichere Lösungen zurück, also auf etablierte Unternehmen. Deshalb ist es wichtig, dass gerade die Firmengründer in Krisenzeiten keinen Druck ausüben, sondern motivieren. Gebt eurem Vertrieb neue Lösungen an die Hand und bleibt in enger Kommunikation. Nie war der Vertrieb wichtiger für euch!
- **Sales Funnel:** In guten Zeiten bleiben oft interessante Kunden mangels Zeit im Sales Funnel hängen. Gibt es aus der Vergangenheit interessante Anfragen, die ihr nun aufgreifen könnt?
- **Weiteres Umsatzpotenzial:** Analysiert weiteres Umsatzpotenzial. Interessant sind zum Beispiel Serviceverträge (sehr profitabel und nicht krisenanfällig) oder Upgrades.

- **Krisenrabatte:** Setzt sie gezielt ein. Oft ist eine fehlende Nachfrage der Grund für Auftragsverluste. Da nützen auch keine Preissenkungen über die ganze Produktpalette. Das reduziert den Gewinn, erhöht aber nicht die Verkäufe. Rabatte gebt also nur da, wo der Preis wissentlich eine Rolle spielt.
- **Alternative Preismodelle:** Gibt es weitere Preismodelle, die für eure Kunden interessant sind? Ideal ist das nutzenbasierte Pricing (Kapitel 9.1.36).
- **Finanzierung:** Bietet euren Kunden neue Finanzierungsmodelle an. Auch Kunden wollen in der Krise ihre Liquidität sichern. Eine Webseite, einen Onlineshop oder eine Software leasen? Ja, all das kann funktionieren. Leasinggesellschaften haben interessante Lösungen.
- **Versteckte Rabatte:** Räumt eurer CRM-System auf und schaut nach unberechtigten, also versteckten Rabatten: Skonto, Fristen (Kunden wollen schnellere Lieferung), Teillieferungen, nicht erfüllte Bonusvereinbarungen, kostenlose Muster, Sonderanfertigungen ohne Aufpreis, Produkttests, Machbarkeitsanalysen und Projektskizzen ohne Berechnung.

Wenn ihr als Jungunternehmer Investoren an Bord habt, empfehle ich unbedingt, eng mit euren Geldgebern zu kommunizieren. Erfahrene Investoren haben selbst schon Krisen erlebt. Und wenn sie das Gefühl bzw. das Vertrauen in euch haben, dass ihr mit bereits ergriffenen oder geplanten Maßnahmen die Krise überstehen könnt, investieren sie erneut. Sprecht offen mit den Investoren – Ja, wir haben ein Problem – und zeigt euer Engagement und eure Professionalität – Wir haben diesen Maßnahmenkatalog aufgestellt. Ihr habt keine Investoren im Unternehmen? Dann empfehle ich in Krisensituationen zweigleisig zu fahren: erstens alle oben beschriebenen Gegenmaßnahmen zu ergreifen. Zweitens zuzusehen, dass Liquidität ins Unternehmen kommt. Das kann das Gespräch mit der Bank sein, die Suche nach Investoren oder eine strategische Partnerschaft mit einem größeren Anbieter aus der Branche.

19 Ein Blick nach vorn

Das Pricing wird in Zukunft dynamischer und flexibler.
Dejan Miletic

Die einzige Konstante im Unternehmertum ist der Wandel. Wir begegnen vielen dynamischen Entwicklungen wie der Digitalisierung und Big Data, künstlicher Intelligenz und Industrie 4.0, Smart Home, 3D-Druck und Virtual Reality. Diese Megatrends werden sich nicht aufhalten lassen. Bestehende Geschäftsmodelle müssen daher kontinuierlich und proaktiv auf den Prüfstand gestellt und weiterentwickelt werden. Und optimierte oder neue Geschäftsmodelle bringen neue Pricing-Ansätze mit sich. Das wird nicht selten gänzlich übersehen oder zu spät miteinbezogen. So bleibt viel Ertragspotenzial auf der Strecke. Abschließend möchte ich fünf Thesen für die Zukunft aufstellen.

Preisstrategien erhalten höhere Priorität

Die Themen Preisstrategie, Preismodell und Preis werden künftig eine deutlich höhere Aufmerksamkeit erlangen. Durch die genannten Megatrends werden neue innovative Produkte und Dienstleistungen entstehen und gänzlich neue Mitbewerber auf den Markt kommen. Geschäftsbereiche, die heute noch uninteressant, weil nicht lukrativ erscheinen, werden durch die Digitalisierung zu spannenden Märkten. Investoren werden genau hinsehen, mit welcher Preisstrategie und welchen innovativen Lösungen Gründer erfolgreich sein wollen. Gründer werden bereits bei der Entwicklung des Produktes oder der Dienstleistung eine Idee über das Preismodell haben. Gründern wird bewusst, dass die Preisstrategie ein wesentlicher Bestandteil der Unternehmensstrategie ist. Und auch das Thema Preiscontrolling mit KPIs und Reports wird Standard sein.

Innovative Preis- und Abrechnungsmodelle werden sich weiter durchsetzen

Nutzungsbasierte Preismodelle (Pay-per-Use), Abo-Modelle, Price-per-Model sowie Dynamic Pricing werden Verbrauchern, ob privat oder im Unternehmen, immer häufiger angeboten. Diese Modelle werden als innovativ wahrgenommen und vor allem senken sie das Risiko auf Käuferseite. Start-ups können sich von etablierten Unternehmen von Beginn an abheben und ein Alleinstellungsmerkmal (Preis-USP) herausarbeiten. Auch kostenlose Einstiegsvarianten werden vermehrt auf dem Markt zu sehen sein. Ein Vorreiter bei innovativen Preis- und Abrechnungsmodellen ist bereits die Gaming-Branche.

Die Preisdifferenzierung wird zum Standard

Durch ein großes Angebot an Tools steht Start-ups eine Vielzahl von Daten zu Kunden und ihrem Kaufverhalten zur Verfügung und werden systematisch analysiert. Preise werden dynamischer und in schnellerem Wechsel verändert. Potenziale liegen vor allem in der zielgerichteten Differenzierung von Preisen für unterschiedliche Produktsegmente, Kundengruppen, Marktsegmente und Regionen. Der nächste Schritt geht in Richtung Preisindividualisierung, wenn kunden- und situationsspezifische Preise individuell festgelegt werden. Dies betrifft den B2B-Bereich, wenn zum Beispiel angemeldete Geschäftskunden Sonderpreise für Produkte oder für die Abnahme größerer Mengen angeboten werden.

Die Preispsychologie wird zu einem wichtigen Bestandteil des Preismanagements
Jahrzehntelang ging man davon aus, dass alle Kunden gleich sind und nur der Preis entscheidet. Das ist aber bereits seit langer Zeit mehr richtig. Neue Erkenntnisse aus der Hirnforschung, den Neurowissenschaften und der Psychologie belehren uns eines Besseren. So einfach, wie gedacht, ticken wir nicht. Menschen nehmen Preise und Produkte in unterschiedlichen Situationen und Lebensphasen unterschiedlich wahr. So beschäftigt sich das Neuromarketing damit, wie Wahl- und Kaufentscheidungen im menschlichen Gehirn ablaufen. Diese Erkenntnisse sind wichtig auch für die Werbung: Wie kann man Kaufentscheidungen beeinflussen? Im Kontext der Preispsychologie bieten Kenntnisse zu Preiswahrnehmung, Preisfairness, Preisschellen und -anker, Preisoptik und -image viele Möglichkeiten auch für Start-ups, eine starke Preisstrategie zu etablieren. Wer sich mit diesem äußerst interessanten Thema beschäftigen will, empfehle ich die Bücher von Dr. Hans-Georg Häusel.

Das Preismanagement wird zukünftig durch Daten und Softwaretools unterstützt
Mit immer besseren Softwaretools und einer sehr großen Datenmenge kann das Preismanagement besser gesteuert werden. Dies betrifft die eigenen Daten zu Kunden und Produkten, aber auch die Wettbewerber und deren Produkte und Preise. Zukünftig wird es darum gehen, schnellere und optimierte Entscheidungen beim Preis zu fällen. Die künstliche Intelligenz (KI) wird in immer mehr Unternehmen Einzug halten. Der optimale Einsatz der richtigen Software und wird eine wichtige Aufgabe der Verantwortlichen sein.

Danke

Nun ist bereits das zweite Buch aus meiner Feder erschienen. Und auch dieses Mal möchte ich Danke sagen. Danke an die vielen Menschen, die an mich glauben.

Ein besonderer Dank geht an meine Frau Sabine, die so viel Verständnis mitbringt. Du hast mir die Kraft und die Zeit gegeben, mich meinem Buchprojekt zu widmen. Durch viele Gespräche hast du mich immer wieder bestärkt und bist inzwischen selbst eine Expertin geworden. Ohne dich hätte ich das niemals geschafft.

Vielen Dank auch an meine Kinder Andreas und Jennifer. Die Gespräche mit euch über Job und Firma sind stets inspirierend und bringen mich auf neue Ideen.

Vielen Dank an den Haufe Verlag, der so viel Vertrauen in mich setzt. Ein großes Dankeschön an Frau Judith Banse. Sie waren als meine Ansprechpartnerin im Verlag immer für mich da und die Zusammenarbeit hat wahnsinnig viel Spaß gemacht.

Ein riesengroßer Dank geht an meine Lektorin Frau Juliane Sowah. Herzlichen Dank für die Geduld, das Nachfragen, Infragestellen, das offene Ohr und die motivierenden Worte. Die Zusammenarbeit mit mir war bestimmt nicht immer einfach. Und was Sie daraus gemacht haben, ist einfach phänomenal.

Und selbstverständlich geht der Dank an die vielen Gründerinnen und Gründer aus meinen Workshops, aus den Vorträgen und den Beratungsaufträgen. Alle Herausforderungen aus der täglichen Praxis sind in dieses Buch eingeflossen. Die Arbeit hat unglaublich viel Freude gemacht. Ich freue mich auf viele weitere Projekte, Vorträge und Workshops.

Vielen Dank an euch alle! Ich weiß eure Unterstützung, eure Hilfe und euer Vertrauen sehr zu schätzen.

Buchempfehlung
Am Vertrieb scheitern die meisten Start-ups. Durch das *Start-up Sales Canvas®* erhalten Gründer und junge Unternehmerinnen einen Überblick über alle relevanten Themen im Bereich Vertrieb. Mit einfachen Mitteln können sie so die Vertriebsstrategie ihres Start-ups einfach visualisieren und optimieren.

Klaus Wächter: Sales Canvas für Start-ups – Vertriebserfolg im neu gegründeten Business (inkl. Arbeitshilfen online)

1. Auflage 2020 | ca. 200 Seiten | Broschur | 17 x 24 cm
Buch ISBN 978-3-648-14317-9 | ca. € 29,95 [D] | € 30,80 [A]
eBook ISBN 978-3-648-14318-6 | ca. € 25,99

- Die Bedeutung des Vertriebs
- Wieso scheitern Start-ups?
- Positionierung und Markenversprechen
- Leistungen und Produkte
- Wettbewerber
- USP, Elevator-Pitch, Storytelling
- Zielgruppen, Zielgruppenbesitzer, Personas
- Vertriebswege
- Preismodelle
- Werbemöglichkeiten
- Tools
- Verkaufsunterlagen
- Ziele und KPIs
- Vertriebsstrategie

Vorteile:
- viele Praxisbeispiele zur schnellen Umsetzung
- digitale Extras: *Start-up Sales Canvas®* als Poster, Checklisten

Zielgruppe:
Existenzgründer, Gründer von Start-ups, Unternehmensberater, Business Angels

Literaturverzeichnis

Anderson, Chris (2009): Free – kostenlos. Frankfurt.

Ariely, Dan/ Kreisler, Jeff (2018): Teuer ist relativ. Berlin.

Ariely, Dan (2015): Denken hilft zwar, nützt aber nichts. München.

Bauer, Florian/Koth, Hardy (2014): Der unvernünftige Kunde. München.

Binckebanck, Lars/Elste, Rainer (Hrsg.) (2016): Digitalisierung im Vertrieb. Wiesbaden.

Detl, Johannes (2011): Strategische Wettbewerbsbeobachtung. Wiesbaden.

Diller, Hermann/Köhler, Richard (Hrsg.) (2021), Pricing. 5. Auflage. Stuttgart.

Düssel, Mirko (2005): Praktische Grundlagen für aktives Pricing. Berlin.

Förster, Anja/Kreuz, Peter (2007): Alles, außer gewöhnlich. Berlin.

Förster, Anja/Kreuz, Peter (2007): Different Thinking! Heidelberg.

Frohmann, Frank (2018): Digitales Pricing. Wiesbaden.

Härle, Kathrin (2020): Die Pricing Power Formel. Kreuzlingen.

Häusel, Hans-Georg (2016): Brain View. 4. Auflage. Freiburg.

Häusel, Hans-Georg/ Henzler, Harald (2018): Buyer Personas. Freiburg.

Häusel, Hans-Georg (2000): Think Limbic! Freiburg.

Husemann-Kopetzky, Markus (2018): Handbook on the Psychology of Pricing. Eigenverlag (Amazon).

Kalka, Regine /Krämer; Andreas (Hrsg.) (2020): Preiskommunikation. Wiesbaden.

Kapalschinski, C. (13.08.2021): Delivery Hero: Gewinne bleiben in weiter Ferne, https://www.genios.de/presse-archiv/artikel/HB/20210813/delivery-hero-gewinne-bleiben-in-we/61B67EB9 – 16BC-4F77 – A300 – 33DF2312B654.html, Abruf 05.05.2022.

Kohl, Manfred (2013): Richtiger Preis, satter Gewinn. Stuttgart.

Lommer, Ingrid (2021): Unvermeidliche Schnäppchen? In: Internet World Business. 06/21, S. 40 – 41.

McKenzie, Richard B. (2010). Why Popcorn costs so much at the movies. New York, USA.

Müller, Kai-Markus (2012): NeuroPricing. Freiburg.

Pepels, Werner (2019): Moderne Preispolitik. Berlin.

Poundstone, William (2011): Priceless. New York, USA.

Pricebeam (Blog) (15.09.2020): Was sagt Ihre Preispositionierung über Ihre Marke aus? https://blog.pricebeam.com/de/was-sagt-ihre-preispositionierung-uber-ihre-marke-aus#:~:text=Unter%20Preispositionierung%20versteht%20 man%20die,innerhalb%20 einer%20bestimmten%20Preisspanne%20liegt, Abruf 05.05.2022.

Pusler, Michael (2019): Dem Konsumenten auf der Spur. Freiburg.

Schneider, Willy /Hennig, Alexander (2010). Zur Kasse, Schnäppchen. München.

Schutzmann, Ingrid (2021): Preise automatisch im Blick behalten. In: Internet World Business. 07/21, S. 36 – 39.

Seßler, Helmut (2017): Limbic® Sales. Freiburg.

Simon, Hermann (2020): Am Gewinn ist noch keine Firma kaputt gegangen. Frankfurt.

Simon, Hermann/Fassnacht, Martin (2016): Preismanagement. 4. Auflage. Wiesbaden.

Simon, Hermann (2013): Preisheiten. 2. Auflage. Frankfurt.

Spreer, Philipp (2018): PsyConversion. Wiesbaden.

Tomczak, Torsten/Heidig, Wibke (Hrsg.) (2014): Revenue Management aus der Kundenperspektive. Wiesbaden.

Tzuo, Tien (2018): Das Abo-Zeitalter. Kulmbach.

von Burstin, Sebastian (09.01.2019): Digitale Transformation und Preismanagement, https://www.roll-pastuch.de/de/news/blog/printblog?index_php?option=com_joomblog&show=363&tmpl=component&print=1, Abruf 28.04.2022.

Yang, Jan Y. (2020): The Pricing Puzzle. Cham, Schweiz.

Stichwortverzeichnis

Der Autor

Klaus Wächter, geboren und wohnhaft in Vallendar am Rhein, machte nach dem Abitur eine Ausbildung in einer Steuerkanzlei zum Bilanzbuchhalter. Anschließend war er kaufmännischer Leiter in einer Verlagsgruppe, bei der er unter anderem verantwortlich für dreißig Außendienstmitarbeiter war. 2001 startete Klaus Wächter seine Selbstständigkeit mit einem eigenen Start-up im Bereich Co-Working Space.

Inzwischen hat Klaus Wächter mehrere Start-ups gegründet, ist als Investor und Berater an einigen Unternehmen beteiligt und unterstützt Gründer und junge Unternehmen. Neben seiner Beratertätigkeit ist er als Referent und Autor tätig – immer mit den Themen rund um den Vertrieb mit der Zielgruppe Start-ups und junge Unternehmen. Alle seine Erfahrungen stammen aus der Praxis, aus der Arbeit an der Verkaufsfront für Gründer.

Seit 2016 ist er 1. Vorsitzender der Business Angels Rheinland-Pfalz sowie Scout für den High-Tech-Gründerfonds. Dazu ist er aktiv bei vielen Veranstaltungen als Coach sowie Mitglied der Jury bei Businessplan-Wettbewerb 123 Go, dem Debeka Hackathon und als beratender Experte für den Deutschen Gründerpreis tätig.

Wächter hat das *Start-up Sales Canvas®* sowie das *Start-up Pricing Canvas®* entwickelt und als Wortmarke beim Deutschen Patent- und Markenamt schützen lassen.

Anfragen an den Autor könnt ihr gerne senden an info@klauswaechter.de.